纺织服装高等教育"十二五"部委级规划教材

服装细部件结构设计与纸样

朱广舟　赵静秒　编著

東華大學出版社

图书在版编目（CIP）数据

服装细部件结构设计与纸样/朱广舟，赵静秒编著.—上海：东华大学出版社，2014.10
ISBN 978-7-5669-0616-8
Ⅰ.①服…Ⅱ.①朱… ②赵… Ⅲ.①服装结构-结构设计 Ⅳ.①TS941.2

中国版本图书馆CIP数据核字（2014）第215669号

投稿邮箱：xiewei522@126.com

责任编辑 谢 未
封面设计 文 倬

服装细部件结构设计与纸样
Fuzhuang Xibujian Jiegou Sheji yu Zhiyang

编　　著：朱广舟 赵静秒
出　　版：东华大学出版社
（上海市延安西路1882号　邮政编码：200051）
出版社网址：http://www.dhupress.net
天猫旗舰店：http://dhdx.tmall.com
营销中心：021-62193056　62373056　62379558
印　　刷：昆山亭林印刷有限责任公司
开　　本：889mm×1194mm　1/16
印　　张：9.5
字　　数：334千字
版　　次：2014年10月第1版
印　　次：2014年10月第1次印刷
印　　数：0001～3000
书　　号：ISBN 978-7-5669-0616-8/TS·535
定　　价：29.80元

前 言

现代服装设计由款式设计、结构设计和工艺设计三部分组成。服装结构设计作用于从款式设计到工艺设计的中间环节，既是服装款式设计的延伸，又是服装工艺设计的基础，在整个服装设计中起着承上启下的作用，是实现设计思想的根本，是服装设计人员必备的专业素质之一。

在服装结构设计的诸多研究内容中，服装细部件结构设计及其配伍是重点研究内容之一。本书根据服装专业的教学特点，以服装细部件结构设计为研究内容，较为透彻、系统地介绍了衣身、衣领、衣袖、口袋及门襟等结构设计变化规律及其纸样绘制等知识，通过具体实例诠释了服装细部件结构设计基本原理及基本规律。

全书共分六章，其中第一章、第五章、第六章由广东工业大学朱广舟执笔，第二章、第三章、第四章由中原工学院赵静秒执笔，全书由朱广舟统稿。书中部分款式图由利积垦设计绘制，部分资料由赖文静收集整理，在此一并表示感谢。

本书的编写与出版得到了东华大学出版社谢未编辑的大力支持，在此深表感谢。

限于编著者水平及能力，书中错漏和不妥之处在所难免，希望使用本书的广大师生和读者随时来信来电批评指正（ahzgz@qq.com），以便修订时改正。

编著者

2014 年 10 月

目 录

第一章 概述

款式设计、结构设计、工艺设计是服装设计的三个组成部分。通常，款式注重设计的整体，结构注重设计的细节，工艺关乎设计的表现。好的结构设计，不仅要体现款式造型的完美性，更要符合人体生理结构的美观性。作为一名优秀的服装结构设计师，在具备熟练的制图技术、严谨的尺寸观念和丰富的打板经验的同时，必须了解服装各细部件的结构特征及其相互配伍关系，只有这样才能领会设计师的设计内涵，准确把握服装的外在特征与内在结构的关系，才能使设计作品更具生命力。

第一节　服装与服装结构设计

一、服装

（一）服装的涵义

在中国古文献中，较早连用服饰二字，是在《周礼·春宫》中。《春宫·典瑞》云："辨其名物，与其用事，设其服饰。"指的是衣服及装饰。现代汉语中，"服饰"一词指衣服和装饰。这一定义虽简单但不是很明确，对于冠、帽、鞋、袜，有人将其归入衣服类，也有人将其归入装饰类，使用有些混乱。目前学术界使用较多的是华梅对服饰的定义，华梅将服饰分为四类，第一是衣服，有主服（遮覆躯干）、首服、足服等；第二是佩饰，指全身起装饰作用而不具遮覆功能的饰品；第三是化妆，既指带有原始性的纹身、割痕等，也指当今的美容；第四是随件，如包、伞、佩刀等。

"服装"是与"服饰"相近的词，一般而言，"服装"与"服饰"二词可以互换使用。

现代服装包含两个层面：一是物的属性，指衣帽的总称；二是社会属性，指其对人的装扮作用。

（二）服装描述

针对服装，不同的人有不同的理解和认知。同一件服装，在设计师眼里是作品，在缝制工眼里是产品，在经营者眼里是商品，在消费者眼里是用品。因此，从不同角度，可以对服装进行不同的描述。

1. 实物

通过视觉、触觉等去感受一件服装的色彩、图案和面料等，是对服装最直接、最真实的描述。在服装企业生产中，往往都需要用实物的形式向客户或者设计师确认最后大货生产的产品形式。

2. 艺术形象

用作图或者摄影的形式将服装再现成艺术品。随着数码、传媒技术的广泛应用，艺术形象的描述将越来越广泛。

3. 名称

用一个抽象的符号或概念与实物相对应，这是目前最常用的服装描述方式。从不同的角度看待，服装可以用不同的名称。

①服装是一种产品，生产者给其命名——产品名称，这是大多数服装名称的来源，如衬衫。

②服装是一种商品，经营者给其命名——商品名称，如保暖内衣。

③服装是一种用品，使用者给其命名——用品名称，如军装。

④古代服装是政治制度的标志，文人给其命名——宫廷名称，如龙袍。

4. 映射形象

听到某一服装名称后，会立即出现一个与该名称相对应或相类似的实物形象，是对服装的理性认识。例如，说到牛仔，大家脑海中会出现牛仔裤的形象，甚至会想到里维斯牛仔裤等。

作为实物，服装是可以被感性认知的，人们通过眼睛看和用手触摸去感受一件服装的色彩、图案和面料；人们通过感性认识后用作图、摄影等方式将服装再现成艺术形象，应该说这也是一种感性认识，至少这个艺术形象是可供人观看的；对服装从感性认识上升到理性认识后，人们用一个抽象的符号来和实物相对应，这个符号即为服装的名称。一件服装本身是所指，而它的名称则是一个能指。当服装名称和实物形成能、所指关系后，人们在听到某一服装名称时，脑海中马上就会出现一个和该名称相对应或相类似的实物形象，即上述的映射形象。

二、服装结构设计

现代服装设计是由款式设计、结构设计、工艺设计三部分组成，服装结构设计作为服装设计的重要组成部分，既是款式设计的延伸和发展，又是工艺设计的准备和基础，因此服装结构设计在整个服装设计与生产中起着承上启下的作用。

服装结构设计是款式设计工作的进一步延伸，是款式造型设计的结构解剖和二维实现。将款式设计所确定的立体形态的服装整体造型和细部造型分解成平面的衣片，揭示出服装细部的形状、数量吻合关系，整体与细部的组合关系，修正款式设计中的不可分解部分，改正费工费料的不合理的结构关系，从而使服装造型合理完美。一个成熟的设计师，在熟练造型的同时，必定深谙结构设计，否则设计出来的款式造型就无法转化为合理的服装结构。

服装结构设计又是工艺设计的准备和基础。工艺设计是将二维的平面裁片按照一定的生产工艺缝制加工成三维的立体服装，是将设计作品转化成产品的必经阶段。服装结构设计为缝制加工提供了成套的规格齐全、结构合理的系列样板，为部件的吻合和材料间的形态配伍提供依据，有利于高产优质地制作出能充分体现设计风格的服装产品。

服装结构设计是一门与生产实践密切联系的实用课程，与其他课程相比，它更须强调艺术和技术的统一。由于操作方法具有很强的技术性，必须通过一定数量的实践操作才能理解和掌握，所以必须加强实践环节，提高实际操作能力。同时，服装作为一种艺术的载体，其结构设计的艺术性是显而易见的，片面地强调技术性是服装结构设计的一个误区。在技术性、科学性的大框架下，进行艺术性、个性化的创新设计是服装结构设计的灵魂。

（一）服装结构设计的发展历史

世界上第一本记载服装结构制图公式与排料图的书籍是1589年在西班牙马德里出版的、由贾·德·奥斯加所著的《纸样裁剪》。1798年法国数学家卡斯帕特摩根出版了《画法几何学》，为平面制图提供了数学依据，确立了标准体和基础纸样的概念。与此同时，在英国发明的带形软尺，为人体测量提供了方便的工具。1818年，欧洲开始发行Barn Hearn刊物，推广以胸寸法为基础的比例制图方法。1834年，德国数学家亨利·乌本于汉堡首次出版了单独阐明比例制图法原理的教科书，奠定了比例制图的合理、科学、规范化的基础。随之，1871年在美国伦敦出版了《绅士服装的数学比例和结构模型指南》一书，该书进一步发展了服装结构制图的科学性，从而最终将服装结构设计纳入了近代科学技术的轨道。进入20世纪70年代以来，随着电子计算机技术的发展，服装工业技术也随之得到迅速发展。CAD/CAM系统的出现和广泛应用，使服装工业的技术性和自动化程度达到了前所未有的高度。

我国在 19 世纪末引入了西方的服装设计制作技术，自此逐渐形成了西式裁剪技术。近百年来，中国的服装工作者对西方裁剪技术经历了引进、吸收、消化、改进、提高的过程，形成了符合中国国情的分配比例形式的结构设计方法。20 世纪 80 年代初期，国家汇总了各种流派的服装制图方法，统称比例分配法。这种方法以衣为本，较适应标准体和当时的固定品种，虽然在计算方法上不断改进，但实质仍是服装比例分配制图。20世纪80年代中期，服装作为一门专业被纳入高等教育的轨道，发达国家应用的另一种结构设计方法——原型法被引入我国，并在高校服装专业迅速普及开来。目前，服装结构设计已成为高校服装类专业的必修课程，很多服装工作者在理论上和实践上进行了大量有益的探索，使服装结构设计的知识结构不断得到充实，相关理论研究也不断得到深化。

（二）服装结构设计的研究内容

服装结构设计是艺术和科技相互融合、理论和实践密切结合的实践性较强的学科，是款式设计的延伸，是工艺设计的基础。随着现代服装工业的发展和相关理论研究的深入，服装结构设计已逐渐扩展为涉及人体工学、服装卫生学、服装材料学、服饰美学、造型艺术、数学与计算机科学等多学科交叉的综合性学科。在服装结构设计中应主要把握好以下几种关系：

1. 人体结构与服装结构之间的关系

重点研究与服装有关的人体工学，包括人体构成、人体比例、人体测量、号型标准等。

2. 人体运动变化与服装结构之间的关系

重点研究有关人体运动肢体形变所引起的服装形变和服装松量设计。

3. 服装各细部件及其相互间的配伍关系

重点研究领、袖等细部件的结构及其与服装整体结构的配伍关系。

4. 服装材料与服装结构之间的关系

重点研究不同材料对服装结构的影响。

5. 服装工艺与服装结构之间的关系

重点研究工艺加工对服装结构的影响。

（三）服装结构设计的基本方法

目前，平面服装结构设计的方法主要有两种——原型法和比例法。原型法是由国外引进的一种结构设计方法，通过抽象化的原型（或称基本纸样）依据款式变化进行款式服装的结构处理，由于原理性、规律性较强，在服装院校中应用广泛。比例法是我国服装行业师徒相传的服装结构设计方法，利用长度、围度的比例来确定制图时的各个点的相关关系，需要较强的结构设计经验，在企业中应用较多。

1. 原型法——以人为本

原型法是以人体尺寸为依据，首先建立服装结构变化的基础图形，然后根据不同款式、工艺、材料的要求，对原型各部位进行再设计，通过结构变化处理获得所需的款式结构。

原型法相当于把服装结构设计分成两步：第一步，根据服装号型标准结合人体生理结构，得到符合标准化人体形态特征的中间载体；第二步，依据实际服装款式特征，在原型上进行款式结构变化，得到所需的服装结构。原型法的科学性在于它以人体尺寸为依据，但由于纸样和服装之间缺乏形象直观的立体对应关系，影响了三维设计到二维纸样再到三维成衣的立体转换的准确性，实际使用中需要通过用假缝补正的方法修正立体造型。

2. 比例法——以衣为本

比例法是比例分配法的简称，也叫定寸法，是我国在 20 世纪 50 年代借鉴外国经验，结合本国特色所形成的服装结构设计方法。它主要是通过测量人体主要部位尺寸，依据款式、季节、材料和穿着者的习惯要求加入适当放松量得到服装各控制部位的尺寸，再以控制部位尺寸依据一定的比例计算公式推算出其他细节部位的尺寸，以几何制图的方法直接在平面上绘制出服装纸样的方法，由于其方便、快捷，一直在我国服装企业中广泛应用。

对于一些简单的服装款式，如西裙、西裤、衬衫、连衣裙等，应用比例法，简单实用、方便快捷，但对复杂的结构设计，由于公式复杂，不易处理，往往需要较强的服装整体结构把控能力和制图经验。同时，比例法目前还没有一个较为标准的公式来定位，多样的公式给服装工业制板造成一定的困难。

（四）服装结构设计的发展方向

为了适应经济的高速发展，使现代化的高科技手段在服装产业得以更充分的运用，服装结构设计的研究应向如下几个方面发展：

1. 人体测量科学化

对人体尺寸的测量、统计和分析运用科学的方法，可实现结构设计的科学化和人本位。将结构设计提升到理论的高度，并能提高服装的舒适性，甚至可以设计出有保健、矫正体型等功能的服装；还可使生产出的服装有更大的覆盖率，减少企业生产的盲目性，提高生产效率和经济效益。

2. 设计方法简单化

比例法简单明了，原型法避开了人体的复杂形状，立体裁剪法直观性强，但各有缺点，如何扬长避短，发展成更实用、更简单的理论和实践相结合的一门科学是结构设计人员研究的内容。

3. 方案设计最优化

服装结构设计需要更多地考虑款式设计与工艺设计两方面的要求。在结构设计中协调好这两方面的要求，寻求能够准确体现款式设计的构思，在结构上合理、可行，在工艺制作上操作简便、流程最短的结构设计方案。

4. 理论研究定量化

目前关于服装结构方面的研究，多数是具体问题的简单的实验性研究，其实验结果的约束条件过多，没有找出具有普遍规律的结论。因此，在服装结构理论研究中，充分运用数学工具，建立服装结构应用模型，对其普遍规律进行总结和定量分析，研究探讨服装结构设计的普遍规律。

第二节 服装细部件概述

一、衣身

衣身是整件服装的主体，是款式设计、结构设计和工艺设计的中心。衣身的细部结构设计重点关注省的设计、分割线的设计和褶裥的设计应用。通过合理的结构处理方法，完成“立体－平面－立体”的设计转换过程。

二、衣领

领子处在最引人注目的部位，它在组成服装整体的各个局部中，占据着十分重要的地位。它能够与人的脸型、体型和谐统一，从而给别人留下美好的印象，它也与服装格调相匹配，呈现出一定的服装风格，所以领型的设计是极其重要的。领型要符合人体穿着的需要，它包括满足生理上的合体、护体等实用功能的需要和满足心理上的审美功能的需要。

领型的变化不断丰富和创新，基本领窝线可以做深、浅、宽、窄的变化，在基本领窝线上也可以设计各种领型结构。根据领子的结构变化特征大致可将领子分为四种基本领型，即无领、立领、翻领和驳领，如图 1–2–1 所示。

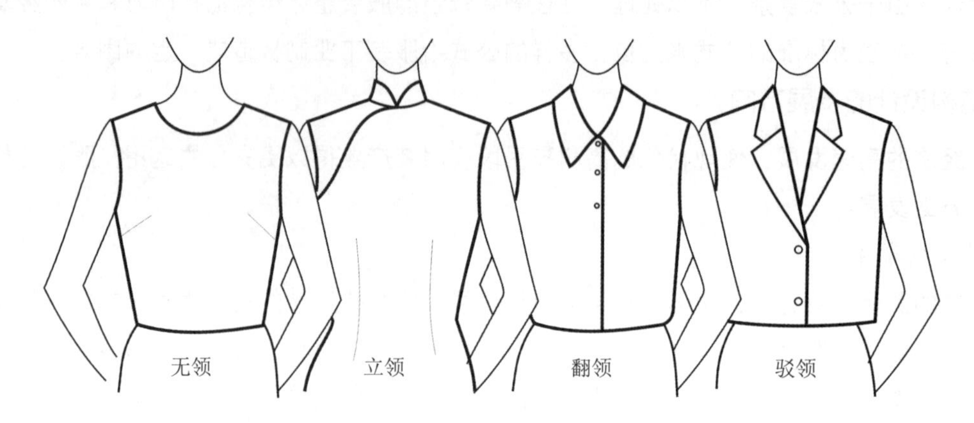

图 1–2–1 领子基本类型

无领也称为领口领，通过领口线形状的变化形成不同的领型。领口线的形状可以为曲线、折线，领口线左右也可以不对称。可根据造型命名为圆领，方领，V 字领、心形领等。多用于背心和连衣裙。

立领是直立、环绕颈部的领型，根据领子上下口线与人体颈部关系可分为直立领、内倾式立领和外倾式立领。多用于中式上装及旗袍裙。

翻领，又称为翻折领，是领子向下翻折形成领座和领面结构的一种领型，随着领面的增加，领座的减少，形成不同的外观，直到全部形成领面的平领结构。多用于衬衫类上装。

驳领，又称为翻驳领，由肩领部分和衣身驳头（挂面）外翻形成的领型，多用于西服上装，一般根据驳头的样式进行命名，如平驳领、戗驳领、青果领等。

四类领型之间可以相互借鉴和转换，各种基本领型都可以结合设计手段如切展，褶裥、纽结等进行领型的转换和创新，进而形成各类花式领型。

三、衣袖

袖子是服装整体造型的重要组成部分，袖型的变化在服装造型的更新运用中占有相当大的比重。袖子在服装的整体造型中，一方面加强和充实了服装的功能，另一方面也丰富和完善了服装的形式美感。袖子作为服装中造型的一部分，以筒状为基本形态，与衣身的袖窿结构连成完整的服装造型。从设计的角度讲，不同的服装造型和功能会产生不同结构和形态的袖型。同时，不同的袖型与主体服装造型相结合，又会使服装的整体造型产生不同的风格。

袖子的造型直接影响着肢体（上肢）的运动。袖子的宽窄、长短、有无都必须根据适用的原则进行安排。如体操服的紧身袖、泳衣的无袖、舞蹈服的喇叭袖以及婚礼服的麦克风袖等都体现出人们多种活动方式的不同需要。

根据袖子与衣身相连的结构特征，可将袖子分为无袖、装袖和连身袖三大类，如图 1–2–2 所示。

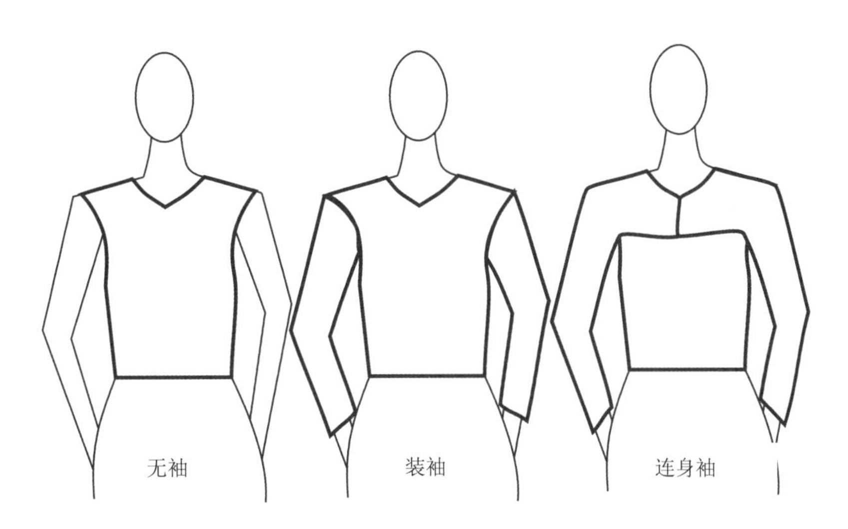

图 1—2—2 袖子基本类型

无袖，即省略袖子，意在留出活动的空间，突出运动的肢体，是常见的夏装袖型，具有穿着凉爽轻便的感觉。无袖并非是一种简单的除去袖子的造型，而兼有利用袖山线的不同形态、不同组合来达到对人的肩部和臂部修饰，美化的目的。晚礼服及表演装也常采用“无袖”形式。此类服装可以表现强烈的个性美。其中有坎袖、吊带、斗篷等。

装袖，是衣袖和衣身分开裁剪，再经缝合而成的袖型。装袖适合范围很广，直线式、卡腰式、半紧身式和扩展式等多种轮廓造型的服装均可采用这种袖型。如西服袖，衬衫袖、泡泡袖。根据装袖的合体程度可再分为合体袖和宽松袖。其中合体袖包括一片合体袖和两片合体袖。宽松袖包括喇叭袖、泡泡袖和灯笼袖等，如图 1—2—3 所示。

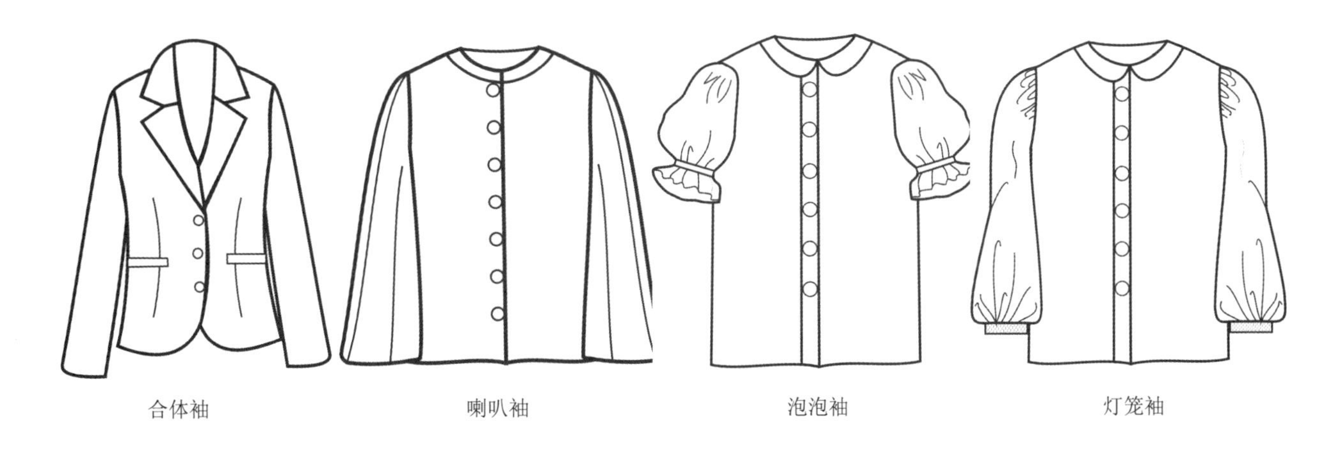

图 1—2—3 装袖分类

连身袖，凡是袖子与衣身完全或部分连在一起的袖型都称为连身袖。连身袖是最古老的服装结构形式之一，在中国可追溯到夏商时期；西方，也可追溯至古罗马时期。经过时代的变迁，连身袖已发生了根本性的变革：从平面构成型式演变为立体构成型式；从宽松的结构演变为合体的结构。

连身袖是袖山与衣身袖窿组成一体的衣袖，具有端庄文静的风格特点，其结构种类按袖中线与水平线的夹角分可有 0° ～ 20° 、20° ～ 30° 、30° ～ 40° 等之分。一般夹角越大，其贴合人体的程度越高，但运动舒适性越差。按袖肥来分，可分为宽松型、较宽松型、合体型；按有无袖裆结构来分，可分为有袖裆结构和无袖裆结构等。

四、其他细部件

（一）门襟

襟，具有三重含义：其一，是指衣服的开启交合处，其义同“衽”；其二，是指衣领，古代衣襟多与衣领连属，故也称衣领为襟；其三，是指衣服的前幅。

门襟则是由衣领以下直至下摆的服装开合处所构成，其种类大致包括大襟、对襟、一字襟、双襟、琵琶襟等。

大襟包括右衽与左衽。其中右衽是指衣衽右掩，纽扣偏在一侧，从左到右盖住底襟，多用于汉民族服装；左衽是指衣襟由右向左掩，此种形式在北方游牧民族的服饰中比较常见，如图 1–2–4 所示。

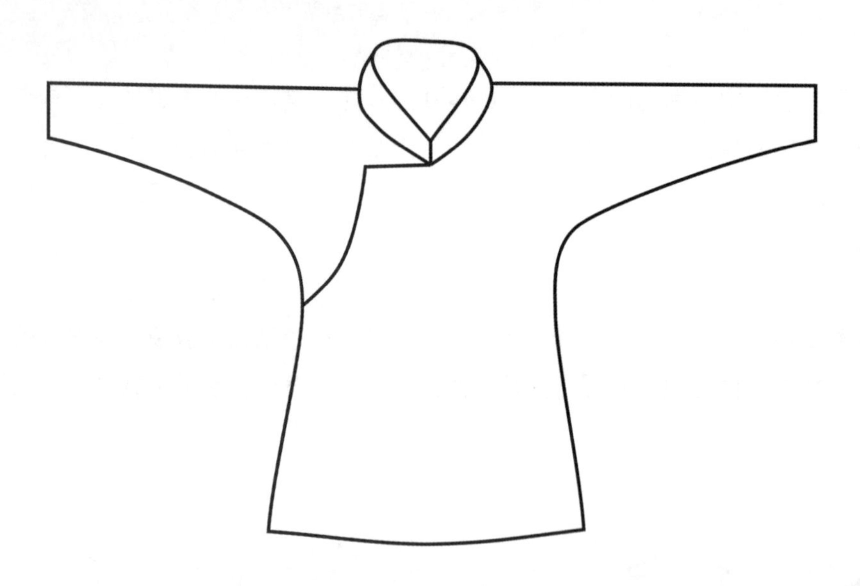

图 1–2–4(a) 大襟右衽

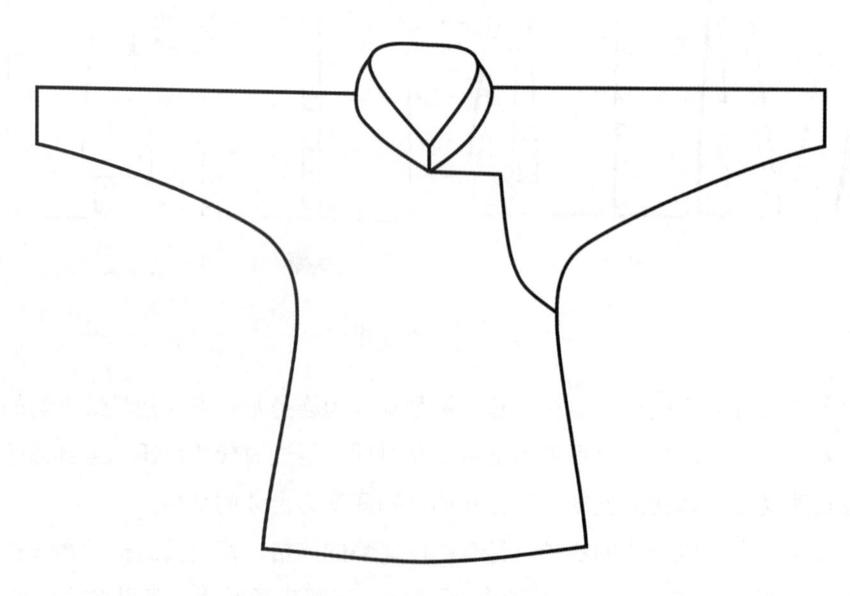

图 1–2–4(b) 大襟左衽

对襟是指服装前片正中两襟对开，直通上下，纽扣、拉链等在胸前正中系连，多用于衫、褂等服装，如图 1–2–5 所示。

一字襟指服饰前片在胸部上方横开，外观呈"一"字形。这种开襟方式常见于清朝至民国时期的坎肩上，如图 1–2–6 所示。

图 1–2–5 对襟

图 1–2–6 一字襟

双襟是大襟右衽的一种变形，它有两种做法：一种是在前衣片上两边都挖剪开襟，然后把其中一个襟缝合；另一种是并不挖剪，只是用花边等装饰材料做出与大襟右衽相对称的一个假襟。无论哪一种做法，真正起到开合作用的还是右侧门襟，其对称的假襟往往是因为美观的需要而存在，如图 1–2–7 所示。

琵琶襟是一种短缺的衣襟样式，其做法如大襟右衽，只是右襟下部被裁缺一截，形成曲襟，转角之处呈方形。琵琶襟流行于清代，起初多用于行装，以便乘骑，故以马褂、马甲采用为多，后来此种实用意义逐渐淡化而转化为装饰意义，如图 1–2–8 所示。

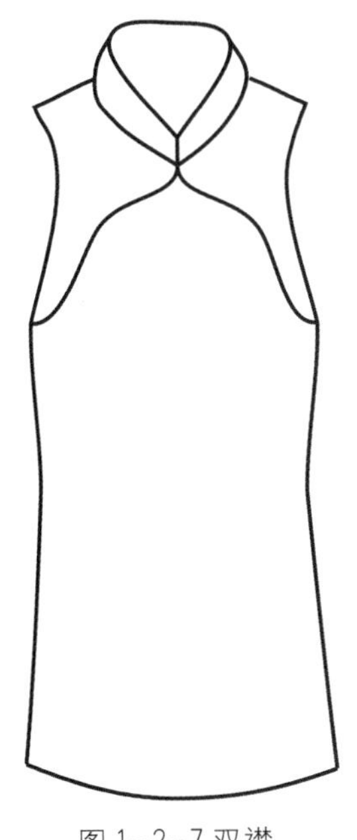

图 1–2–7 双襟

图 1–2–8 琵琶襟

（二）口袋

口袋是服装细节设计的主要部件之一，其造型变化丰富，它不仅具有装物放手的功能，也具有装饰的作用，同时合理的口袋设计也可以增加服装的点缀感、层次感和趣味感。

口袋品种繁多，按照口袋的结构特征，可以分为以下几种主要类别。

1. 贴袋

贴袋是将面料裁剪成一定的形状后直接缉缝在服装上的一种口袋，又称明袋或明贴袋。按其造型，有直角贴袋、圆角贴袋、多角贴袋及琴裥式贴袋等。贴袋是不破开面料，可任意缝贴在所需部位，袋形可作多种变化，但因它是服装整体风格的组成部分，所以贴袋设计必须考虑与服装风格一致，如图 1—2—9 所示。

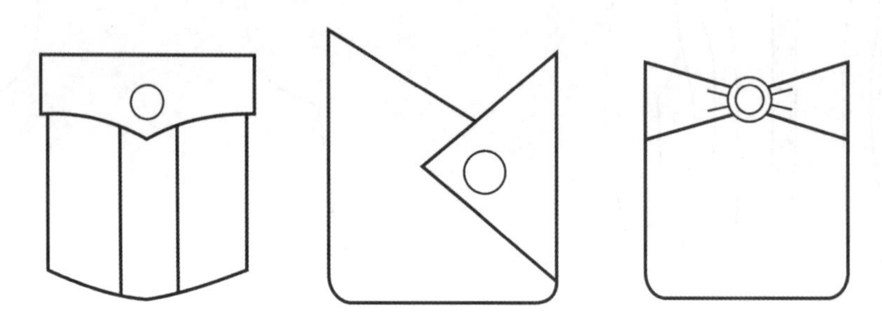

图 1—2—9 贴袋设计

2. 挖袋

挖袋又称开袋、暗袋，分为单线挖袋、双线挖袋和袋盖式挖袋等。挖袋的袋口、袋盖可有多种变化，如直线形、弧线形等。根据不同的服装造型，挖袋又有横向、纵向和斜向之分。挖袋是袋体在服装里面，夹在面料与里料之间，外面只露出袋口或袋盖，具有服装表面形象简练、衣袋容量大而隐蔽的优点，缺点是需要破开整块面料，如图 1—2—10 所示。

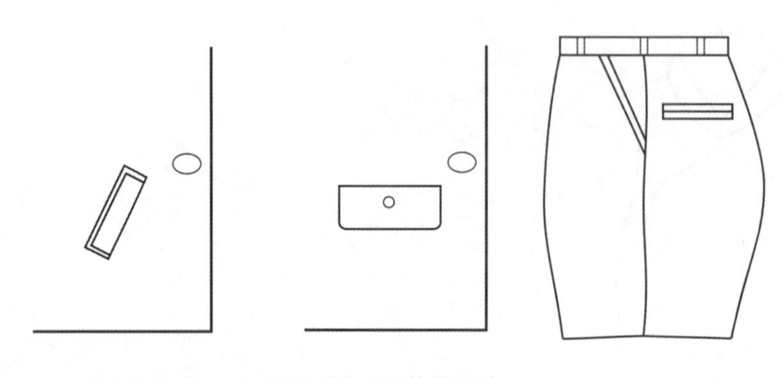

图 1—2—10 挖袋设计

3. 插袋

插袋是指在服装拼接缝间留出的口袋。我国传统服饰中的中式服装其口袋一般都是采用插袋的形式。现代服装造型中，其衣身的侧缝、公主缝中都可以缝制插袋，袋上也可加各式袋口、袋盖或扣子来丰富造型。

此外，裤子左右裤缝上也多用插袋。插袋的袋口与服装接口浑然一体，使服装表面光洁，具有整体感、简洁、高雅精致的特征，而且装物方便，是一种实用、简练、朴实的袋型。缺点是衣袋位置受衣缝结构的影响，局限性较大，如图 1–2–11 所示。

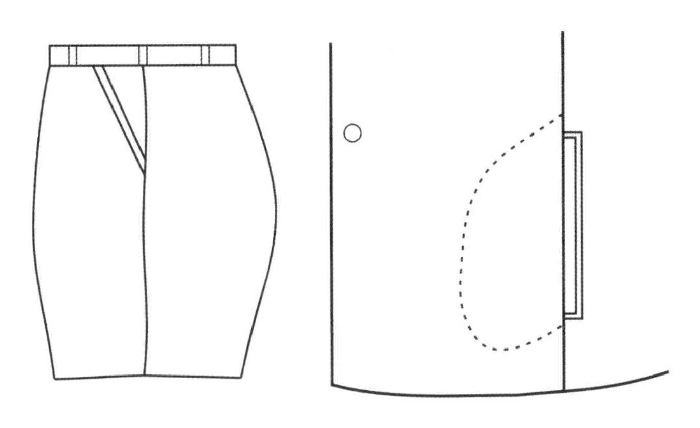

图 1–2–11 插袋设计

口袋的造型多种多样，但其在服装的整体造型中的任务是加强和充实服装的功能性，丰富和完善服装的形式美。同时。由于口袋多处于服装造型中最明显的位置，所以口袋的不同设计会直接影响和体现服装造型的风格和特色。但是无论口袋如何变化，口袋的造型无论大小或如何装饰，也不可能具有独立于服装造型之外的美感，其形式理应从属于服装的整体造型，而且只有当两者之间高度协调时，才能充分体现其美感，所以说服装口袋的设计与服装整体造型有着密切的关系。

第三节 服装人体工学

一、人体比例

对服装结构设计过程中涉及的人体比例进行研究，此处主要对标准化的人体比例加以说明。标准化人体是某一群体（如 A 体型人群）的中间体，可以理解为理想化人体，因此标准的人体比例不等于具体某个人体的比例，但它又适应于每个具体的人体。

服装设计中的人体比例一般以头高为单位进行计算。通常划分为应用最为广泛的两大比例标准，即亚洲型七头高的成人人体比例和欧洲型八头高的成人人体比例。

（一）七头高人体比例关系

七头高比例关系是亚洲人的最佳人体比例，由于地域、种族的不同而稍有差异，因此在应用七头高人体比例时不能绝对化，同时可以依此比例推出应用于服装结构设计的比例关系和范围。

七头高人体比例关系的上身与下身之比为 3 ∶ 4，从上至下依次划分为头部的长度、颏底至两乳头连线、两乳头连线至肚脐、肚脐至臀股沟、臀股沟至髌骨、髌骨至小腿中段、小腿中段至足底，如图 1–3–1（a）所示。

这种比例关系是指成年人的标准人体比例，如果设计童装产品，则需要了解未成年人不同年龄阶段的身体发育特征及其比例特点。

（二）八头高人体比例关系

八头高人体比例是欧洲人的比例标准，是较理想的人体比例。因为八头高比例的人体和黄金分割比例有着密切的关系。黄金分割比值为 1 ∶ 1.618，约等于 5 ∶ 8 或 3 ∶ 5。

八头高人体比例的划分，从上至下依次为头部的长度、颏底至乳头连线、乳点连线至肚脐、肚脐至大转子连线、大转子连线至大腿中段、大腿中段至膝盖关节、膝关节至小腿中段、小腿中段到足底，如图 1–3–1（b）所示。

八头高比例并不是在七头高比例人体的基础上平均追加比值的，而是在腰节以下范围内增加了一个头高的长度。八头高比例的人体，其上身与下身之比是 3 ∶ 5，下身与人体身高之比是 5 ∶ 8，这两个比值和黄金分割比值比较吻合。

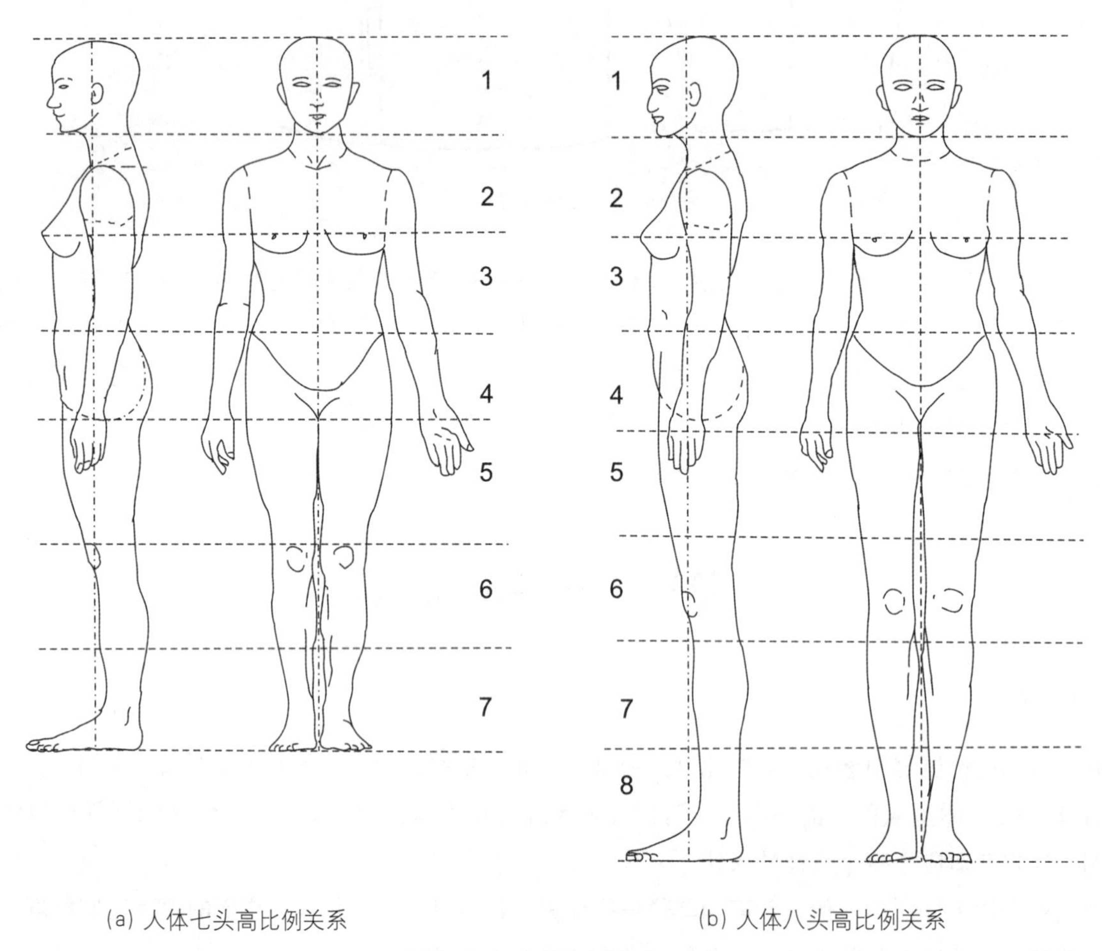

（a）人体七头高比例关系　　（b）人体八头高比例关系

图 1–3–1 人体比例关系

（三）人体其他结构比例关系

在七头高人体比例中，人体直立、两臂向两侧水平伸直时，两手中指尖间的距离约等于人体身高。这种比例关系亦适用于欧洲型八头高的人体比例，即两臂水平伸直，两手中指尖间的距离约等于八头长。这可用于辅助测量不能站立人体的身高。

人体直立、两臂自然下垂时，肘点和尺骨前点大约分别与人体腰节和大转子相重合。因此，可以依照肘点、尺骨点与躯干重合的位置参考确定人体腰围线和臀围线位置，用于辅助测量特殊体型人体的腰围和臀围。

肩宽约为两个头长，即两肩点间的距离约等于两头长；从腋点（胸宽的界点）至中指尖约为三个头长；下肢从臀股沟至足底为三个头长。

二、人体测量

人体测量是通过测量人体各部位尺寸来确定个体之间和群体之间在人体尺寸上的差别，用以研究人的形态特征，从而为产品设计、人体工程、人类学、医学等领域的研究提供人体体型数据资料。在服装行业中，作为服装人体工学的重要分支，人体测量是十分重要的基础性工作。

首先，人体测量为服装的合体性提供基础数据支持，这些数据将支持我国大规模人体数据库的建立，为服装号型标准的制定提供依据，从而应用于服装设计、生产与销售的每一环节。

其次，人体测量为服装功能性研究提供依据，例如，服装对人体体表的压迫度、伴随运动产生的体型变化及皮肤的伸缩等方面的研究会直接影响人体着装舒适性，因此必须依赖于精确的人体尺寸数据。

（一） 人体测量的主要方法

目前，应用于服装行业的人体测量主要有接触式人体测量和非接触式人体测量两种方法。其中，接触式人体测量，即为传统的手工测量方法；非接触式人体测量则采用计算机辅助方式，通过三维扫描或二维摄影等方式实现对人体尺寸测量。

1．手工测量（接触式人体测量）

手工测量方法使用软尺、人体测高仪、角度计、测距计、手动操作的连杆式三维数字化仪等作为主要测量工具，依据测量基准对人体进行接触式测量，可以直接获得较细致的人体数据，因此在服装业中长期使用。

但由于这些方法都属于接触式测量，在被测者的舒适性与测量的精确度方面还存在许多问题，例如，异性接触测量、疲劳测量给测量工作造成影响；人体是弹性活体，传统的手工接触式测量很难获得真实准确的数据，且测量时容易受被测者和测量者的主观影响而造成误差。

2．计算机辅助人体测量（非接触式人体测量）

人体表面所具有复杂的形状，手工测量方法无法进行深入的研究，亦不利于计算机对人体的三维模拟，从而也对人体测量的信息化产生了影响。此外，现有手工测量人体尺寸的方式也无法快速准确地进行大量人体的测量，这不仅阻碍了服装工业的顺利发展和成衣率的提高，也不利于快速准确地制定服装号型标准，从而阻碍了与国际标准接轨及我国服装行业总体科技水平的提高。

近 20 年来，美国、英国、德国、法国和日本等服装业发达的国家都相继研制了一系列的计算机辅助人体测量系统。其中，基于光学原理的三维人体扫描是实现非接触式人体测量的核心技术。

三维人体扫描是现代人体测量技术的主要特征，它是以现代光学为基础，融光电子学、计算机图像学、信息处理、计算机视觉等技术于一体的高新技术。一个完整的三维人体扫描系统主要由光源、成像设备、数据存储及处理系统组成，其工作流程如图 1—3—2 所示。

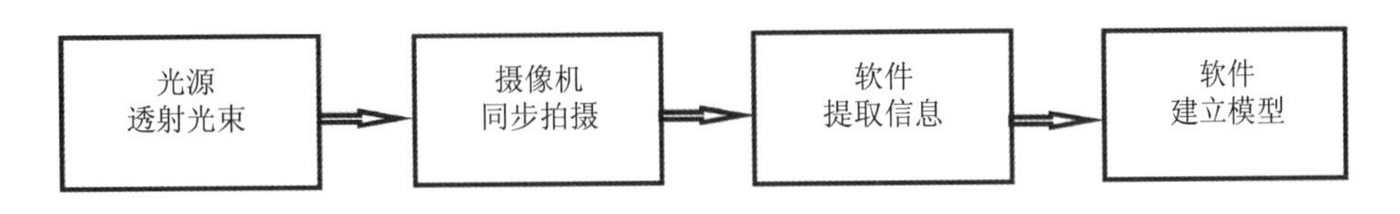

图 1—3—2 三维人体扫描系统工作流程

首先，光源向人体表面投射光束，可以是白光、激光、红外线、结构光等，这些光投射到人体表面后将产生变形。

其次，摄像装置同步拍摄投射到人体表面的光线图。

再次，系统软件提取图像中包含的人体表面的数据信息。

最后，通过系统软件构建人体模型、提取人体尺寸数据。

目前，根据光源和系统处理方式的不同，常见的三维人体扫描方法主要有以下几种：

（1）立体视觉法

该方法的基本原理是利用成像设备从不同的位置获取被测人体的多幅图像，提取图像中对应的目标点，利用三角测量原理，通过计算图像中对应点的位置偏差来获得点的三维坐标。

立体视觉法分为双目立体视觉法和多目立体视觉法。其中，双目立体视觉法采用模拟人的双眼观测景物的方式，具有效率快、精度高、成本低、系统结构简单、使用范围广等特点，是立体视觉最常用的实现方式。在立体视觉系统中，摄像机标定以及图像之间的对应点匹配是该领域研究的热点和难点。

法国 Lectra 公司的 Vitus Smart 三维人体扫描仪就是采用立体视觉法，该扫描仪由四个柱子的模块系统组成，每个柱子包括两个 CCD 摄像机和一个激光发射器。扫描人体时，8 个垂直运动的 CCD 摄像机拍摄激光发射器投射到人体上的激光光纹图像，并迅速计算出人体表面点的三维坐标值，并快速重建一个高度精确的“人体数码双胞胎”，通过系统软件快速提取 100 多个人体尺寸数据。

（2）结构光三角测量法

其原理是先将结构光投射到被测人体上，同时在偏离投射方向的一定角度处用 CCD 摄像机拍摄人体图像，由于人体表面的起伏会使投射的光源在 CCD 摄像机中的成像发生一定的偏移，通过求解光的发射点、投影点和成像点的三角关系来确定人体上各点的三维坐标信息。根据光源类型，主要有激光、白炽灯、数字镜像仪、投影仪等。

美国 Cyberware 的全身三维扫描系统 WBX（Whole Body 3D Scanner Model）就是采用结构光三角测量法。该系统由操作平台、4 个扫描头、标尺、系统软件等构成。采用激光作为光源，由激光二级管发射一束激光到人体表面，使用镜面组合从两个位置同时取景，激光条纹因人体体表的形状而产生形变，系统传感器记录形变并通过系统软件生成人体的数字图像。系统的 4 个扫描头以 2mm 为间隔，对人体从上至下进行高速扫描，能够在 17s 内扫描全身几十万个数据点。

（3）莫尔条纹干涉法

该方法的基本原理是将一个基准光栅投影到人体表面上，通过人体表面高度信息差使光栅线发生变形，变形的光栅与基准光栅经干涉得到条纹图，系统通过对生成的条纹图进行处理而获取人体表面的三维信息。

莫尔条纹干涉法又可分为扫描莫尔法、影像莫尔法、投影莫尔法等。其中扫描莫尔法用电子扫描光栅和变形叠加生成莫尔等高线，利用现代电子技术，通过改变扫描光栅的栅距、相位等生成不同相位的等高条纹图像，便于计算机处理。影像条纹法是将基准光栅投影到被测人体表面，通过同一栅板观察人体，从而形成干涉条纹。投影条纹法则利用光源将基准栅经过聚光镜投影到被测物体人体表面，经人体表面调制后的栅线与观察点处的参考栅相互干涉，从而形成条纹。

Wicks & Wilson Limited 生产的 Triform 扫描仪采用白光作为光源，用改进的莫尔轮廓技术捕获被测人体的表面形状，12s 内扫描得到一个包含 150 万个点的人体立体彩色点云图。

（4）白光相位法

该方法的基本原理是采用白光照明，光栅经过光学投影装置投影到被测人体表面上，由于人体表面形状的凹凸不平，光栅图像产生畸变并带有人体表面的轮廓信息，用摄像机把变形后的相移光栅图像摄入计算机内，经系统处理，计算得到畸变光栅的相位分布图，即可获得被测人体表面的三维数据点。

美国的TC2是该方法的典型代表，通过在不到12s的时间内对人体40万个点的扫描，迅速获得与服装相关的100个左右的人体尺寸，可以全面精确地反映人体体型情况。

（二）服装用人体测量的部位与方法

中华人民共和国国家质量监督检验检疫总局和中国国家标准化管理委员会于1996年发布了国家标准：GB/T 16160—1996《服装用人体测量的部位与方法》，并于2008年做了第一次修订，并发布国家标准：GB/T 16160—2008《服装用人体测量的部位与方法》。该标准中规定了服装用人体测量的部位与方法。

1. 人体水平尺寸测量

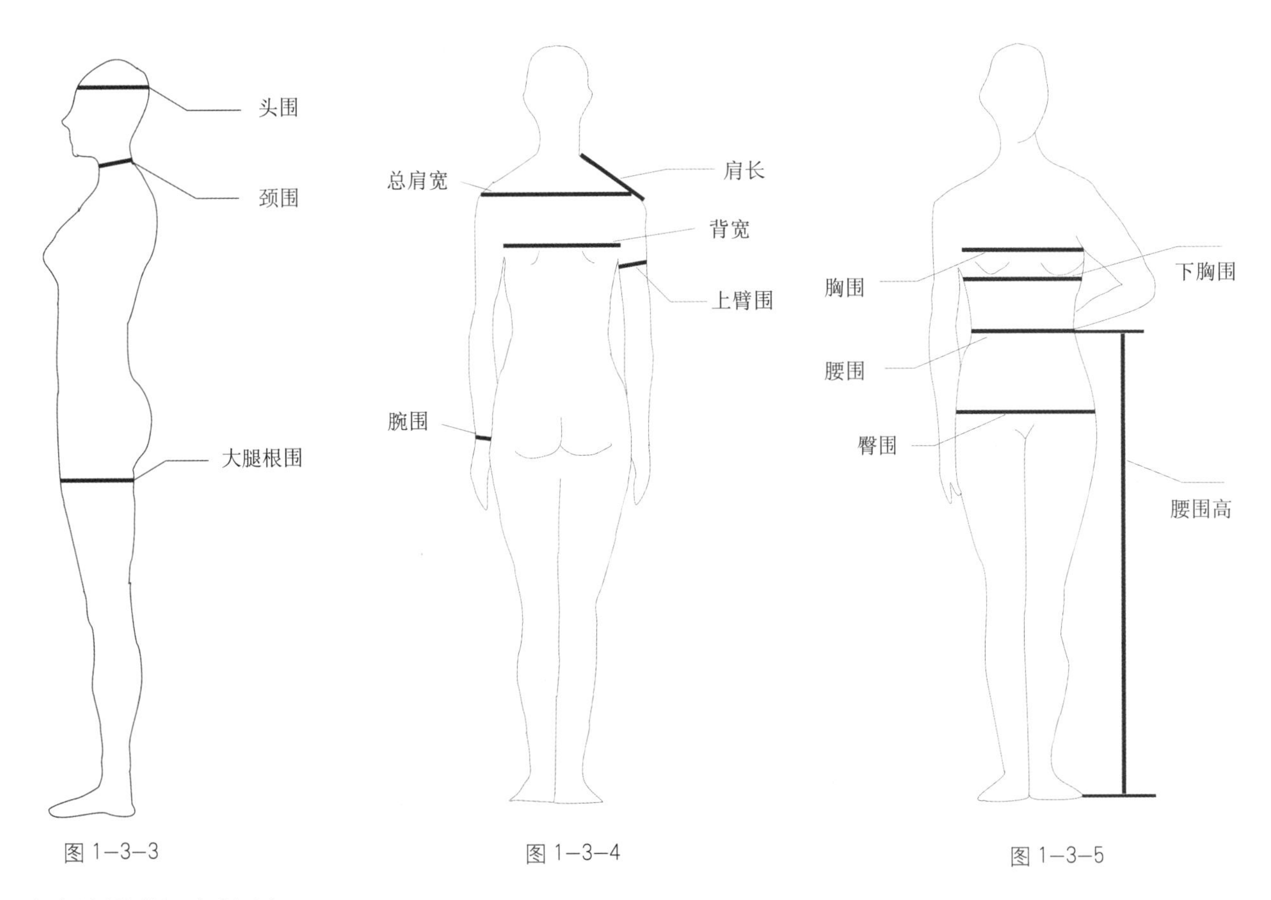

图1—3—3　　图1—3—4　　图1—3—5

(1) 头围 (Head Girth)

两耳上方水平测量的头部最大围长，如图1—3—3所示。

(2) 颈围 (Neck Girth)

用软尺测量经第七颈椎点处的颈部水平围长，如图1—3—3所示。

(3) 肩长 (Shoulder Length)

被测者手臂自然下垂，测量从颈根外侧点至肩峰点直线距离，如图1—3—4所示。

(4) 总肩宽 (Shoulder Width)

被测者手臂自然下垂，测量左右肩峰点之间的水平弧长，如图 1–3–4 所示。

（5）背宽 (Back Width)

用软尺测量左右肩峰点分别与左右腋窝点连线的中点的水平弧长，如图 1–3–4 所示。

（6）胸围 (Chest Girth，Bust Girth)

被测者直立、正常呼吸，用软尺经肩胛骨、腋窝和乳头测量的最大水平围长，如图 1–3–5 所示。

（7）下胸围（女）(Underbust Girth)

紧贴着乳房下部的人体水平围长，如图 1–3–5 所示。

（8）腰围 (Waist Girth)

被测者直立、正常呼吸、腹部放松，胯骨上端与肋骨下缘自然腰际线的水平围长，如图 1–3–5 所示。

（9）臀围 (Hip Girth)

被测者直立，在臀部最丰满处测量的臀部水平围长，如图 1–3–5 所示。

（10）上臂围 (Upper–arm Girth)

被测者直立、手臂自然下垂，在腋窝下部测量上臂最粗处的水平围长，如图 1–3–4 所示。

（11）腕围 (Wrist Girth)

被测者手臂自然下垂，测量的腕骨部位围长，如图 1–3–4 所示。

（12）大腿根围 (Thigh Girth)

被测者直立、腿部放松，测量大腿最高部位的水平围长，如图 1–3–3 所示。

（13）身高（指尚不能站立的婴儿）(Height)

被测者平躺于台面，测量头顶至脚跟的直线距离。

2. 人体垂直尺寸测量

（1）身高（婴儿除外）(Height)

被测者直立、赤足，双脚并拢，用人体测高仪测量自头顶至地面的垂直距离，如图 1–3–6 所示。

（2）颈椎点高 (Cervical Height)

用软尺测量自第七颈椎点，沿背部脊柱曲线至臀围线，再垂直至地面的距离，如图 1–3–6 所示。

（3）坐姿颈椎点高 (Cervical Height)

被测者直坐于凳面，用人体测高仪测量自第七颈椎点至凳面的垂直距离，如图 1–3–7 所示。

（4）腰围高 (Waist Height)

被测者直立，用人体测高仪测量从腰际线至地面的垂直距离，如图 1–3–5 所示。

（5）直裆 (Body Rise)

用人体测高仪测量测量自腰际线至会阴点的垂直距离，如图 1–3–6 所示。

（1）上裆长 (Body Rise)

被测者直坐于凳面，用人体测高仪测量自腰际线至凳面的垂直距离，如图 1–3–7 所示。

（2）腰长 (Waist to Hip)

用软尺测量从腰际线，沿体侧臀部曲线至大转子的长度，如图 1–3–8 所示。

（3）臂长 (Arm Length)

被测者右手握拳放在臀部，手臂弯曲成 90°，用软尺测量自肩峰点，经桡骨点（肘部）至尺骨茎突点（腕围）的长度，如图 1–3–8 所示。

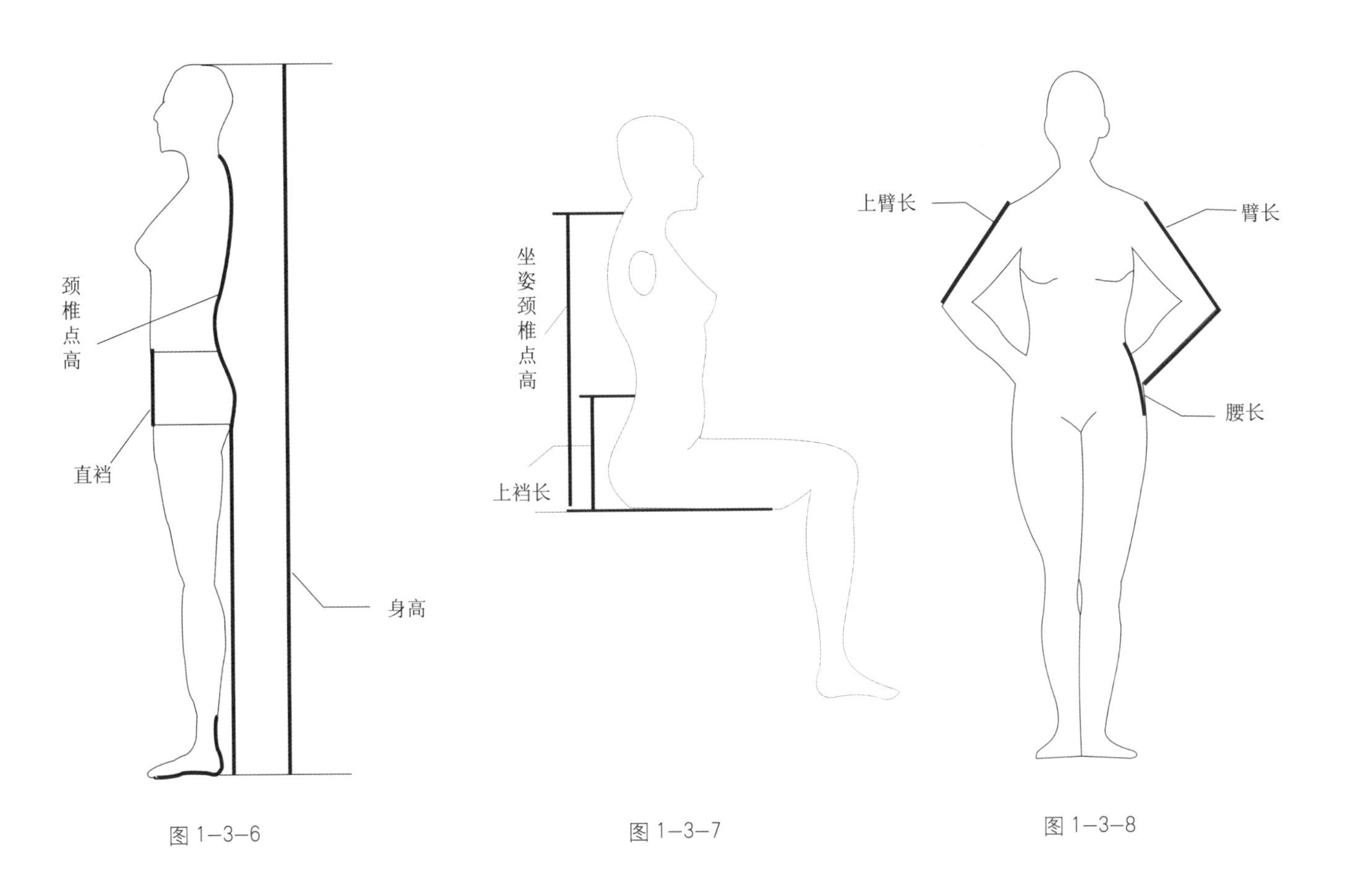

图 1–3–6

图 1–3–7

图 1–3–8

（4）上臂长（Upper–arm Length）

被测者右手握拳放在臀部，手臂弯曲成 90°，用软尺测量自肩峰点至桡骨点（肘部）的距离，如图 1–3–8 所示。

三、男女体型差异

服装设计有男装设计和女装设计的区别，这主要是考虑体型和功能上的原因。因此，男女体型上的差异及特征的研究对服装结构设计的准确性、合理性的把握是十分重要的。

从服装结构设计的技术要求上，则要研究男、女体型差异的物质元素，即骨骼、肌肉、脂肪和皮肤的生理差别和形态特征。这对认识男、女装结构特点和设计规律至关重要。

（一）男女骨骼的差异

骨骼决定人的外部形态特征，由于生理的原因，男、女的骨骼有明显的差异。男性的骨骼粗壮而突出，女性则相反，由此呈现出男、女体型的外部特征：男性强悍，有棱角；女性平滑柔和。

另外，男性上身骨骼较发达，女性则下身骨骼较发达，形成各自的体型特征：男性一般肩较宽、胸廓体积大；女性肩窄小、胸廓体积小。女性的盆骨宽而厚，男性的骨盆窄而薄。

由此可见，男、女的体型特征恰好是相反的，即男性为倒梯形，女性则是正梯形。男、女躯体线条的起伏、落差也不同，男性显得比较平直，女性则显出比较明显的“S”形特征，如图 1–3–9 所示。

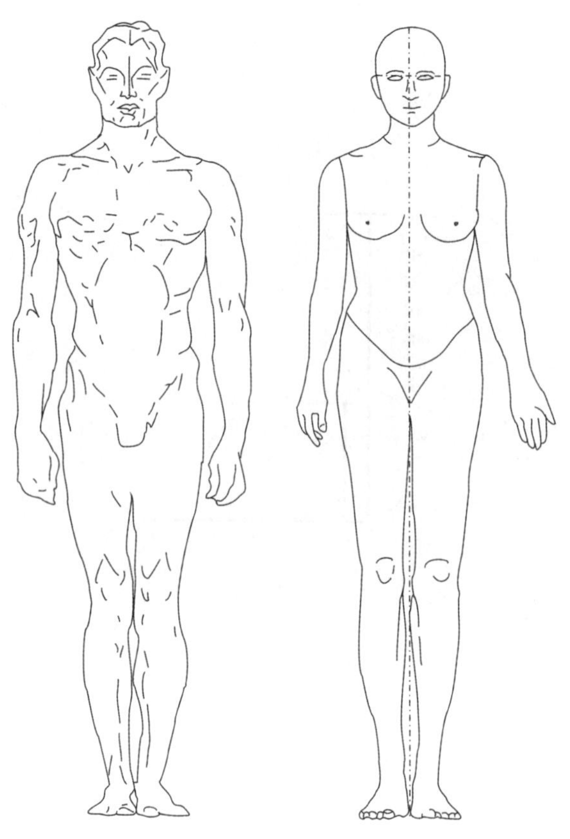

图 1-3-9 男女体型差异

（二）男女肌肉及表层组织的差异

男女服装的结构特征，除了受骨骼的影响外，其造型特点主要是有肌肉和表层组织构造的差别所决定的。由于生理上的原因，女性与男性肌肉和表层的差异点是：女性乳房隆起，背部稍向后倾斜，使颈部前伸，造成肩胛突出，由于盆骨宽厚使臀大肌高耸，促成后腰部凹陷，腹部前挺，故显出优美的“S”形曲线；而男性颈部竖直，胸部前倾，收腹，臀部收缩而体积小，故整体形成挺拔有力的直线造型。

由于男、女肌肉与表层组织的差异，决定了女装结构设计主要在于褶和省的变换运用，表现出“显型”的结构特点。而男装结构设计主要在于运用材料的性能和分割的技术处理上，表现出“隐型”的结构特点。而所谓的材料性能和技术处理，首先是指织物的伸缩性和运用织物伸缩性的物理处理（归拔处理）；其次是考虑与女装造型效果上的反差，更多的不是利用形式的纷繁变化，而是注重功能和工艺上的考虑。这不仅符合男女生理上的要求，而且也符合心理平衡的美学设计原则。在利用材料的设计中，材料的伸缩性是有限的，因此归拔更适合用在男装的结构设计和工艺处理上，而不适应女体高落差的体型变化，即使是针织面料（除特种服装外），不经过褶、省的处理也达不到完全合体的目的。因此，可以说省和褶的巧妙变化与应用是女装结构设计的灵魂。

四、服装号型标准

中华人民共和国国家质量监督检验检疫总局和中国国家标准化管理委员会于 1977 年发布了国家标准：GB 1335—1981《服装号型》，并于 2008 年做了第三次修订，并发布国家标准：GB/T 1335—2008《服装号型》。GB/T 1335 分为三个部分：GB/T 1335.1《服装号型·男子》、GB/T 1335.2《服装号型·女子》和 GB/T 1335.3《服装号型·儿童》。该标准对服装设计、生产和选购过程中的号型规格问题进行了规范。

（一） 号型定义

1. 号

以厘米为单位的人体身高，是设计、生产和选购服装时长度方向的依据。

2. 型

以厘米为单位的人体净胸围或净腰围，是设计、生产和选购服装时围度方向的依据。

3. 体型分类

以人体胸、腰差量为依据，将人体体型分为 Y、A、B、C 四种体型。男女体型分类如表 1–3–1 所示。

表 1–3–1 男女体型分类 单位：cm

	C	B	A	Y
女子胸腰差	4～8	9～13	14～18	19～24
男子胸腰差	2～6	7～11	12～16	17～22

（二） 号型标志

GB/T 1335–2008 服装号型标准中对服装生产企业要求必须在服装上进行号型标志：

方法：号 / 型 体型分类。

例：女子上装，160/84A，表示该件上衣适合身高在 160cm 左右、胸围在 84cm 左右的 A 体型女子穿着；男子下装，170/84B，表示该件裤子适合身高在 170cm 左右、腰围在 84cm 左右的 B 体型男子穿着。

（三） 中间体

对人体体型普查的测量数据根据胸腰差量分成 Y、A、B、C 四种体型，然后求取每类体型人群各部位尺寸的平均值，构成该体型的中间体，如表 1–3–2 所示。

表 1–3–2 男女各体型中间体 单位：cm

体型代号		Y	A	B	C
男子	身高	170	170	170	170
	胸围	88	88	92	96
	腰围	70	74	84	92
女子	身高	160	160	160	160
	胸围	84	84	88	88
	腰围	64	68	78	82

（四） 号型系列

以中间体为中心，号、型依次向两边递增或递减形成一系列的号型。

1. 成年男子、女子

上装：身高 5cm 一档、胸围 4cm 一档，形成 5 · 4 系列。

下装：身高 5cm 一档、腰围 4cm 或 2cm 一档，形成 5·4 或 5·2 系列。

2. 婴幼儿（身长 52 ～ 80cm）

上装：身高 7cm 一档、胸围 4cm 一档，形成 7·4 系列。

下装：身高 7cm 一档、腰围 3cm 一档，形成 7·3 系列。

3. 儿童（身长 80 ～ 130cm）

上装：身高 10cm 一档、胸围 4cm 一档，形成 10·4 系列。

下装：身高 10cm 一档、腰围 3cm 一档，形成 10·3 系列。

4. 儿童（身长 130 ～ 155cm）

上装：身高 5cm 一档、胸围 4cm 一档，形成 5·4 系列。

下装：身高 5cm 一档、腰围 3cm 一档，形成 5·3 系列。

（五）控制部位

包括 10 个人体部位，其中长度方向尺寸有身高、颈椎点高、坐资颈椎点高、全臂长、腰围高；围度方向尺寸有颈围、总肩宽、胸围、腰围、臀围。

在日本和欧美的服装规格中，都配有详尽的标准参考尺寸，这是设计者进行标准化结构设计不可缺少的数据，同时，也作为纸样放缩的参数，基本上是以综合规格、设计和放码参数三位一体的方式表述的。我国女子号型标准是在四个系列号型中均配有“服装号型各系列控制部位数值”，它是人体主要部位的标准尺寸，其功能和国际标准参考尺寸基本相同。使用方法是：当设计者确定某规格时，可依此查出对应的“控制部位尺寸”作为结构设计参考（表 1–3–3 ～表 1–3–6）。

表 1–3–3 5·4、5·2 Y 号型系列控制部位数值

单位：cm

部位	数值													
身高	145		150		155		160		165		170		175	
颈椎点高	124.0		128.0		132.0		136.0		140.0		144.0		148.0	
坐姿颈椎点高	56.5		58.5		60.5		62.5		64.5		66.5		68.5	
全臂长	46.0		47.5		49.0		50.5		52.0		53.5		55.0	
腰围高	89.0		92.0		95.0		98.0		101.0		104.0		107.0	
胸围	72		76		80		84		88		92		96	
颈围	31.0		31.8		32.6		33.4		34.2		35.0		35.8	
总肩宽	37.0		38.0		39.0		40.0		41.0		42.0		43.0	
腰围	50	52	54	56	58	60	62	64	66	68	70	72	74	76
臀围	77.4	79.2	81.0	82.8	84.6	86.4	88.2	90.0	91.8	93.6	95.4	97.2	99.0	100.8

表 1-3-4 5·4、5·2 A 号型系列控制部位数值 单位：cm

部位	数值																				
身高	145			150			155			160			165			170			175		
颈椎点高	124.0			128.0			132.0			136.0			140.0			144.0			148.0		
坐姿颈椎点高	56.5			58.5			60.5			62.5			64.5			66.5			68.5		
全臂长	46.0			47.5			49.0			50.5			52.0			53.5			55.0		
腰围高	89.0			92.0			95.0			98.0			101.0			104.0			107.0		
胸围	72			76			80			84			88			92			96		
颈围	31.2			32.0			32.8			33.6			34.4			35.2			36.0		
总肩宽	36.4			37.4			38.4			39.4			40.4			41.4			42.4		
腰围	54	56	58	58	60	62	62	64	66	66	68	70	70	72	74	74	76	78	78	80	84
臀围	77.4	79.2	81.0	81.0	82.8	84.6	84.6	86.4	88.2	88.2	90.0	91.8	91.8	93.6	95.4	95.4	97.2	99.0	99.0	100.8	102.6

表 1-3-5 5·4、5·2 B 号型系列控制部位数值 单位：cm

部位	数值																			
身高	145		150			155			160			165		170			175			
颈椎点高	124.5		128.5			132.5			136.5			140.5		144.5			148.5			
坐姿颈椎点高	57.0		59.0			61.0			63.0			65.0		67.0			69.0			
全臂长	46.0		47.5			49.0			50.5			52.0		53.0			55.0			
腰围高	89.0		92.0			95.0			98.0			101.0		104.0			107.0			
胸围	68		72		76		80		84		88		92		96		100		104	
颈围	30.6		31.4		32.2		33.0		33.8		34.6		35.4		36.2		37.0		37.8	
总肩宽	34.8		35.8		36.8		37.8		38.8		39.8		40.8		41.8		42.8		43.8	
腰围	56	58	60	62	64	66	68	70	72	74	76	78	80	82	84	86	88	90	92	94
臀围	78.4	80.0	81.6	83.2	84.8	86.4	88.0	89.6	91.2	92.8	94.4	96.0	97.6	99.2	100.8	102.4	104.0	105.6	107.2	108.8

表 1–3–6 5・4、5・2 C 号型系列控制部位数值　　单位：cm

部位	数值						
身高	145	150	155	160	165	170	175
颈椎点高	124.0	128.0	132.0	136.0	140.0	144.0	148.0
坐姿颈椎点高	56.5	58.5	60.5	62.5	64.5	66.5	68.5
全臂长	46.0	47.5	49.0	50.5	52.0	53.5	55.0
腰围高	89.0	92.0	95.0	98.0	101.0	104.0	107.0

胸围	68	72	76	80	84	88	92	96	100	104	108
颈围	30.8	31.6	32.4	33.2	34.0	34.8	35.6	36.4	37.2	38.0	38.8
总肩宽	34.2	35.2	36.2	37.2	38.2	39.2	40.2	41.2	42.2	43.2	44.2

腰围	60	62	64	66	68	70	72	74	76	78	80	82	84	86	88	90	92	94	96	98	100	102
臀围	78.4	80.0	81.6	83.2	84.8	86.4	88.0	89.6	91.2	92.8	94.4	96.0	97.6	99.2	100.8	102.4	104.0	105.6	107.2	108.8	110.4	112.0

配合表 1–3–3 ～表 1–3–6 四个号型系列控制部位尺寸，制定了“女装号型系列分档数值”，以此作为纸样放缩（也称放码或推板，即以某一号型纸样为依据，按照一定的规则对同一款式的服装进行纸样的放大与缩小而得到一系列不同号型的纸样）的基本参数。表中“采用数”一栏中的数值是纸样放缩采用的数据（表 1–3–7 ～表 1–3–10）。

注：身高所对应的高度部位是颈椎点高、坐姿颈椎点高、全臂长、腰围高。

胸围所对应的围度部位是颈围、总肩宽。

腰围所对应的围度部位是臀围。

表 1–3–7 5・4、5・2 Y 号型控制部位分档数值　　单位：cm

体型	Y							
部位	中间体		5•4 系列档差		5•2 系列档差		身高、胸围、腰围每增减 1cm	
	计算数	采用数	计算数	采用数	计算数	采用数	计算数	采用数
身高	160	160	5	5	5	5	1	1
颈椎点高	136.2	136.0	4.46	4.00			0.89	0.80
坐姿颈椎点高	62.6	62.5	1.66	2.00			0.33	0.40
全臂长	50.4	50.5	1.66	1.50			0.33	0.30
腰围高	98.2	98.0	3.34	3.00	3.34	3.00	0.67	0.60
胸围	84	84	4	4			1	1
颈围	33.4	33.4	0.73	0.80			0.18	0.20
总肩宽	39.9	40.0	0.70	1.00			0.18	0.25
腰围	63.6	64.0	4	4	2	2	1	1
臀围	89.2	90.0	3.12	3.60	1.56	1.80	0.78	0.90

表 1–3–8 5・4、5・2 A 号型控制部位分档数值 单位：cm

体型	A							
部位	中间体		5•4 系列档差		5•2 系列档差		身高、胸围、腰围每增减 1cm	
	计算数	采用数	计算数	采用数	计算数	采用数	计算数	采用数
身高	160	160	5	5	5	5	1	1
颈椎点高	136.0	136.0	4.53	4.00			0.91	0.80
坐姿颈椎点高	62.6	62.5	1.65	2.00			0.33	0.40
全臂长	50.4	50.5	1.70	1.50			0.34	0.30
腰围高	98.1	98.0	3.37	3.00	3.37	3.00	0.68	0.60
胸围	84	84	4	4			1	1
颈围	33.7	33.6	0.78	0.80			0.20	0.20
总肩宽	39.9	39.4	0.64	1.00			0.16	0.25
腰围	68.2	68	4	4	2	2	1	1
臀围	90.9	90.0	3.18	3.60	1.60	1.80	0.80	0.90

表 1–3–9 5・4、5・2 B 号型控制部位分档数值 单位：cm

体型	B							
部位	中间体		5•4 系列档差		5•2 系列档差		身高、胸围、腰围每增减 1cm	
	计算数	采用数	计算数	采用数	计算数	采用数	计算数	采用数
身高	160	160	5	5	5	5	1	1
颈椎点高	136.3	136.5	4.57	4.00			0.92	0.80
坐姿颈椎点高	63.2	63.0	1.81	2.00			0.36	0.40
全臂长	50.5	50.5	1.68	1.50			0.34	0.30
腰围高	98.0	98.0	3.34	3.00	3.30	3.00	0.67	0.60
胸围	88	88	4	4			1	1
颈围	34.7	34.6	0.81	0.80			0.20	0.20
总肩宽	40.3	39.8	0.69	1.00			0.17	0.25
腰围	76.6	78.0	4	4	2	2	1	1
臀围	94.8	96.0	3.27	3.20	1.64	1.60	0.82	0.80

表 1–3–10 5・4、5・2 C 号型控制部位分档数值 单位：cm

体型	C							
部位	中间体		5•4 系列档差		5•2 系列档差		身高、胸围、腰围每增减 1cm	
	计算数	采用数	计算数	采用数	计算数	采用数	计算数	采用数
身高	160	160	5	5	5	5	1	1
颈椎点高	136.5	136.5	4.48	4.00			0.90	0.80
坐姿颈椎点高	62.7	62.5	1.80	2.00			0.35	0.40
全臂长	50.5	50.5	1.60	1.50			0.32	0.30
腰围高	98.2	98.0	3.27	3.00	3.27	3.00	0.65	0.60
胸围	88	88	4	4			1	1
颈围	34.9	34.8	0.75	0.80			0.19	0.20
总肩宽	40.5	39.2	0.69	1.00			0.17	0.25
腰围	81.9	82	4	4	2	2	1	1
臀围	96.0	96.0	3.33	3.20	1.66	1.60	0.83	0.80

第二章 服装结构设计基础

第一节 服装结构制图基本知识

服装结构由服装的造型和功能所决定。服装结构制图是对服装结构通过分析计算在纸张或布料上绘制出服装结构线的过程，表示出服装各部件和各层材料的几何形状以及相互组合的关系，包括服装各部位外部轮廓线之间的组合关系、部位内部的结构线以及各层服装材料之间的组合关系。

一、服装结构制图标准

（一）制图比例

同一张图纸上，应采用相同的比例（绘制图形与实物图形的大小之比），并将比例填写清楚。实际制图比例为 1 ：1，笔记制图比例一般采用 1 ：5，单位，cm。

标题栏一般包括姓名、制图日期、比例、号型、体型、成品规格，一般位于图纸的右下角。

（二）制图顺序

1. 先画主裁片，再画部件

一般先画衣身，后画部件；衣身先画前片，再画后片。

2. 对具体的衣片绘制，应先作基础线，后作轮廓线，再作内部结构线

画竖线，定长度，画横线，定宽度，取辅助点；用直线、曲线和光滑的弧线准确连接各个定点和工艺点定轮廓，一般从服装中心向侧缝，从上到下绘制连接；最后画内线，定省、袋、扣位等。

3. 标注必要尺寸及制图符号

必要尺寸指图形中点与点、点与线或线与线距离或线与线间的角度关系。

（三）制图要求

纸面制图要求图纸整洁、布局合理、标记规范、方法统一。

1. 线条要求

横线要平：水平状；竖线要正：与横线垂直；弧线圆顺、无毛刺：确保裁片边缘轮廓线柔和流畅；内线精确：省、袋、扣位画线要精确。

2. 字体要求

图纸中的文字、数字、字母都必须做到：字体工整、笔画清楚、间隔均匀、排列整齐。字号大小和图的比例要协调。

3. 尺寸标注的方法

服装各部位和零部件的实际大小以图样上所注的尺寸数值为准。图纸中的尺寸，一律以厘米为单位。尺寸标注线用细实线绘制，其两端箭头应指到尺寸界线处。标注垂直距离时，数字标注在尺寸线的同侧中间或尺寸线的断开处；标注水平线时，数字标注在尺寸线的上方中间或尺寸线的断开处；当标注距离较小时，可将尺寸线标注在尺寸线外侧，数字写在尺寸界限中间或用尺寸线引出标注。标注数字方向尽可能一致，以便读图，如图 2–1–1 所示的袖克夫结构标注。

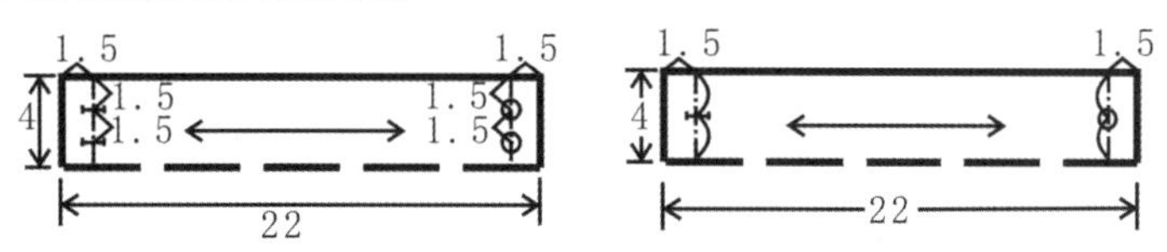

图 2–1–1 袖口克夫结构标注示例

制图结构线及辅助线不能代替尺寸标注线，一般也不得与其他线条重合或画在其延长线上。应将尺寸标在弧线断开的中间位置，尽量避免线条和数字交叉，如图 2–1–2 所示。

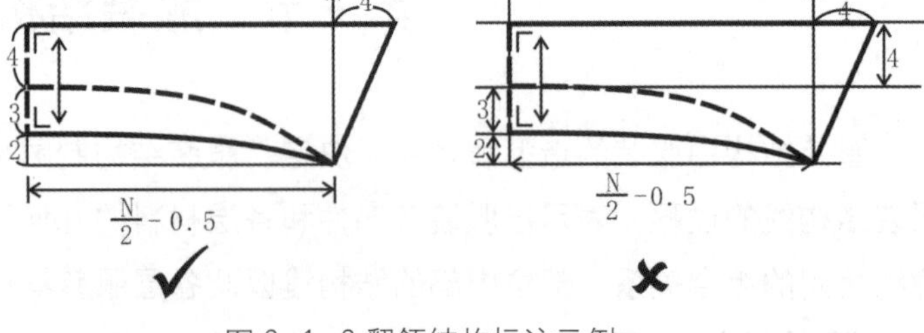

图 2–1–2 翻领结构标注示例

二、服装结构制图符号

表 2–1–1 服装结构制图常用符号

名称	符号	说明
引导线		细实线，可画基础线或者辅助线，起引导辅助作图的作用
轮廓线		粗实线，服装纸样制成以后的实际边线，也叫完成线，不包含作缝，也就是净纸样
		粗长虚线，指纸样两边完全对称的对折线，意味着实际的样板是以此为对称的整体纸样
		粗短虚线，折叠线，表示折进的位置
贴边线		点画线，在绘制好的样板的轮廓上只直接表示样板的贴边轮廓，一般在前门襟用，表示折进位置
等分线		表示某一部分尺寸的等分份数，可用细虚线或者实线表示
等长符号	○ ◎ □ △ ★…	用来表示制图部位中尺寸大小相同。根据需要及制图习惯可用各种符号加以区分
剪切符号		表示该结构线部位需要做剪开处理，剪刀口方向为剪开方向，一般用在纸样设计过程中
直角符号		表示两个轮廓线相交时，交点附近保持垂直状态，多用于下摆、肩点处。水平线和垂直线对应的直角，原则上不用直角标志
重叠符号		表示制图时两个裁片是重合的，实际纸样制作中需要补出重叠量保证纸样完整
省道		省道的形状可依人体凸凹而定，一般为直省和菱形省
拼接符号		表示实际纸样此处是完整的
缩褶符号		用在裁片边缘进行了加长处理的结构中，表示此处需要进行自然褶处理，缩回到原长

续表

名称	符号	说明
褶裥符号		单褶符号，按一定距离设计，也叫间褶。通常折叠的裥量为褶的两倍。线条的方向代表褶的导向
	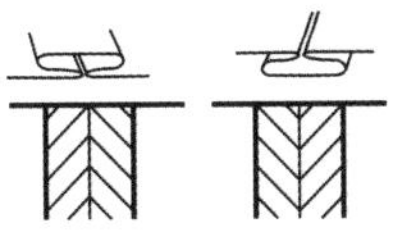	对褶符号，可明、可暗。褶和裥左右份量相等。线条的方向代表褶的导向
纽扣		服装钉纽扣的位置
扣眼		服装上锁眼的位置
拔开符号	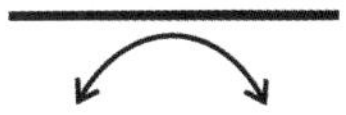	表示此处需要进行拔开处理，如西服的前肩处、袖子曲臂窝式、腰部窝式等
归拢符号	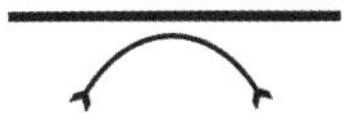	表示此处需要进行归缩处理，如西服的后肩线，袖肘处、胸凸、臀部等
对位符号	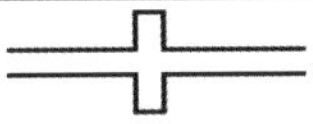	成对出现，作用：确保设计在生产中不走样，保证各衣片之间有效符合；缩短生产时间，提高品质系数
丝向		箭头方向表示经纱方向
毛向		箭头方向表示顺毛方向
明线符号		形式多样，也可做单明线

三、服装部位代号

在结构制图中引进部位代号的目的是为了书写方便，图面整洁。国际通用的部位代号大多来源于相应英文字母单词中的首字母或者前两位字母。

表 2–1–2 服装部位代号

名称	代号	名称	代号
长度 （衣长、裤长、裙长）	L（length）	肩点	SP (Shoulder Point)
头围	HS(Head Size)	乳点	BP (Bust Point)
领围	N (Neck)	前颈点	FNP (Front Neck Point)
胸围	B (Bust)	侧颈点	SNP (Side Neck Point)
下胸围	UB（Under Bust）	后颈点	BNP(Back Neck Point)
腰围	W(Waist)	袖长	SL (Sleeve Length)
臀围	H（Hip）	袖口	C (Cuff)

续表

名称	代号	名称	代号
中臀围	H（Middle Hip）	袖口长	CL (Cuff Length))
肩宽	S (Shoulder)	袖口宽	CW(Cuff Width)
领围线	NL (Neck Line)	袖窿弧线	AH(Arm Hole)
胸围线	BL (Bust Line)	袖肘线	EL(Elbow Line)
腰围线	WL(Waist Line)	肘点	EP(Elbow Point)
臀围线	HL (Hip Line)	前中线	CFL(Center Front Line)
中臀围线	MHL (Middle Hip Line)	后中线	CBL(Center Back Line)
膝围线	KL(Knee Line）		

第二节 女上装原型的绘制方法

服装原型法制图作为一种简单、实用的平面结构设计方法，得到了广泛的应用。由于地域相邻，人种、体型相同等多方面的原因，日本文化式原型在中国得到比较广泛的运用。文化式女装原型从创立到现在，经历了多次变革，这些调整顺应了人体体型、服装造型及流行、人体活动舒适性需求，体现了原型“以人为本”的宗旨。

一、服装原型的作图方法

服装原型以成年标准体为基础，是符合人体自然形态的贴体原型，为了能较好地塑型，设置了省道。穿着时腰围线作为人体的水平基础，袖子是直筒形外轮廓，手臂呈自然下垂状态，丝缕顺直。

以我国成年女性160/84A为标准进行绘制，具体尺寸为：胸围（B），84cm；背长，38cm（可采用颈椎点高－腰围高来计算）；腰围（W），68cm；袖长（SL），52cm。

（一）衣身原型的绘制

衣身原型具体绘制步骤如下：

1．基础线的绘制（图 2-2-1）

①后片上平基础线、前中心线及腰围线的确定：取长度为背长的后中心线，确定上平线和 WL；

②前中心线的确定：在腰围上取半胸围为 B/2+6（基本松量）确定前中心线；

③袖窿底线的确定：从上平线向下取 B/12+13.7 得一条水平线，为 BL；

④前片上平基础线的确定：在前中心线上从 BL 线起向上取 B/5+8.3，确定一条水平基础线；

⑤前胸宽的确定：从前中心线的 BL 线起取 B/8+6.2 作垂线，确定胸宽线；

⑥确定 BP 点：将在 BL 线上的胸宽尺寸两等分，向后移动 0.7，确定 BP 点；

⑦后背宽的确定：从前中心线的 BL 线起取 B/8+7.4 作垂线，确定背宽线；

⑧侧缝线的确定：在 BL 的胸宽线上往侧缝方向取 B/32 作垂线，将此线和后背宽线间的 BL 线两等分，两等分点向下画垂线，为侧缝线；

⑨肩省的导向点确定：后背上平线向下 8cm 作水平线，将此水平线两等分，向侧缝方向进 1cm，此点为肩省的省尖点；

⑩定位线的确定：将肩点处水平线以下，BL 线以上的背宽线两等分向下 0.5cm 作水平线，为定位线，设此线和以 B/32 作的垂线相交点为 A，此线可作为袖窿及袖山绘制时的参考线。

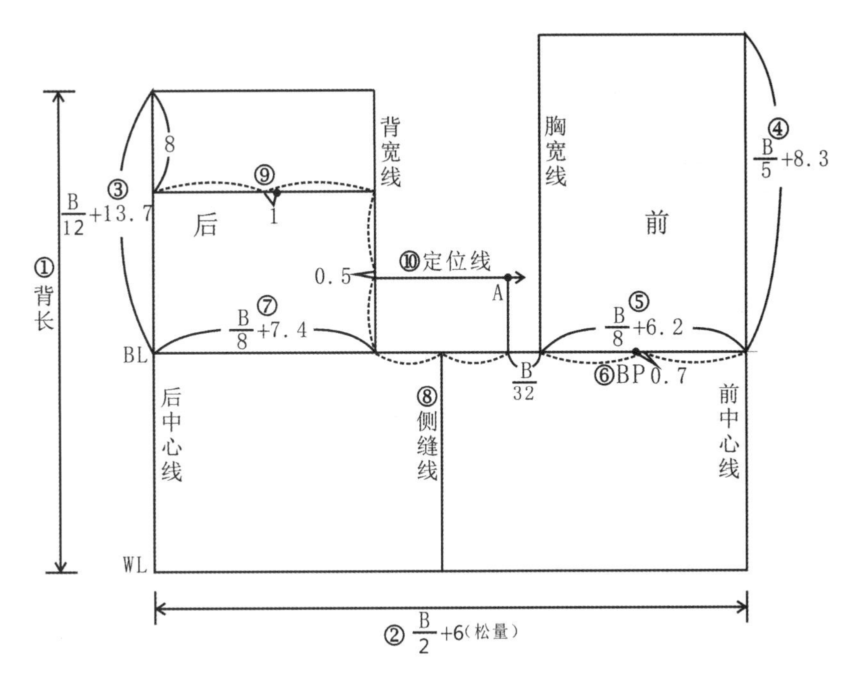

图 2-2-1 衣身原型基础线的绘制

2. 衣身细部结构线的绘制（图 2-2-2）

（1）前片细部结构线的绘制

①确定前领围线：从前中心最顶点水平取前领宽 B/24+3.4= ◎，此点作为 SNP，作垂线；取前领深◎ +0.5，此点作为 FNP，作水平线，取长方形的对角线，分成三等份，取 1/3 等分点往下 0.5 作为辅助点，连接 SNP、辅助点和 FNP，画顺前领窝；

②画前肩线：将 SNP 作为基准点与水平线取 8，垂直往下取 3.2，连接 SNP，并延长，超过胸宽线向外延长 1.8，作为前肩线；此时的肩斜角为 22° 。量取前肩宽度为★；

③画胸省和前袖窿上部线：以 BP 点为圆心，将 BP 点和 A 连接为半径，从 A 点取 B/12−3.2 弦的长度，以此确定的圆心角的大小为（B/4−2.5）° ，即为胸省的角度。胸省的两侧等长，连接圆顺袖窿上部，保证肩头为直角，相切与胸宽线；

④画前袖窿底：将通过 A 的垂线和侧缝之间的距离三等分，取一份大小表示为▲，然后在 45° 的角分线上取▲ +0.5，作为前袖窿的向导点，连接 A、向导点和侧缝点，画顺前袖窿底。

（2）后片细部结构线的绘制

⑤后领围线的确定：从后中心的顶点水平取◎ +0.2 为后领口宽，分成三等份，取一份高度垂直向上的位置作为 SNP，从后中心开始，1/3 份相切画顺后领口；

⑥后肩线的确定：首先，画后肩斜线：将 SNP 作为基准点与水平线取 8，垂直往下取 2.6，连接 SNP，

作为后肩斜线；此时的肩斜角为 18°；其次确定后肩省量：从肩点的导向点垂直向上作垂线和肩线交点处起往 SP 方向取 1.5，为肩省的一个边，取肩省大小为 B/32−0.8，确定肩省的另一边；最后，确定后肩宽尺寸为★＋后肩省量，确定 SP 点；

⑦画后袖窿上部线：保证肩头为直角，连接圆顺袖窿上部，相切于背宽线与定位线的交点；

⑧画后袖窿底：在背宽线和 BL 线的 45° 角分线上取▲＋0.8，作为后袖窿的向导点，连接定位线和背宽线的交点、向导点和侧缝点，画顺后袖窿底。

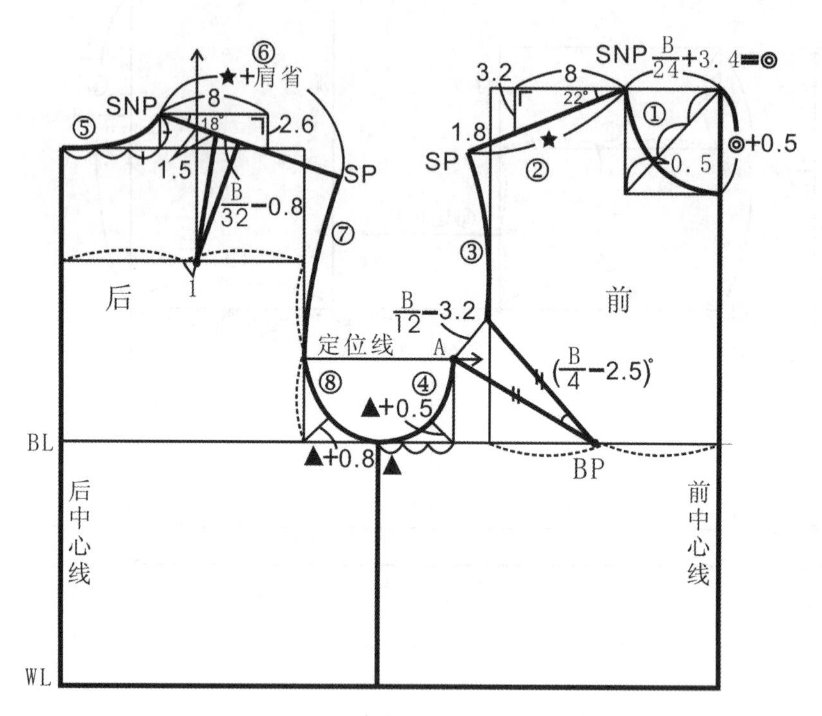

图 2−2−2 衣身原型细部结构线的绘制

衣身原型省道的分配情况，如图 2−2−3 所示。

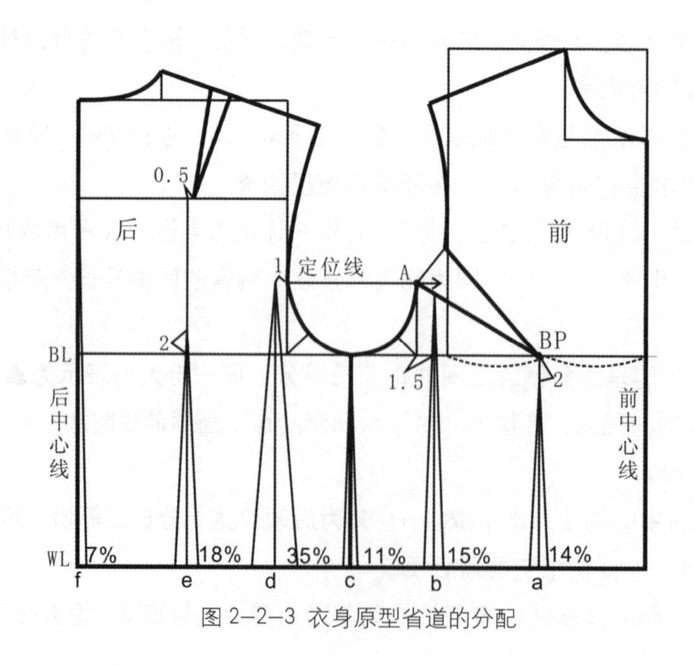

图 2−2−3 衣身原型省道的分配

（二）衣袖原型的绘制

1. 衣袖原型基础线的获得（图 2—2—4）

①确定袖山底线及袖中线：利用衣身原型在腰围线对位，合并胸省到前中心，获得完整的袖窿形状，画出 BL 线作为袖山底线、侧缝线作为袖中线、描出衣身上的袖窿定位线；

②确定袖山高：袖山高为 5/6 的平均袖窿深度，取前后肩点的高度差的 1/2 到 BL 线尺寸的 5/6。

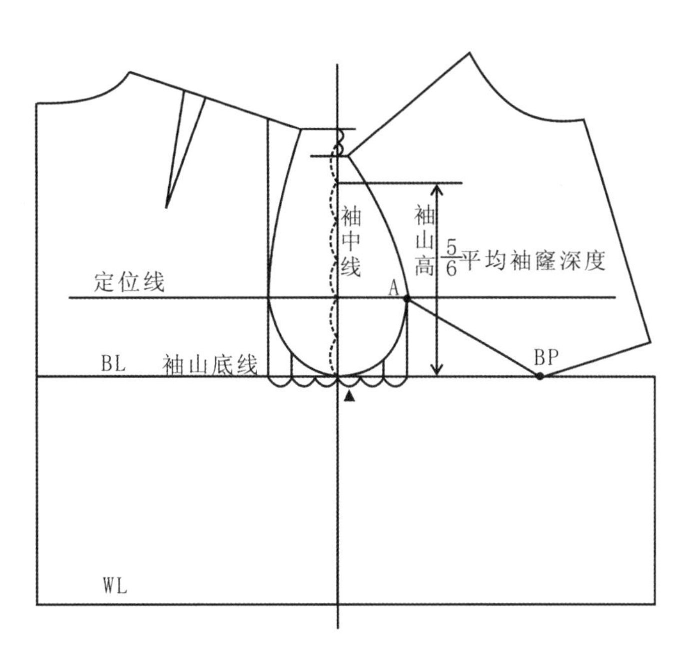

图 2—2—4　衣袖原型基础线的获得

2. 衣袖原型细部结构线的绘制（图 2—2—5、图 2—2—6）

①画出袖长，确定袖口线：从袖山顶点取袖长尺寸画出袖口线；

②作前后袖山斜线，确定袖肥：在衣身上量取前 AH 作为前袖山斜线，从袖山顶点量取前 AH 到袖山底线（BL 线）上，确定前袖宽点；在衣身上量取后 AH，取 AH+1+ * 作为后袖山斜线，从袖山顶点量取后袖山斜线长到袖山底线（BL 线）上，确定后袖宽点；从前后袖宽点画垂线到袖口确定袖肥；

③画袖山曲线：把袖窿底的●与○之间的曲线分别复制到袖山底前后；将前袖山斜线 4 等分，并在后袖山斜线上量取一份的量；前袖山曲线辅助点的确定：取袖山斜线一等份处垂直抬高 1.8 ～ 1.9cm 作为袖山曲线辅助点；在前袖山斜线与定位线的交点处沿斜线上移 1cm；后袖山曲线辅助点的确定：取袖山斜线一等份处垂直抬高 1.9 ～ 2cm 作为袖山曲线辅助点；在后袖山斜线与定位线的交点处沿斜线下移 1cm；如图 2—2—5 所示，用凸凹曲线通过各辅助点和袖山顶点，画顺袖山曲线；

④画袖肘线：从袖山顶点取 1/2 袖长 +2.5cm 确定水平线为袖肘线；

⑤确认袖底曲线：将前后袖宽各自两等分，加入袖折线，并将前后袖山曲线复制到折线内侧，确认袖底曲线；

⑥确定袖窿和袖山的对合记号：取前袖窿线上定位线到侧缝线的尺寸在前袖山底做对合记号；后侧的对合记号取袖窿底和袖山底的●位置；前后对合记号到袖底，均不加入缩缝量，如图 2—2—6 所示。

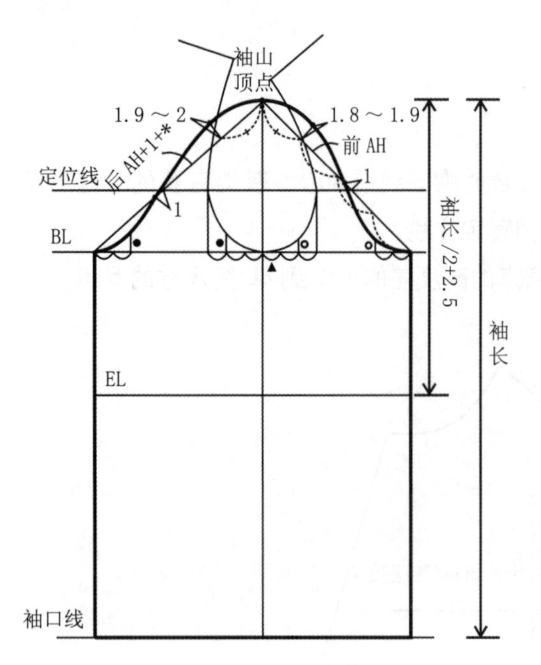

图 2—2—5　衣袖原型的绘制

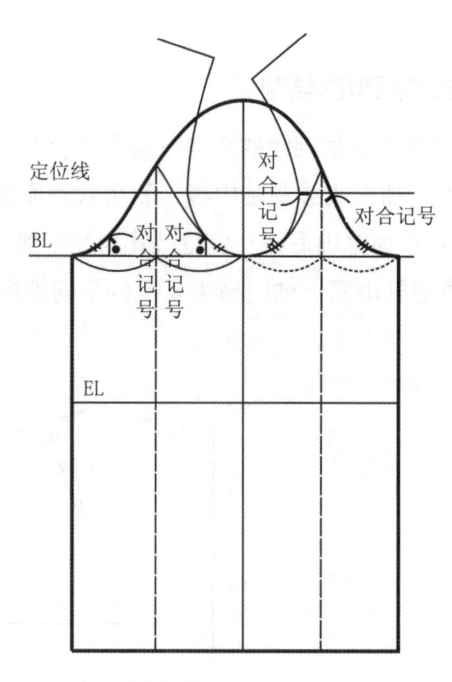

图 2—2—6　袖底的核对及对合记号的绘制

二、服装原型的修正

虽然文化式原型可设定加放的尺寸、数值，具有很大的适应性，但随着胸围尺寸的变化，局部需要调整和修正。

（一）衣身原型的修正

1. 原型肩点袖窿线的修正

将原型肩线重合时，肩点相对，前后袖窿在肩线处过渡平稳呈现自然平滑的状态，无尖角或凹陷，如图 2—2—7 所示。

2. 原型领口线的修正

将原型肩线重合时，侧颈点相对，前后领口过渡圆顺，类似半圆弧状，如图 2—2—8 所示。

3. 原型后肩线的修正

后肩线要进行省道闭合状态的连接，使其和前肩尺寸等长，补出肩省闭合后的亏缺量，如图 2—2—8 所示。

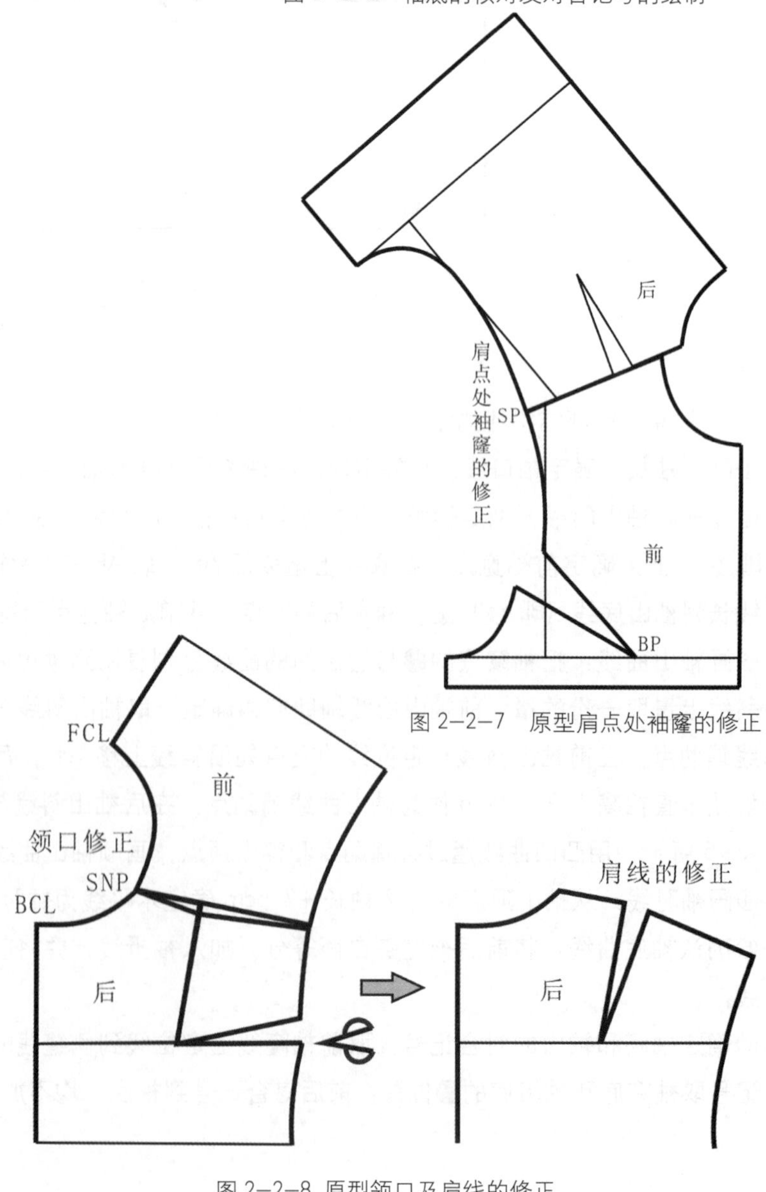

图 2—2—7　原型肩点处袖窿的修正

图 2—2—8 原型领口及肩线的修正

4. 原型前袖窿的修正

文化式原型要考虑对胸围尺寸变化的适应性，省别是胸围的省量。随着胸省量的加大，便会出现省道闭合后袖窿不够圆顺的现象，胸围从 92cm 左右起要特别注意修正，如图 2–2–9 所示。

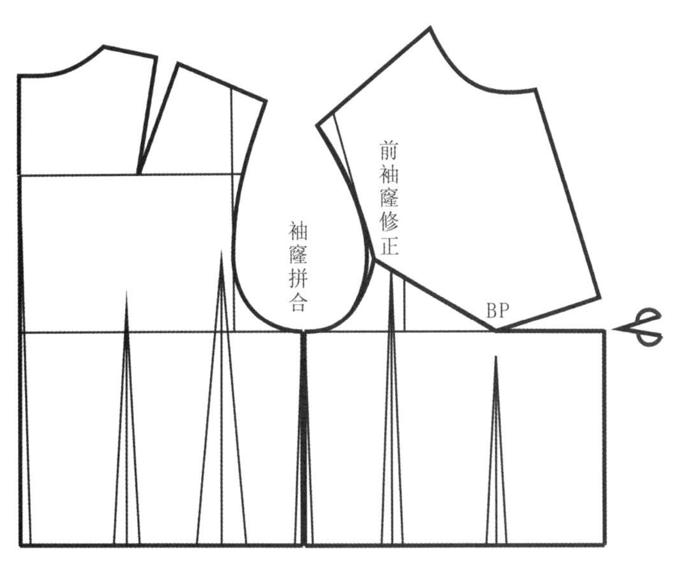

图 2–2–9 原型袖窿弧线的修正

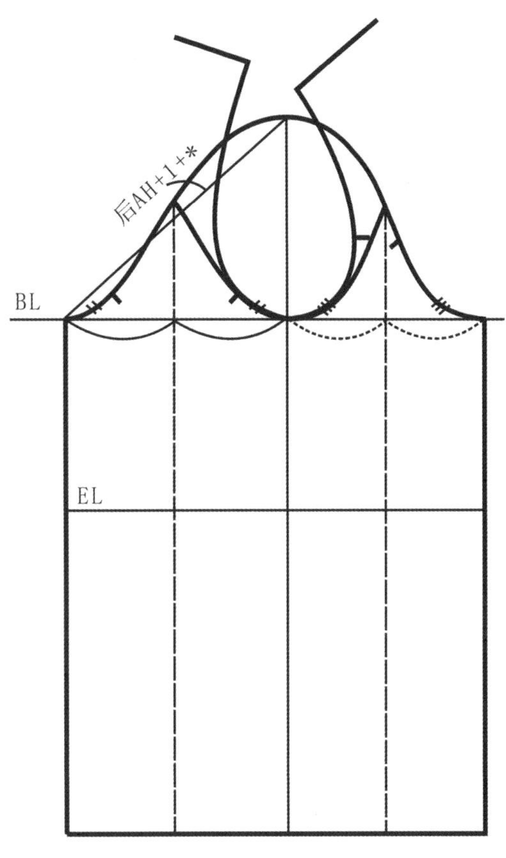

图 2–2–10 原型袖山曲线的修正

5. 原型整个袖窿形状的修正

将原型胸省合并，整个袖窿呈现向前的马蹄形状，前袖窿底部挖量大于后部袖窿底，如图 2–2–9 所示。

（二）袖山曲线的修正

确认袖山头形状饱满，凸凹顺畅，前袖窿挖式大于后袖窿。以袖山折线为准，确认衣身袖窿底和袖山曲线的吻合，核对对合记号，如图 2–2–10 所示。袖山弧线要比袖窿弧线长约 7% ~ 8%，这些差量便是缩缝量。袖山的缩缝量能使衣袖外形富有立体感。但随着胸围尺寸的增加，以袖山斜线 AH+1 来获得后袖窿曲线的话，后袖宽就会变窄，缩缝量减少，不能满足人体手臂形态，所以当胸围大于 84cm 时，在取后袖山斜线时需要追加一定的尺寸*，如表 2–2–1 所示。

表 2–2–1 后袖山斜线的修正值（单位：cm）

净胸围尺寸范围(B)	袖山斜线修正值(*)
77～84	0
85～89	0.1
90～94	0.2
95～99	0.3
100～104	0.4

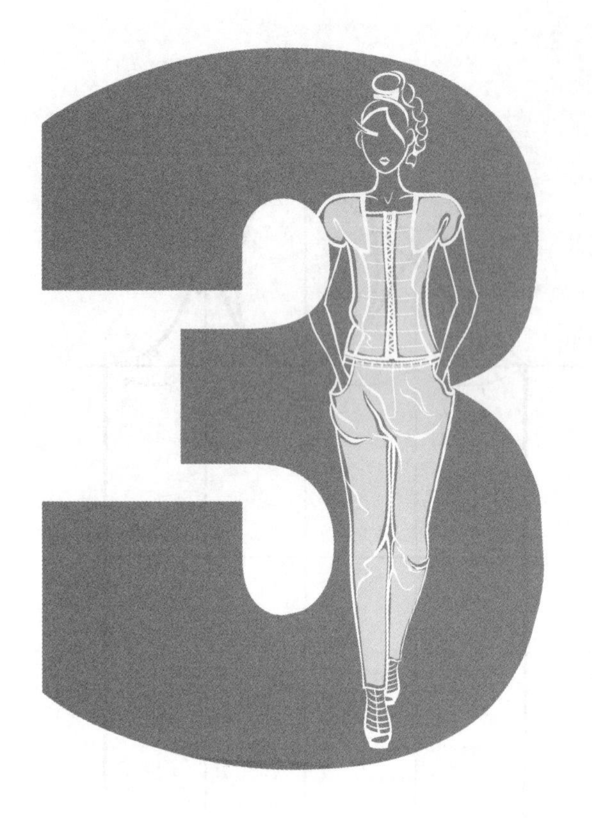

第三章 衣身结构设计

第一节 女装衣身结构设计基础

女体是一个不规则的曲面，有胸凸、肩胛凸、腹凸和臀凸，当用平面的服装材料来包裹人体时，在局部会形成多余的量，将其捏合缝纫成暗褶，我们称其为“省”。由上装原型可见，有指向 BP 点的胸省，指向肩胛凸的肩省及处理胸腰差的腰省。

省作为对服装进行立体处理的一种手段，其位置是可变的，通常省道根据其所在的位置进行命名。以胸省为例，其设计范围可以以 BP 点为基准进行放射性选择，处于不同位置的省可以根据其位置进行命名，如图 3–1–1 所示，但实质都是对胸部实施造型。

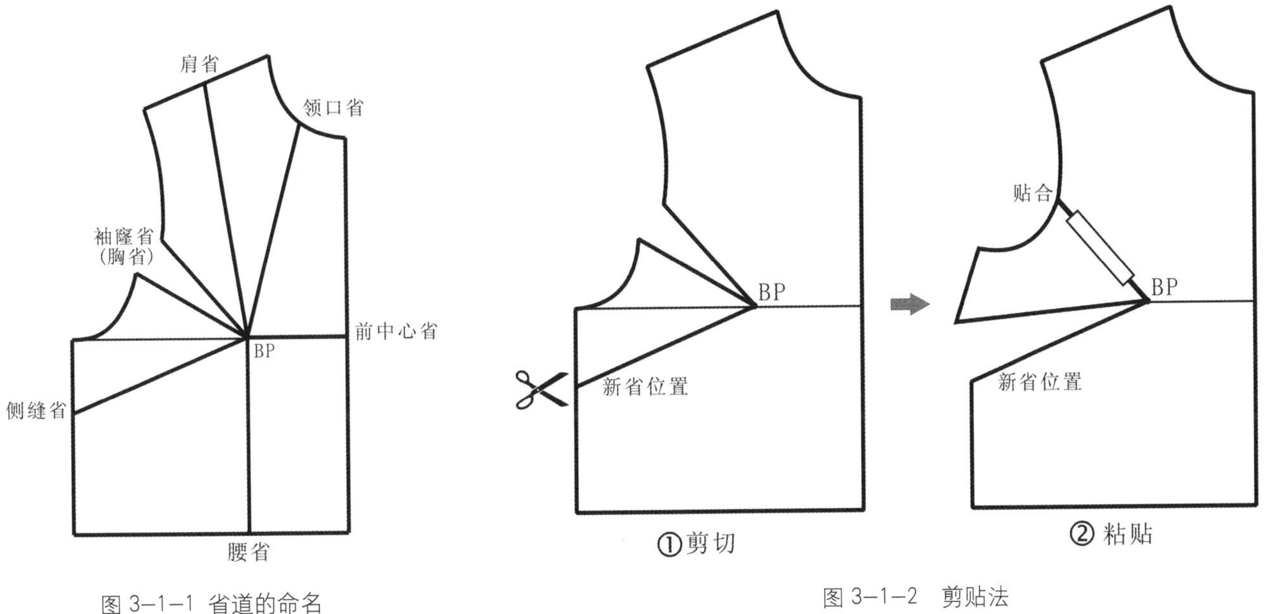

图 3–1–1 省道的命名

图 3–1–2 剪贴法

在制作不同款式的样板时，需要根据所要表现的款式、轮廓线，以省尖为中心进行转移或分散，再制作相应的样板。

一、省转移的类型与方法

省的转移类型有两大类：一类是全部转移，即将省道全部转移到其所在位置以外的任何位置；另一类是省的分散转移，即指根据款式需要将省量进行分解，分别转移至款式需要的位置作为设计量的处理方法。省道的转移方法有三类：剪贴法、旋转法和作图法。下面将以胸省转移为例进行说明。

（一）剪贴法

一般适用于省道的全部转移，即在原型上确定新省的位置，然后将新省道剪开，将原来的省道两边贴合在一起，新省处自然打开，呈现缺口状态，这个新的缺口就是转移以后的省道位置了，如图 3–1–2 所示的胸省转移。

（二）旋转法

这种方法适用面较广，操作方便快捷，只需要一张原型纸样。以胸省转移为例，具体步骤如下（图 3–1–3）：

①在原型基础上，设计出新的省道位置 B，将其和要转移的省尖即 BP 点相连。

②以 BP 点为中心，顺时针方向转动原型样板，将胸省两边完全重合，即 A 和 A′ 重合；此时将移动后的 B 点叫做 B′ 点。

③画出移动后的新省位和原省之间的原型外轮廓。即画出 A 和 B′ 间的原型轮廓，连接 B′ 和 BP 点，完成转移。

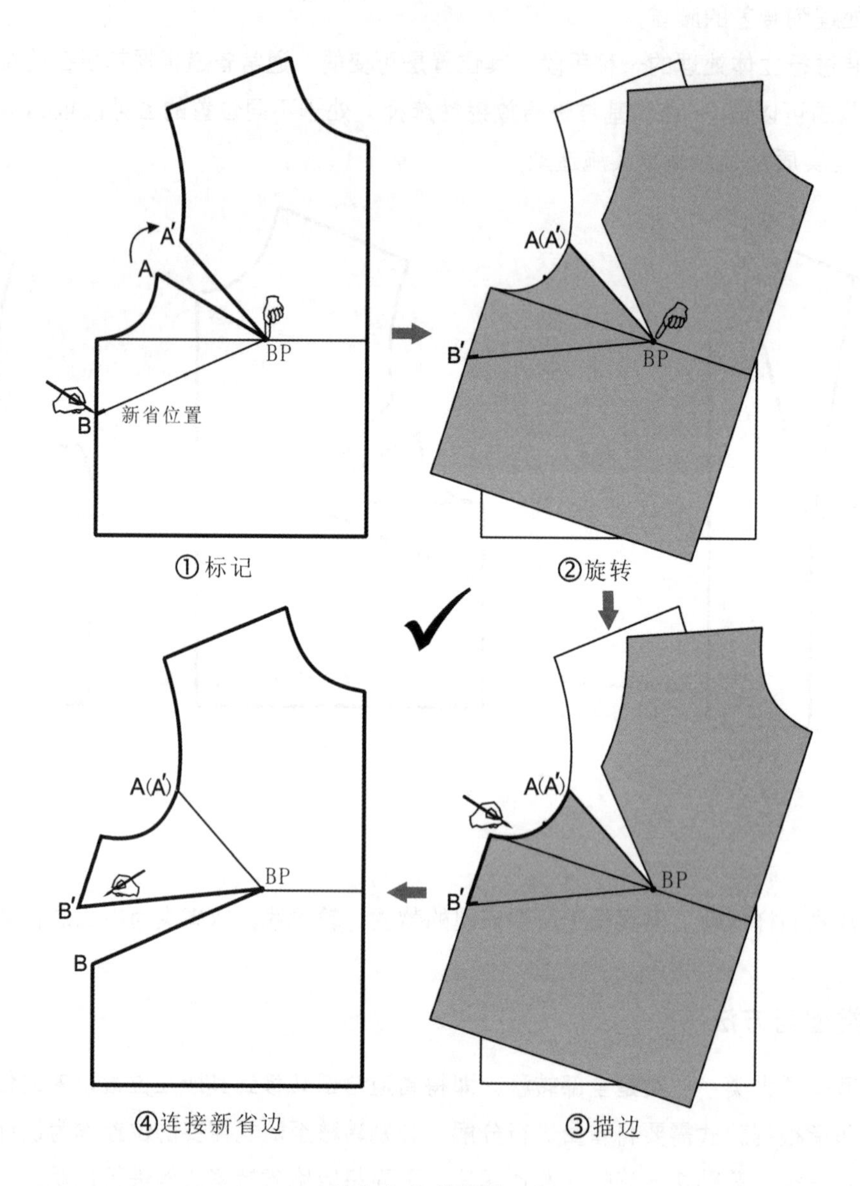

图 3-1-3 旋转法

（三）作图法

新省位置一旦确定，就将纸样分成两片，各片的形状固定。利用几何原理，以要旋转的省尖为中心，以新省长、旧省长、参考点到省尖的距离为半径作弧，以此不同距离作圆求交点，得到新的端点位置，连接各点，得到旋转后的纸样，如图 3-1-4 所示。这种方法一般简单款式可以采用，因可丢开具体的原型样板，显得简单实用。但只适用于全省的全部转移，且对于弧线外轮廓的确定会产生一定的误差（图 3-1-4）。

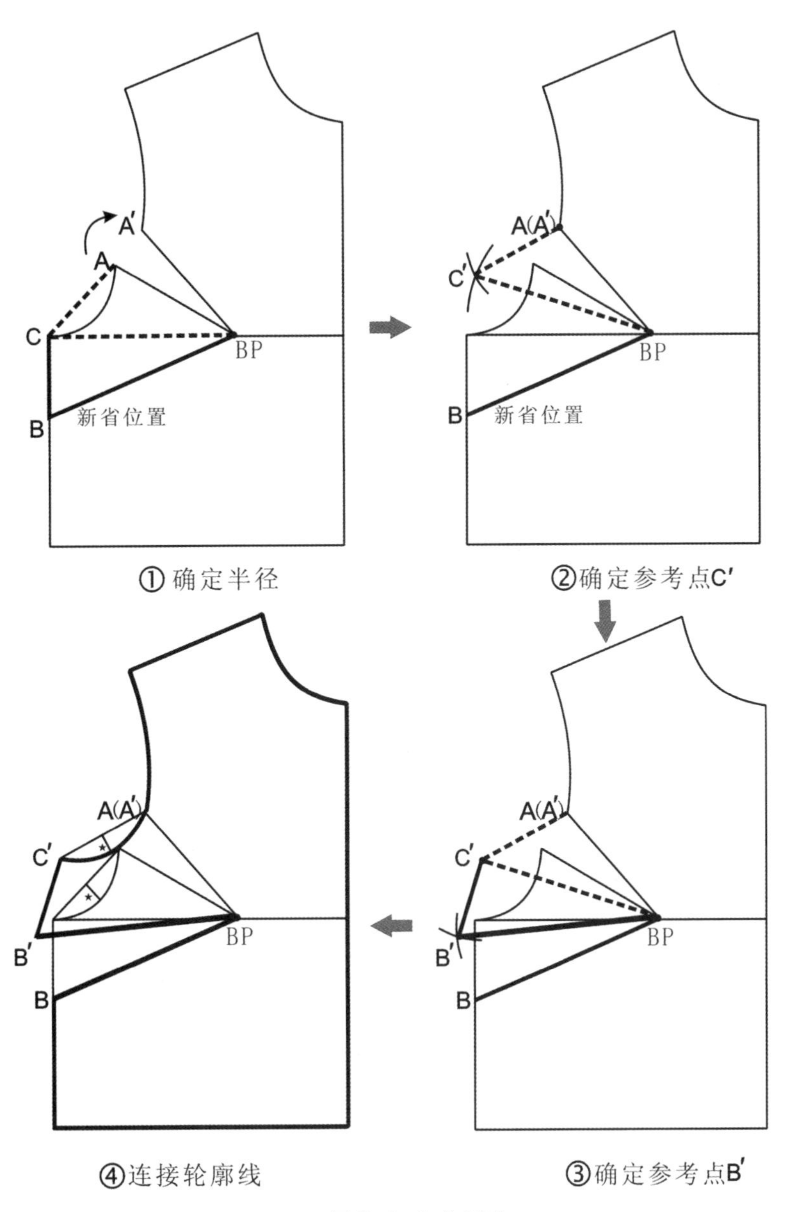

①确定半径 ②确定参考点C′

④连接轮廓线 ③确定参考点B′

图 3–1–4 作图法

二、衣身原型各省道的操作方法

（一）胸省的常用设计方式

1. 胸省的全部转移

如图 3–1–5 所示，原型中的胸省可根据实际款式特征，通过省道转移的方式转移至实际款式需要的位置。

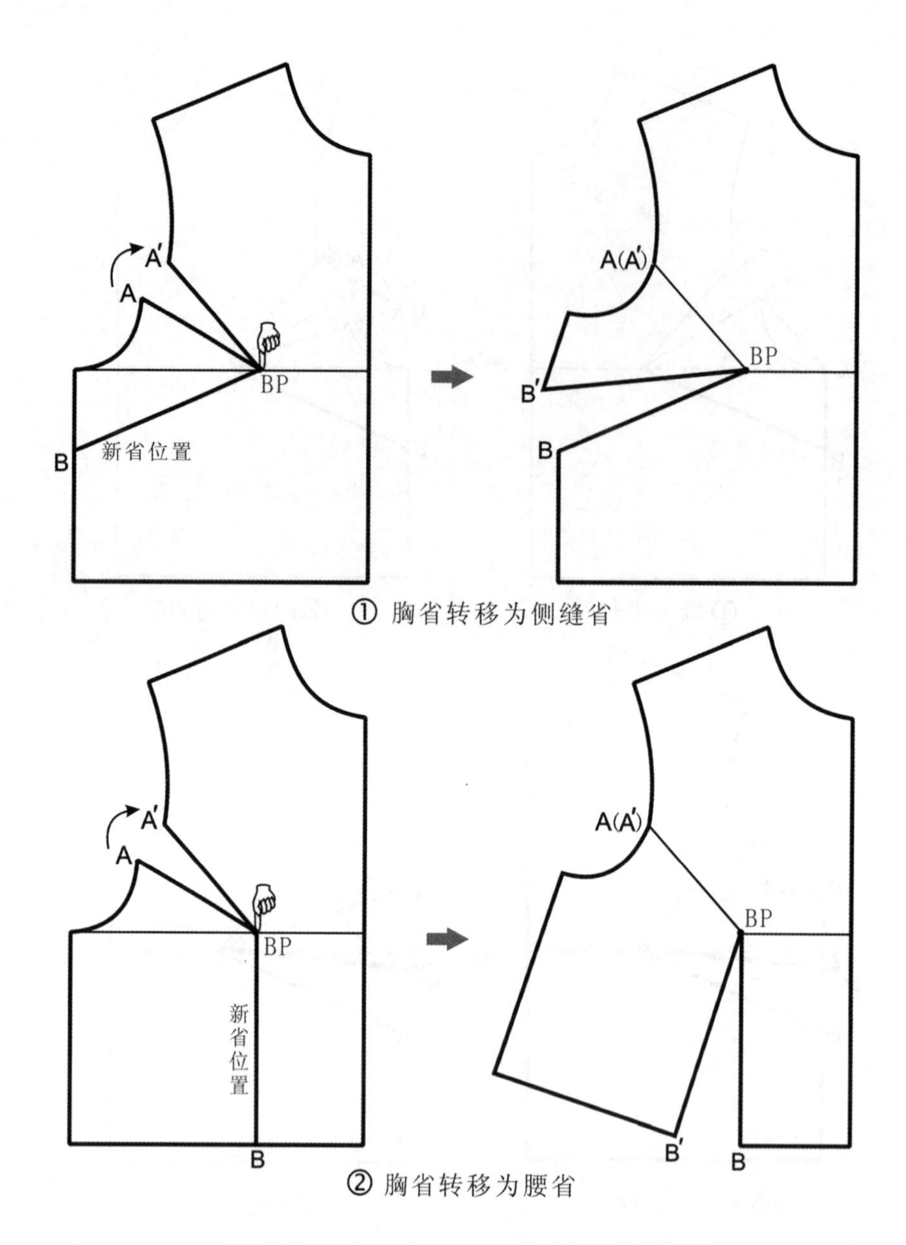

图 3-1-5(a) 胸省全部转移方式（侧缝省、腰省）

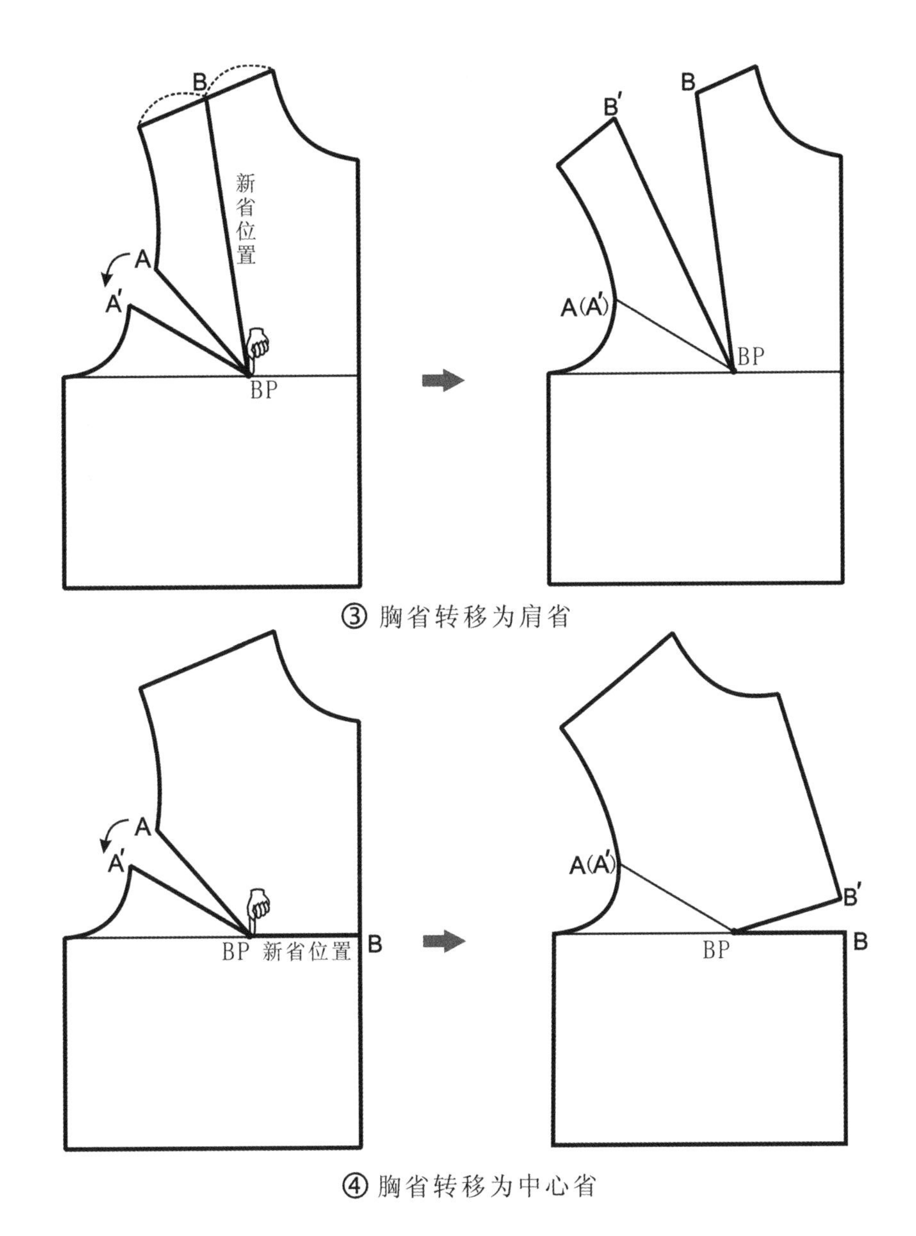

图 3–1–5(b) 胸省全部转移方式（肩省、前中省）

由以上几个胸省转移实例可见，虽然胸省角度是固定的，但衣片不同位置的省长不同，导致胸省旋转后的省量大小发生了变化，肩省最大，前中心省量最小。

2. 胸省的分散转移

在上衣外套的作图中要将胸省分散作为领围、袖窿的松量，再制作相应的样板。

例 1：胸省向领围、肩线、袖窿转移

后领宽度为○，前领口宽取○＋★（0.5 ～ 1）。将胸省进行四等分或者五等分，取一等份作为袖窿松量，其余省量分两次分散转移至领口和肩部，如图 3–1–6(a) 所示。领口省和袖窿省均作为松量，在样板上不被去除，看作对原样板的调整， 肩省为塑型量，可根据款式设计。

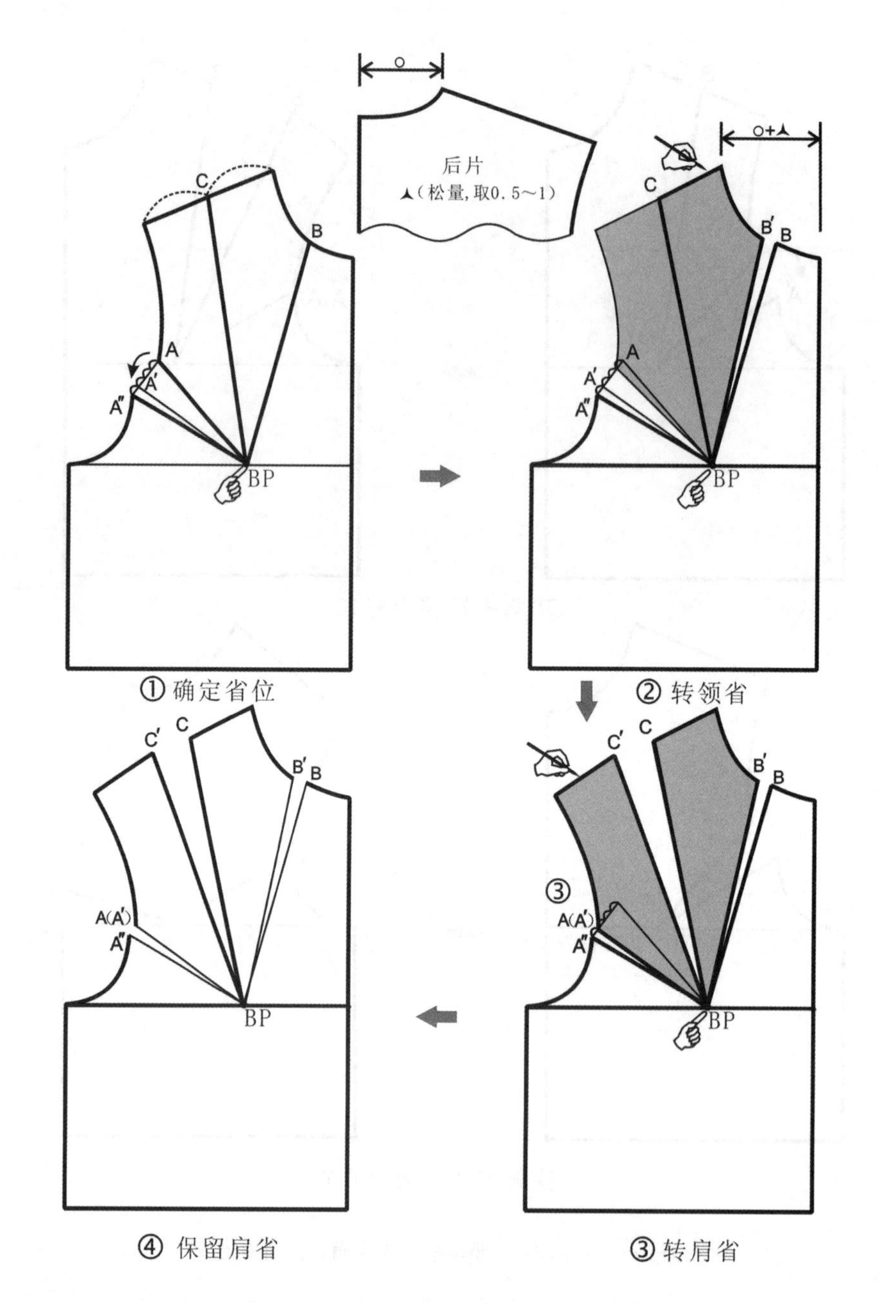

图 3–1–6(a) 胸省分散转移方式（一）

例 2：胸省向领围、袖窿、腰线转移

后领宽度为○，前领口宽取○＋★（0.5 ～ 1）。将胸省进行四等分或者五等分等分，取一等份作为袖窿松量，其余省量分两次分散转移至领口和腰线，如图 3–1–6(b) 所示。领口省和袖窿省均作为松量，在样板上不被去除，看作对原样板的调整，腰省为塑型量，可根据款式设计。

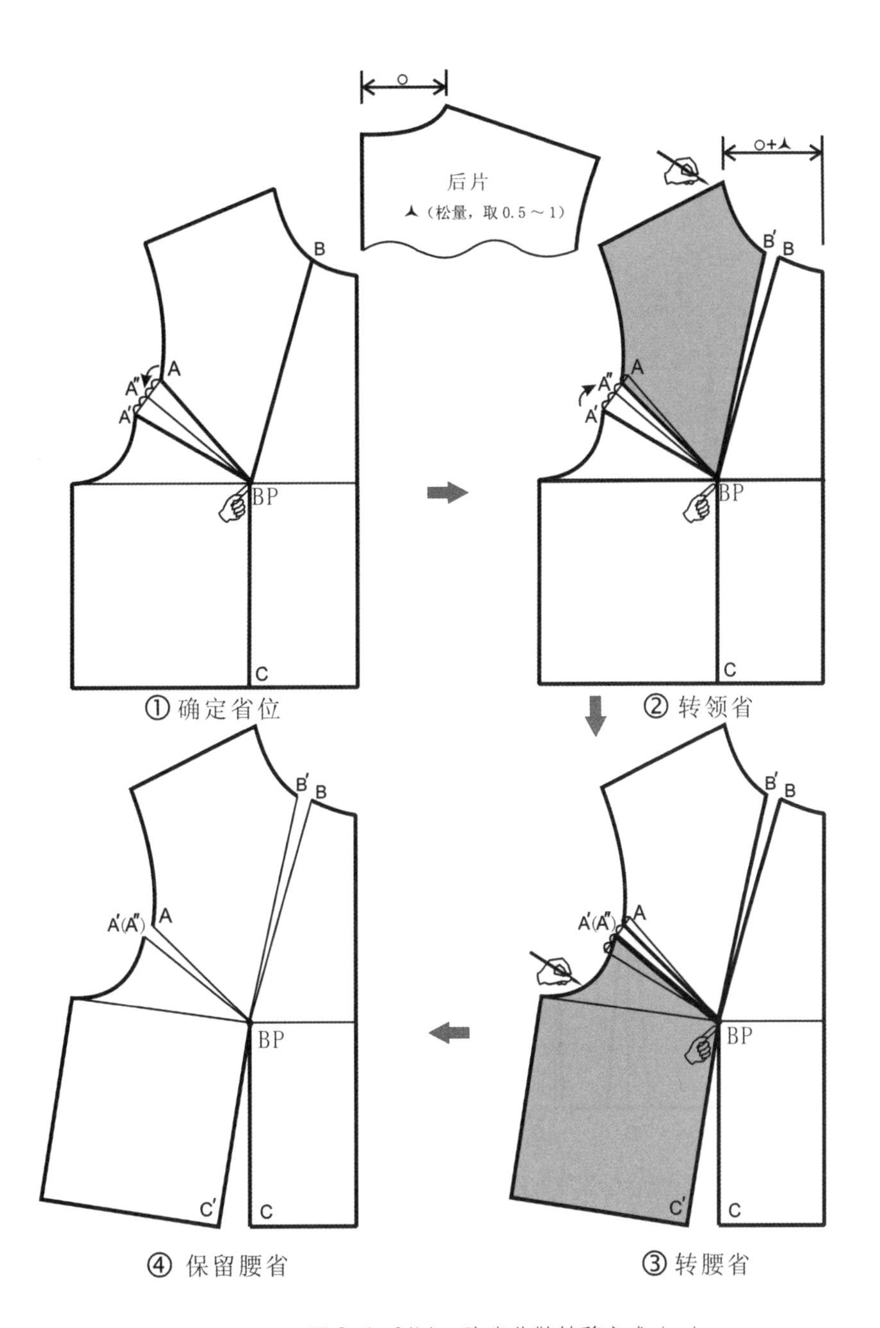

图 3–1–6(b) 胸省分散转移方式（二）

（二）腰省的常用设计方式

腰省是沿着腰围线分散的省，在衣身原型上（图 2–2–3）可见 a、b、c、d、f 省，其分布量符合女体的曲面形态。需要针对服装款式的合体程度及廓型要求来合理运用各腰省。

1. 原型腰围线为直线的情形

对于较合体的款式，通常将整个胸围尺寸分成前、后、左右对称四部分，即我们所说的四开身结构，这样的造型可收侧缝腰省 c，前腰省 a 及其对应的后腰省 e 或者收侧腰省 b 及其对应的后侧腰省 d，如图 3–1–7 所示。

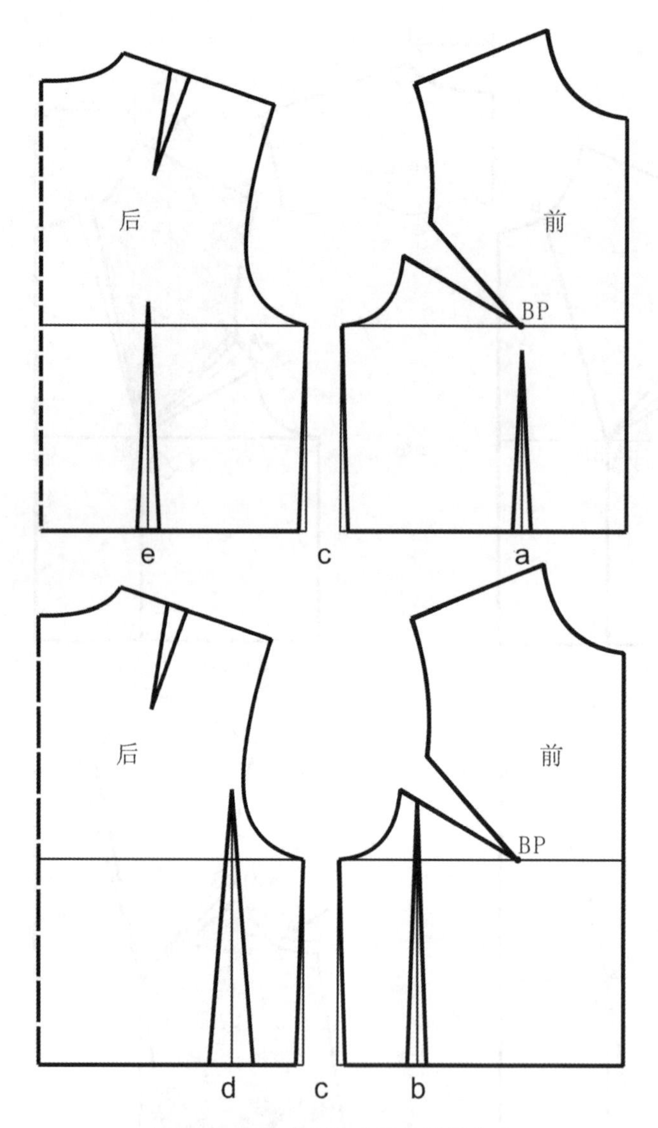

图 3–1–7 较合体款式腰省利用方式

对于后中心分割的造型，还可收 f 省来塑腰背的造型，通常收侧腰省 b 及其对应的后侧腰省 d，多为分割线的曲线造型；前后侧缝拼接在一起，这时整个胸围被分为前侧、后的三部分，即通常所说的三开身结构，如图 3–1–8 所示。

对于紧身的 X 型廓型，可利用全部的腰省来作分割线或者省道设计。

以上原型处理方式能够保证腰围线是直线，在此基础上方便进行衣长的设计。

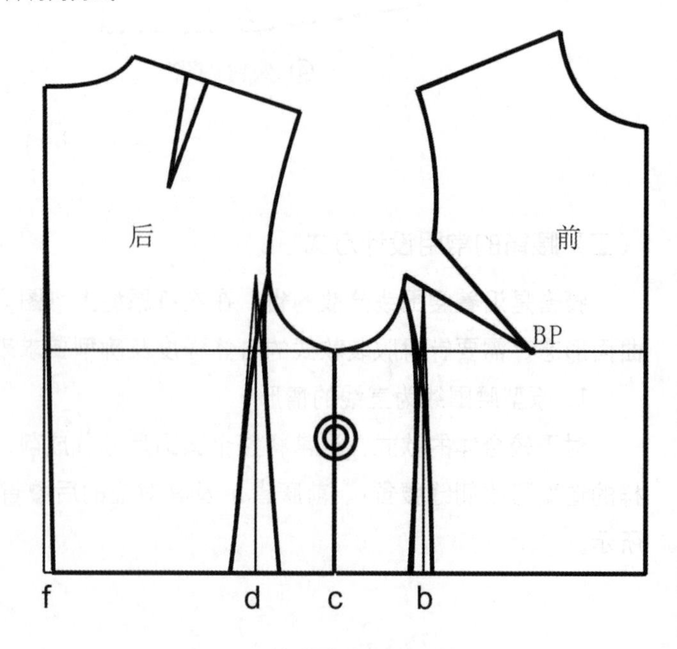

图 3–1–8 较合体款式腰省利用方式

2. 原型腰围线为曲线的情形

对于腰部有分割的紧身款式，通常将侧体腰省闭合后作为袖窿松量，这时的腰围线变成弯曲造型，如图3–1–9 所示。

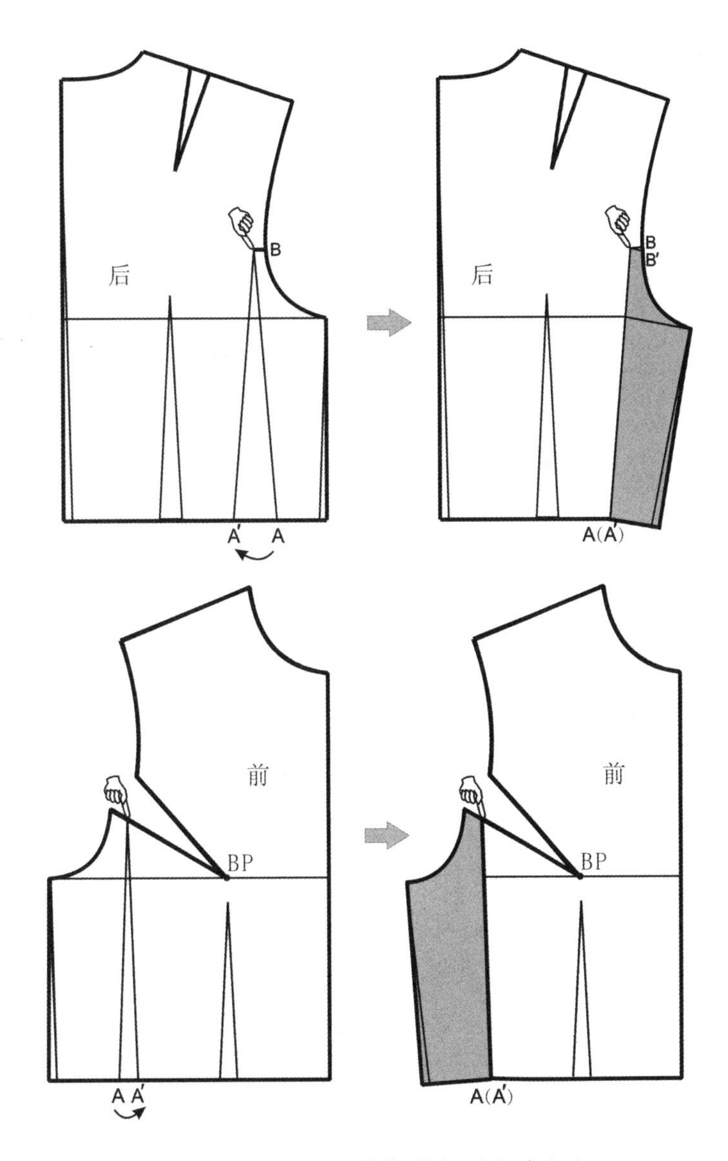

图 3–1–9 腰部分割造型侧腰省闭合方式

（三）肩胛省的常用设计方式

后衣片的肩胛省作用于肩胛凸。一般肩胛省可向袖窿和后领口转移，作为塑型省道或者用作垫肩及领口松量，如图 3–1–10 和图 3–1–11 所示。

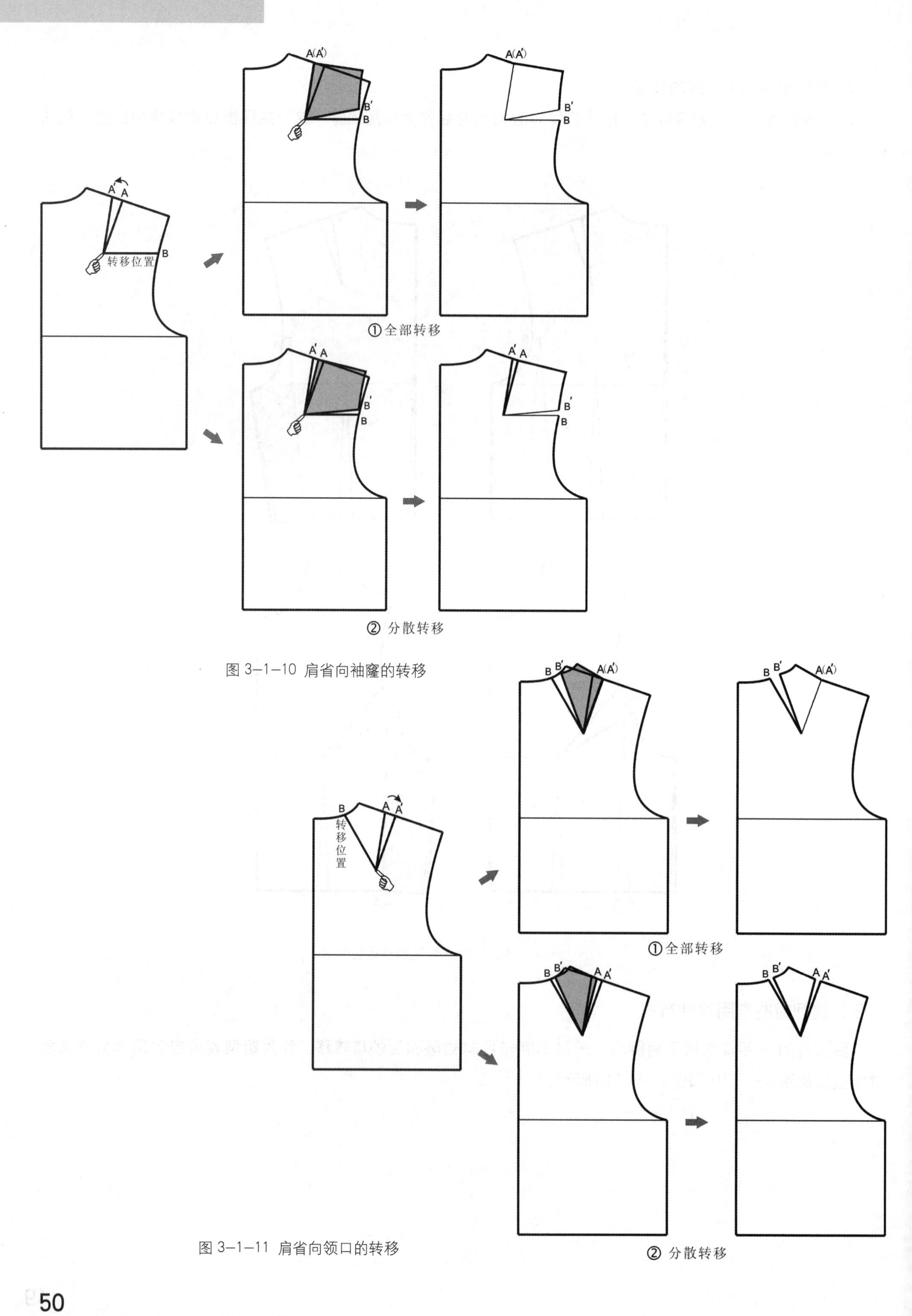

图 3-1-10 肩省向袖窿的转移

图 3-1-11 肩省向领口的转移

第二节 女装衣身细部结构设计

一、省的设计

缉成的省道在服装款式上通常以直线结构呈现，但省道边线的设计基于女体表面的不规则曲面，所以其形状可以根据所在不同的部位及款式的具体要求做相应的凸凹形状设计，以便准确表达设计意图。

（一）直线省设计

此类款式造型多为较合体收腰 X 造型，用衣身原型进行省道设计，只涉及胸省（袖窿省）、前后腰省 a、e、侧缝省道 c 的塑型，一般不收侧腰省 b、d，多用于衬衫或连衣裙的上身款式设计中。

例 1：指向凸点的直线省

对于作用于凸点的省道设计，其塑型功能占主要地位。在进行结构设计时，需要根据款式图在原型衣身上设计出省道位置，将其延长到凸点，进行相应的省转移处理，最后将各省道修短，满足款式效果，并标注必要制图符号，如图 3–2–1 所示。

图 3–2–1(a) 例 1 款式

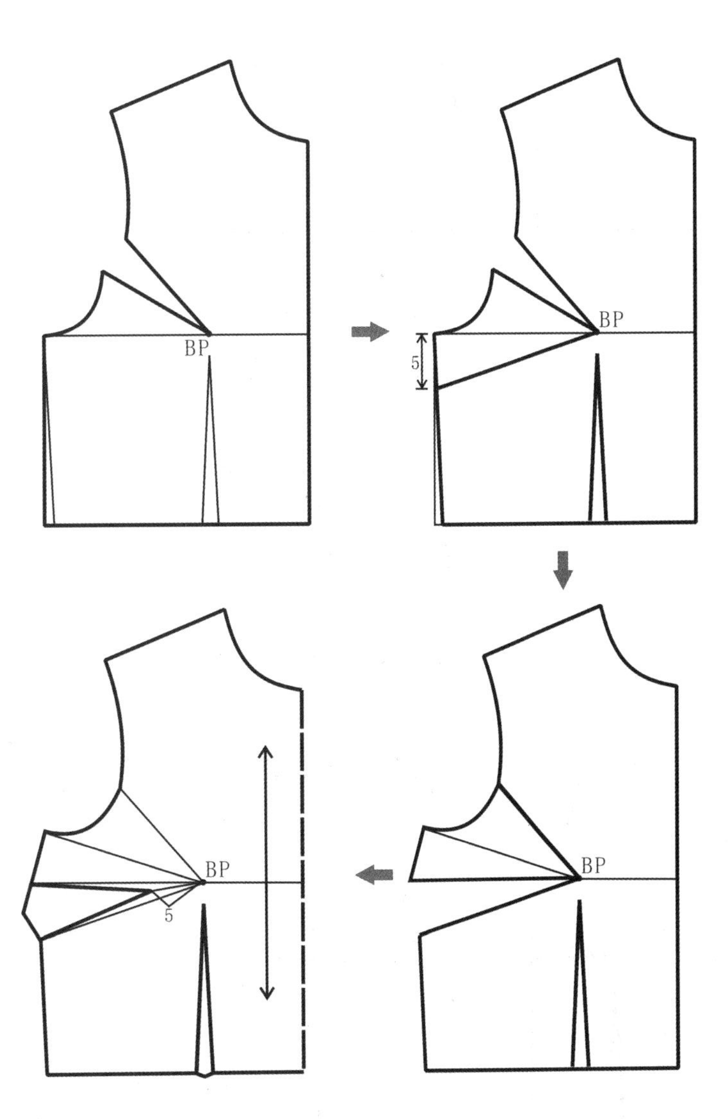

图 3–2–1(b) 例 1 结构处理

例 2：直线省款式系列

需要审视款式图，准确绘制结构图表达设计意图，保证工程制图的严谨准确性，如图 3–2–2 所示。

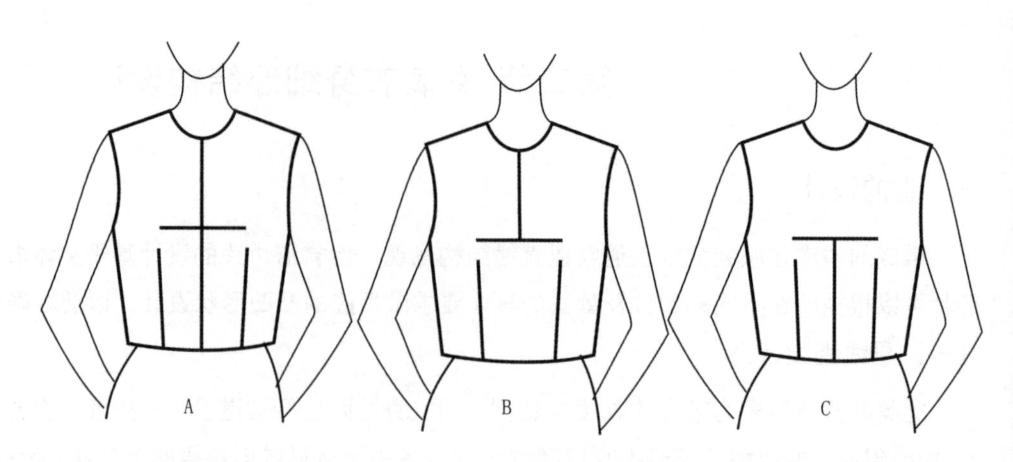

图 3–2–2(a) 例 2 款式

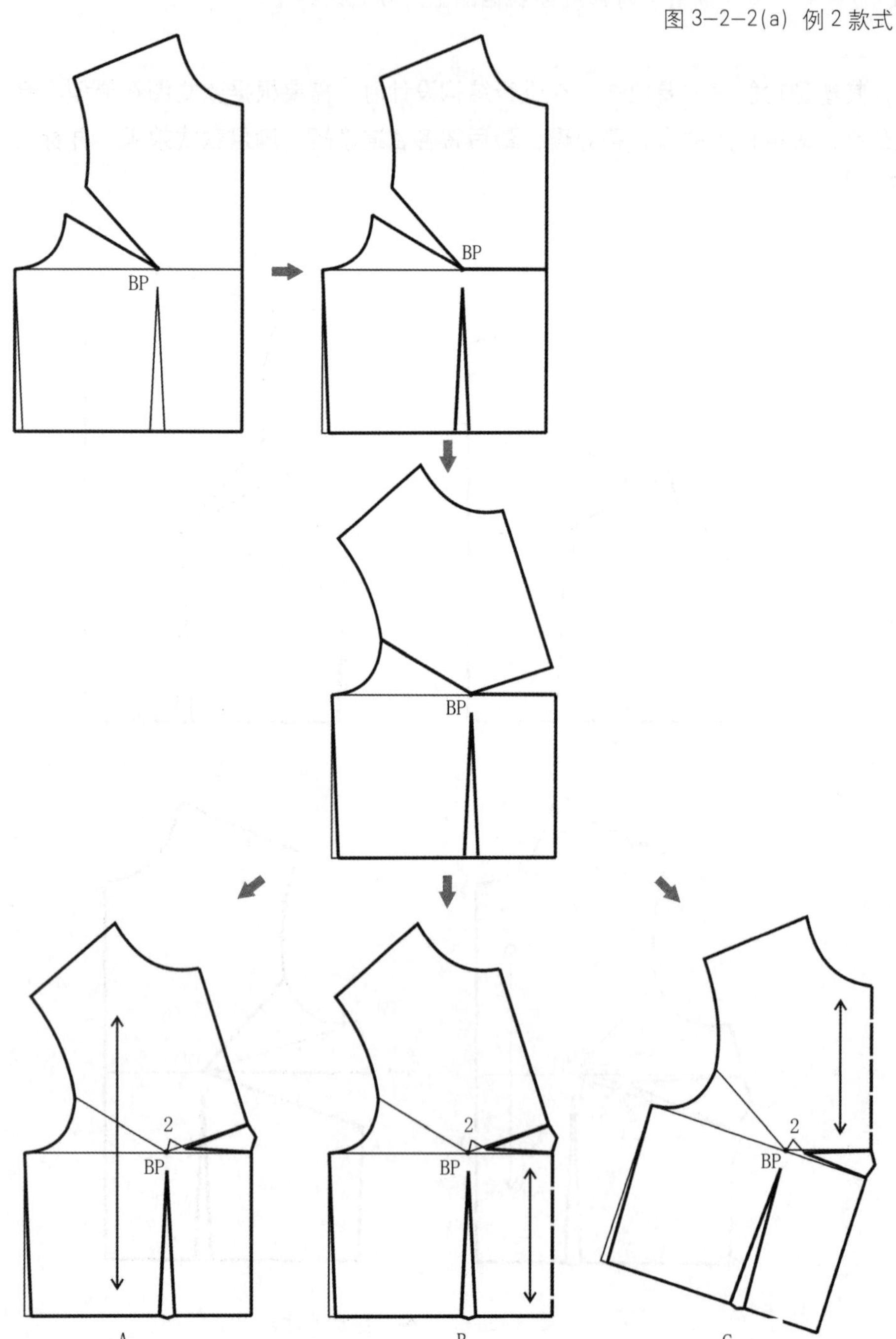

图 3–2–2(b) 例 2 结构处理

例 3：前后衣身直线省设计

在进行前后衣身的省道设计时，需要考虑前后片省道位置的呼应，使服装整体设计风格统一，美观和谐。在进行结构设计时，通常将原型前后片在腰围线对位，根据款式图的省道位置，先完成前片省转移处理，再根据款式要求和前后呼应的原则作出后片省道的变化，最后完善制图符号和生产符号，如图 3–2–3 所示。

例 3 中，新的直线省道的位置将纸样分成上下两部分，这种情况下省道的转移或者分散处理失去了意义，也就是说，此时的省道已经变成了分割线，只需要将省道的塑型量包含到分割线中即可，然后根据需要分别标注纸样生产符号。

由以上实例可见，省道的存在并不会破坏纸样的完整性，布料本身还是一个整体，而若将两个省道连接到一起塑型，往往要采用分割线的设计。

图 3–2–3(a) 例 3 款式

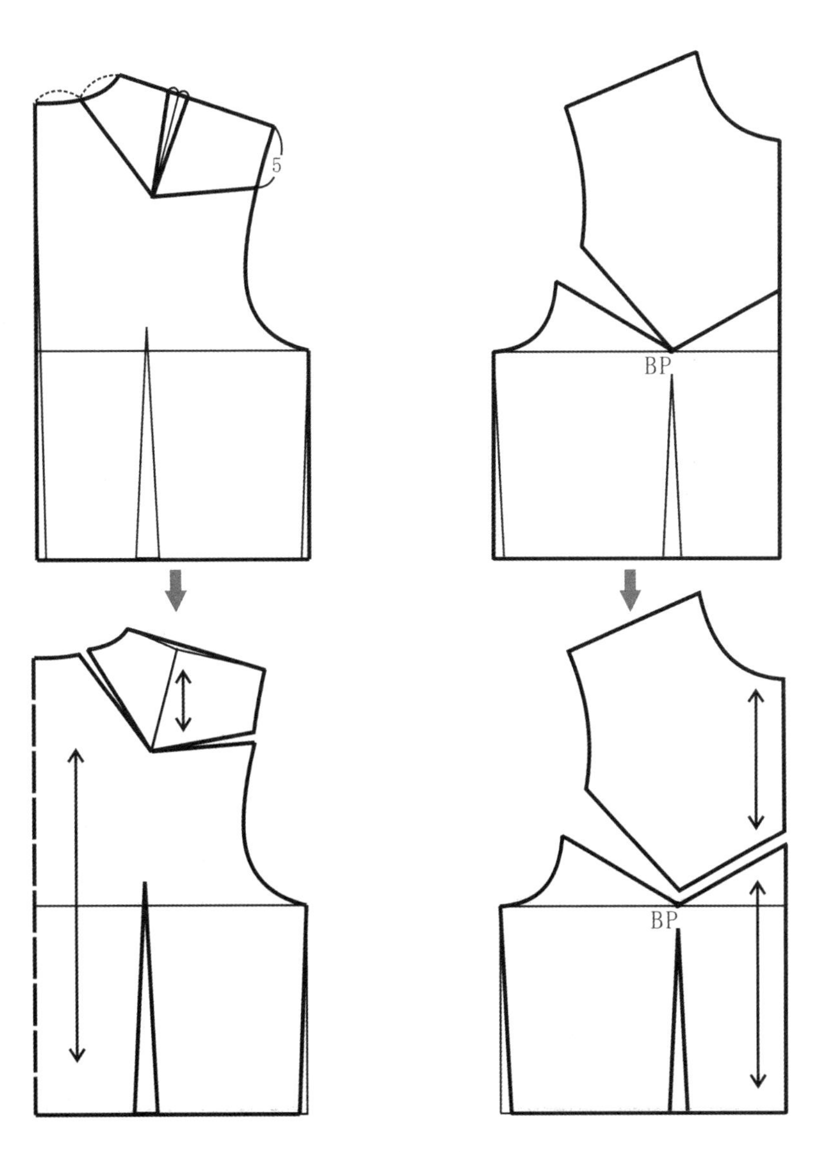

图 3–2–3(b) 例 3 结构处理

（二）不对称省或交叉省设计

对于省道不对称或省道穿过整个前衣片的款式造型，为了更好地剖析省道转移原理，往往需要将整个衣身对称作图来获得最终纸样。

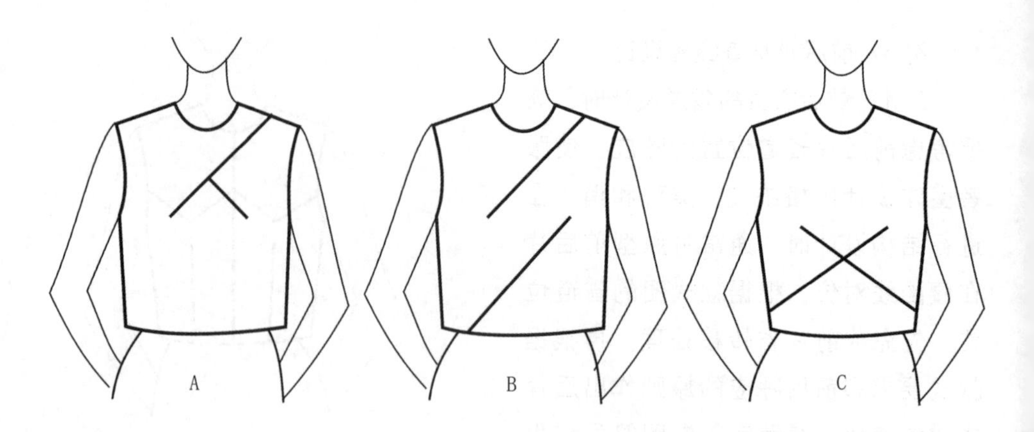

图 3–2–4 不对称省、交叉省款式

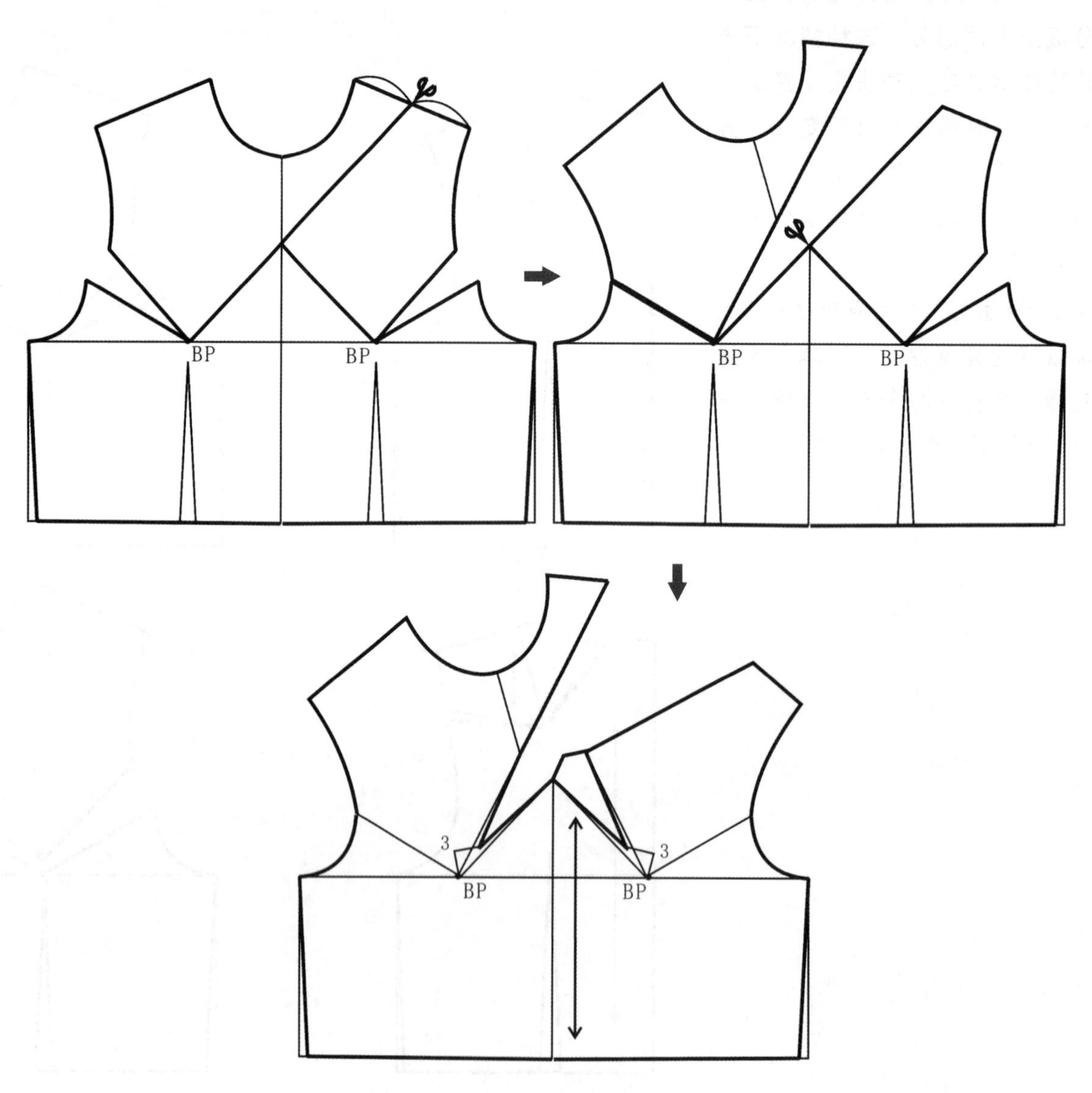

图 3–2–4(a) A 款式不对称省结构处理

A 款式可看成较宽松款式，不收腰省，仅将胸省进行转移。考虑到加工工艺的便捷，可将较长的省道作成半分割状态。多用于连衣裙款式设计中，可结合下装裙腰设计收腰省。

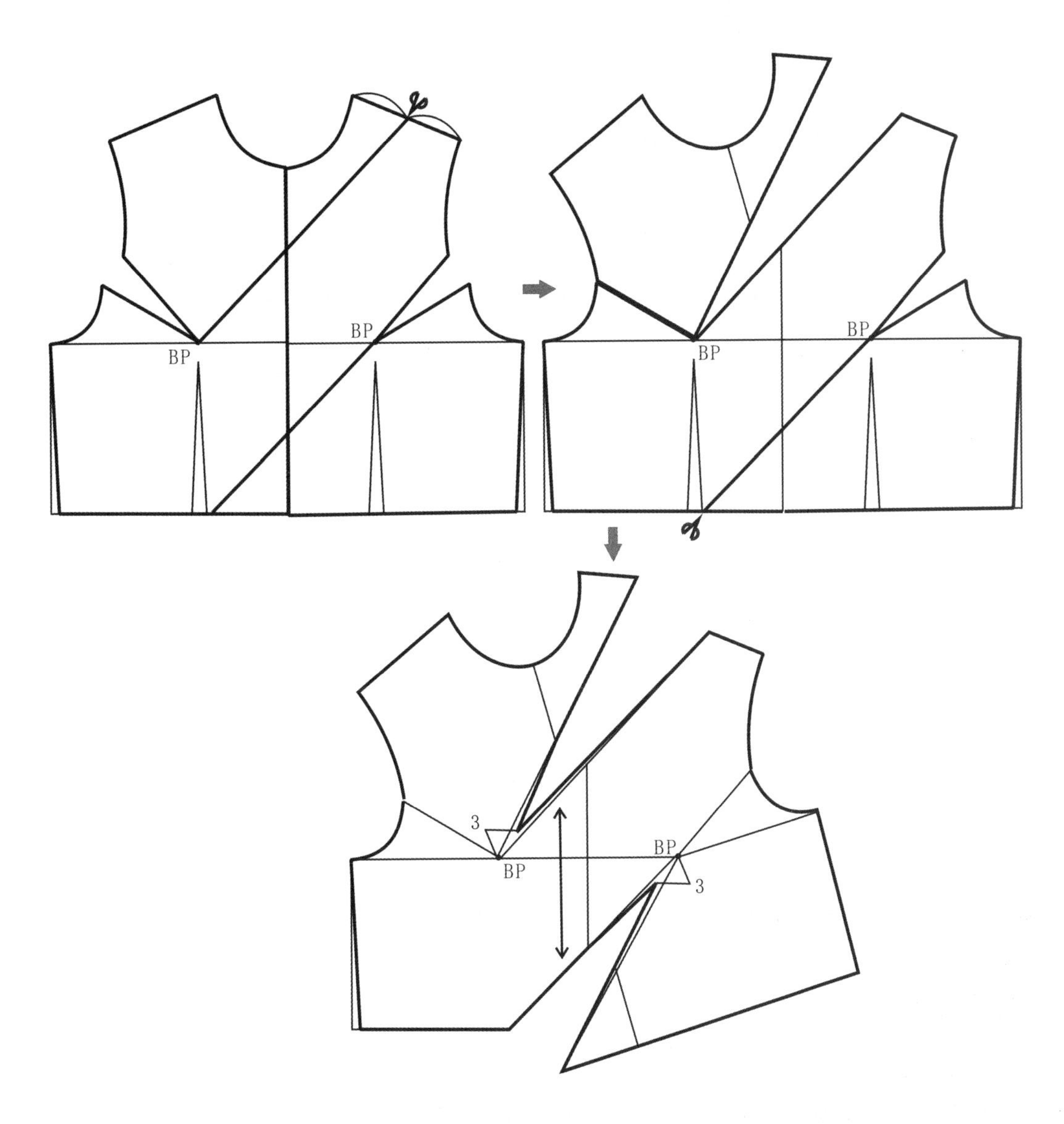

图 3–2–4(b) B 款式不对称省结构处理

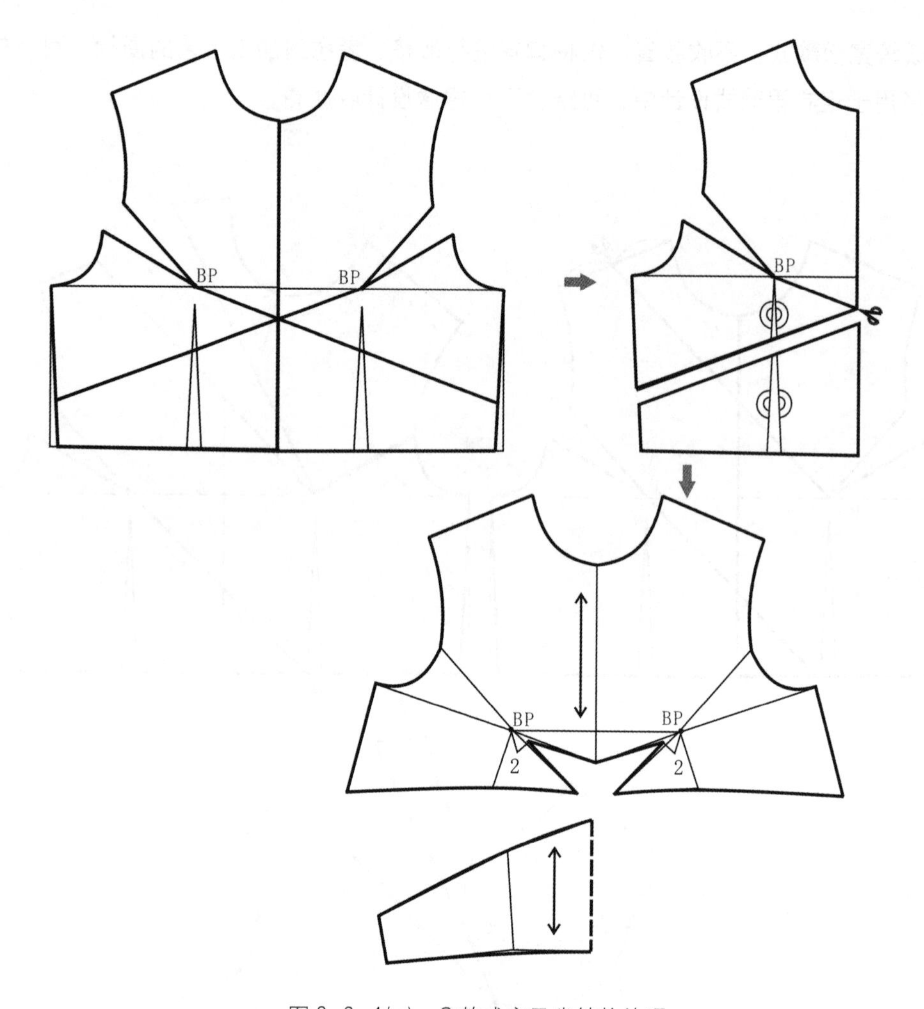

图 3–2–4(c) C 款式交叉省结构处理

C 款式较合体，虽然省道左右对称，但省道的位置穿越在前中心，所以将整个前身纸样对称出来可以更清楚地看到省道及分割的结构处理。多用于连衣裙款式设计中。

二、分割线的设计

服装的衣片要和人体的曲面相吻合，必须在纵向和横向做出各种省道形状，在一个衣片上过多地分割，影响产品的美观和缝制效率及穿着牢度，所以在结构设计中在不影响款式造型的基础上将相互关联的省道用缝来代替，也可称为连省成缝，即为分割线。

（一）分割线的设计原则

①尽量考虑分割（连接）线要通过或接近该部位曲率最大的点，充分发挥其合体塑型作用；

②横向和纵向的分割，一般从工艺角度考虑，要以最短的路径连接，使其具有良好的可加工性，贴体美观。

③对分割线进行细部修正，要使连缝线光滑美观，不要拘泥于省道的原来形状；

设计的一般步骤为：分析设计款式，根据款式设计出分割线的位置，并将省包含在分割线；将原型纸样的省道转移至款式所需要的位置；对纸样进行结构处理，绘制完善结构图。

分割线多用于女装外套的设计中，一般采用具有一定强度和张力的面料，不易产生褶皱。

（二）纵向分割线

例 1：紧身款式设计

一般，衣身上分割线的数量越多，则服装的可塑性就越强，服装的合体程度就越高，体现出女性所有的胸、腰、臀曲线。

根据原型上腰省的位置，后片连接肩省和后腰省，前片进行转省后连接肩省和前腰省，可依据人体曲面圆顺出各条分割线的边线，充分发挥分割线的塑型作用。在各裁片分割线边缘处稍稍补出因省道去除后产生的亏缺量，但要求分割线的两个边线等长（图 3–2–5、图 3–2–6）。

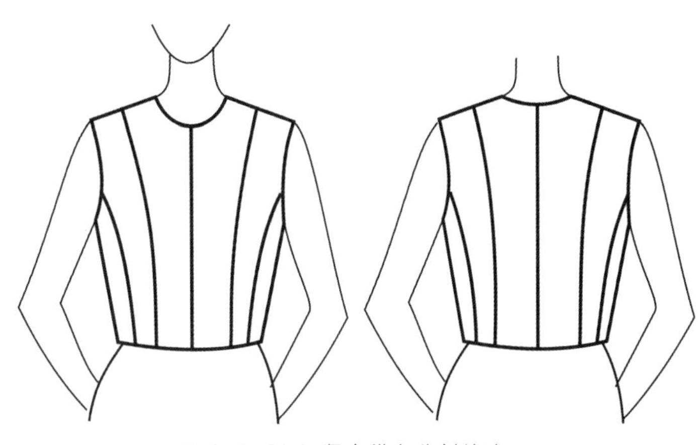

图 3–2–5(a) 紧身纵向分割款式

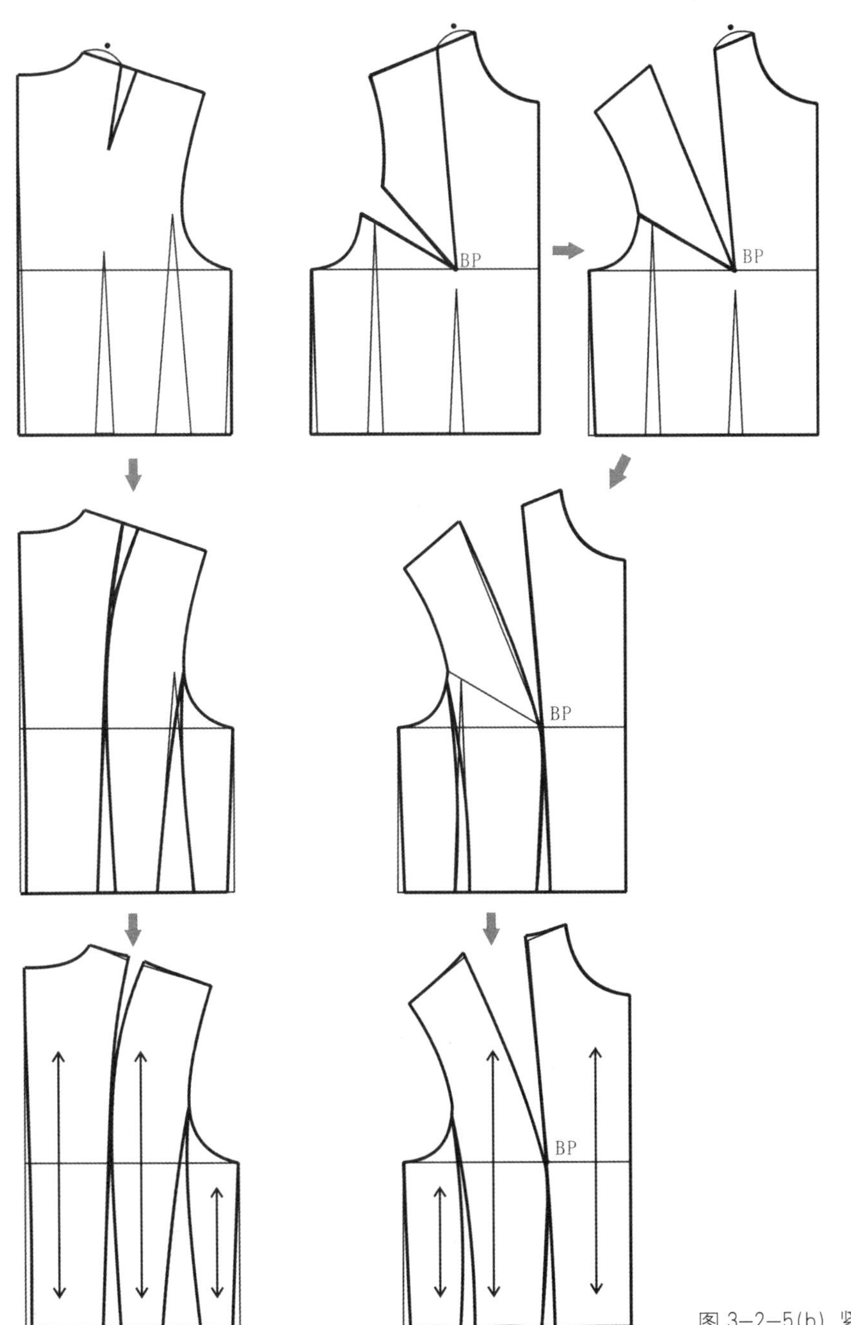

图 3–2–5(b) 紧身纵向分割结构处理

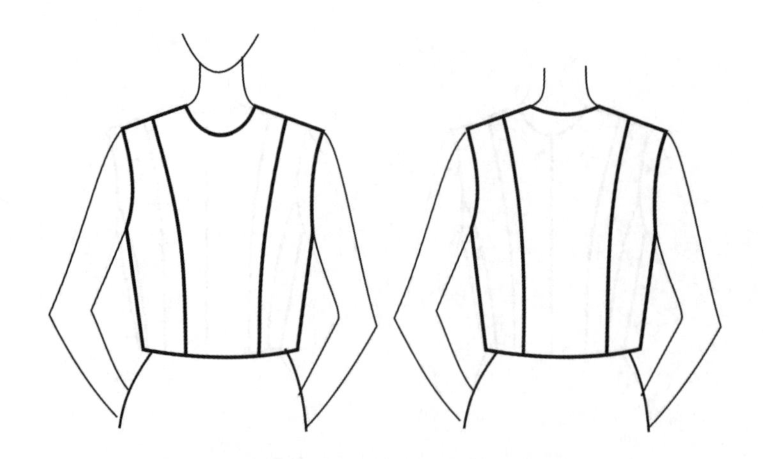

图 3–2–6(a) 公主线款式

例 2：通过 BP 点的分割设计及变化

这类分割线主要利用胸省、肩省和前后腰省来塑型，属于较合体款式。通常前后身分割线的设计要呼应，使服装整体造型和谐美观，如图 3–2–6 所示的公主线和图 3–2–7 所示的刀背缝。

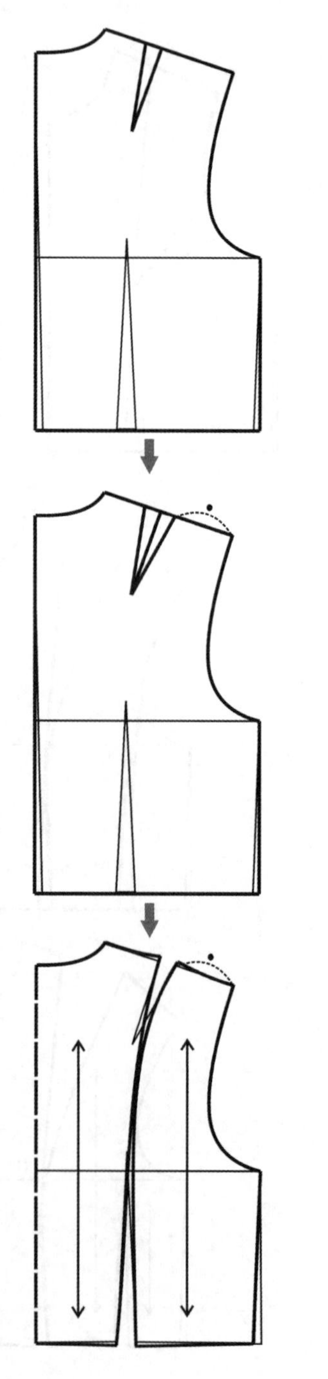

图 3–2–6(b) 公主线结构处理

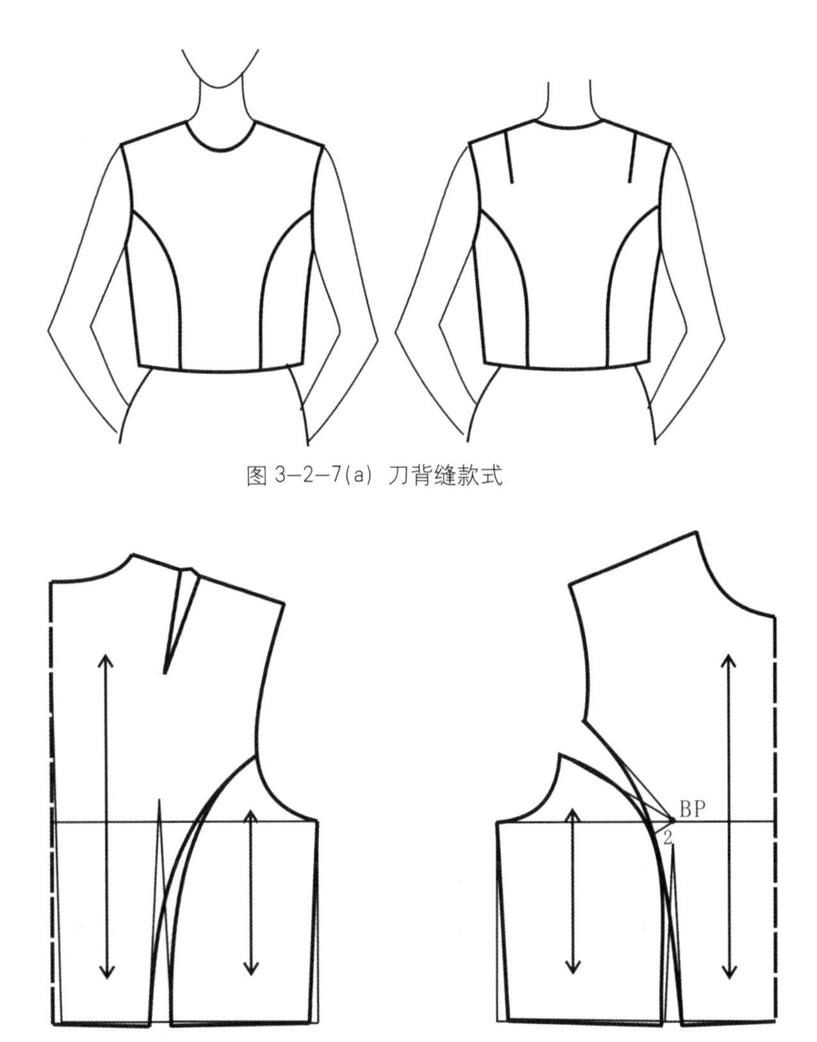

图 3–2–7(a) 刀背缝款式

图 3–2–7(b) 刀背缝结构处理

例 3：侧体分割及变化

侧体分割的位置以图 2–2–3 衣身原型上的 b、d 位置为依据，是人体由正面转成侧面的位置，人体起伏较大，是三开身服装立体造型的重要位置（图 3–2–8）。

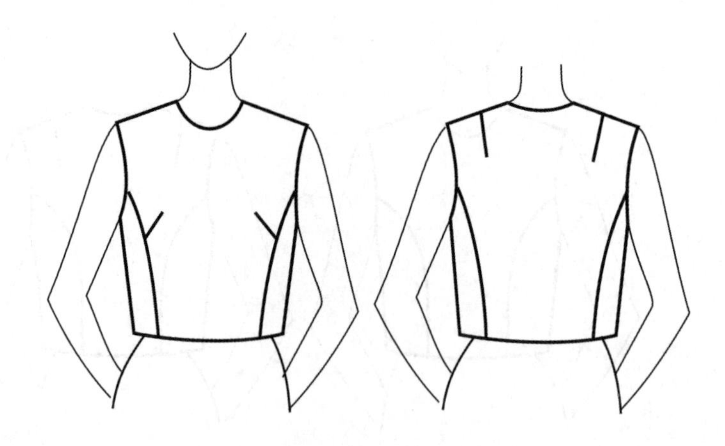

图 3-2-8(a) 三开身侧体分割款式

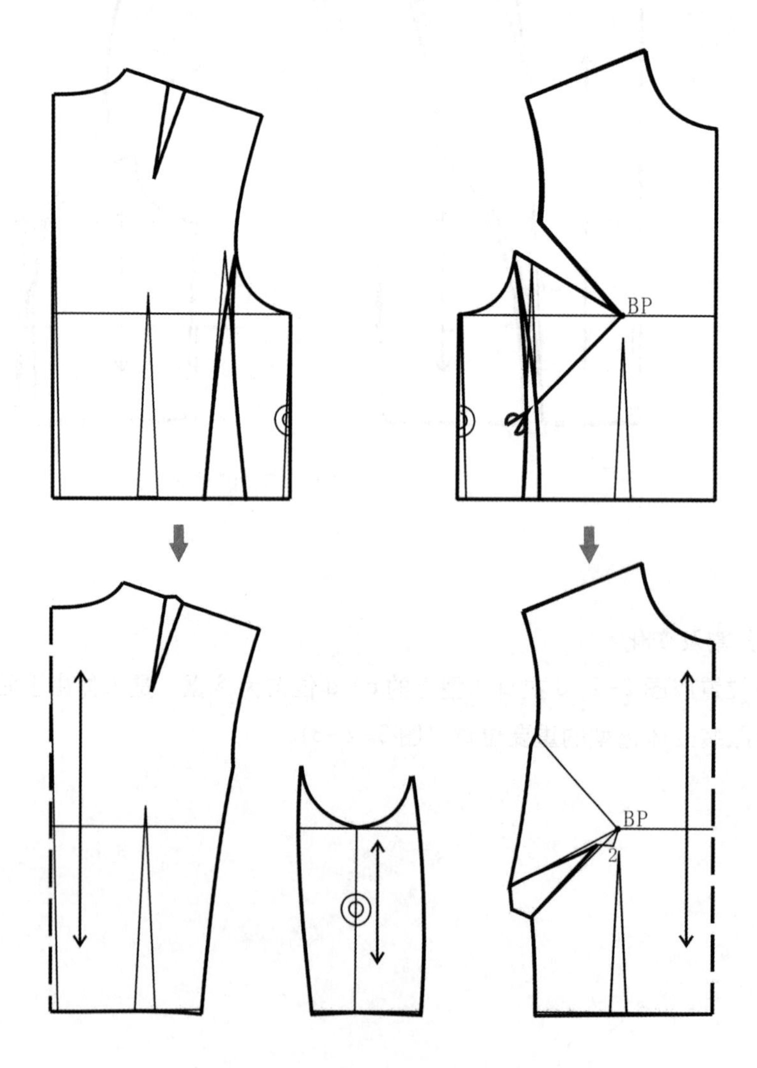

图 3-2-8(b) 三开身侧体分割结构处理

例 4：纵向分割线综合设计

在款式设计中，分割线除了具有塑型的作用外，也可只具有装饰作用，如图 3−2−9 中的直线斜向分割部分。

此外，在后片的款式中肩省转移到下方也是设计的一个亮点。

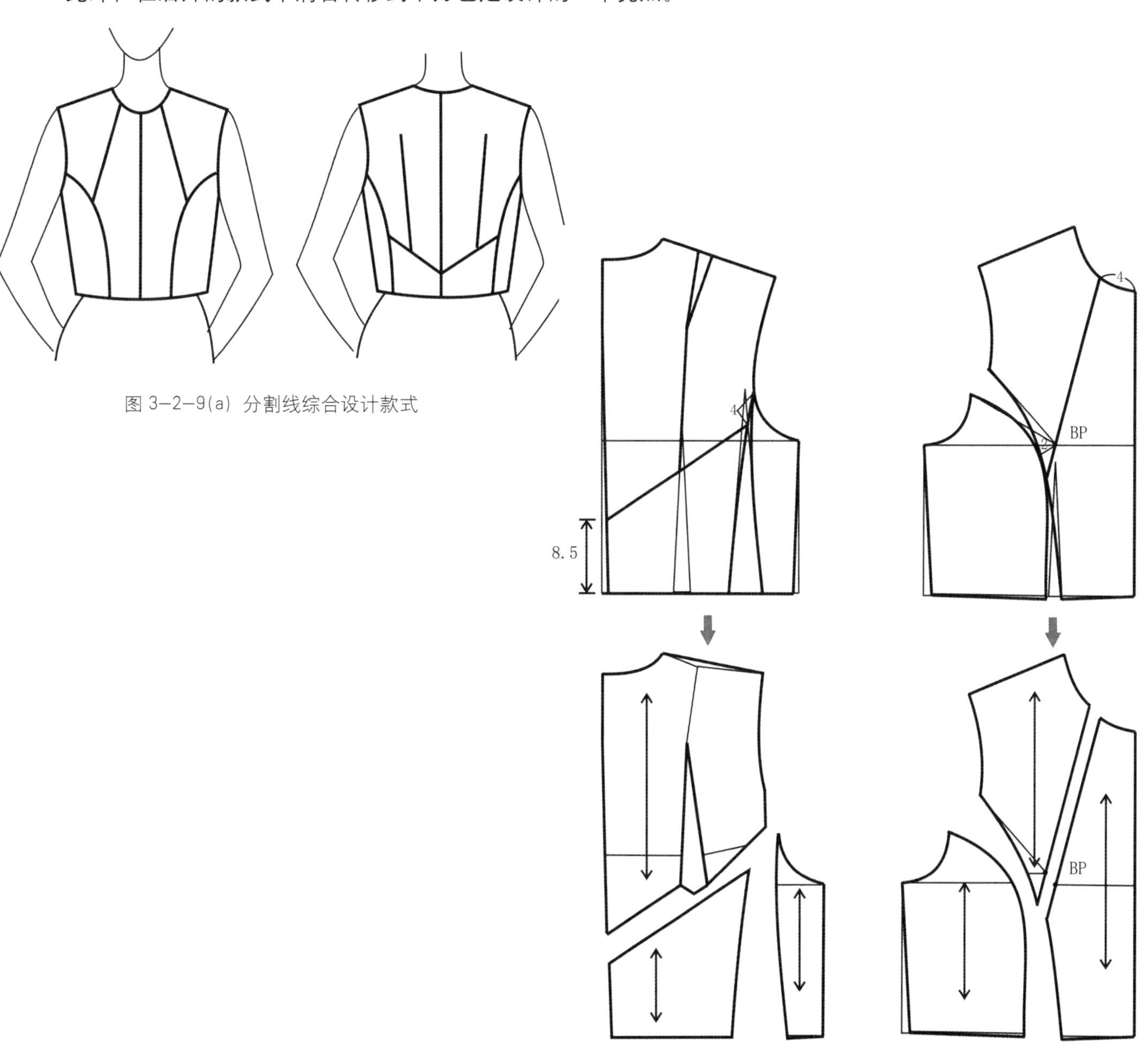

图 3−2−9(a) 分割线综合设计款式

图 3−2−9(b) 分割线综合设计结构处理

（三）横向分割线

例 1：肩育克分割

前片肩部的横向分割属于装饰作用，后片的横向分割可以将肩省放到分割缝里，如图 3−2−10 所示的过肩设计。

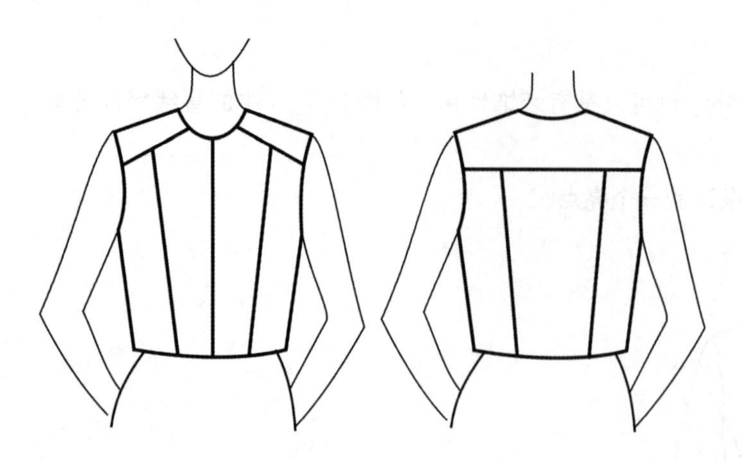

图 3–2–10(a) 过肩款式

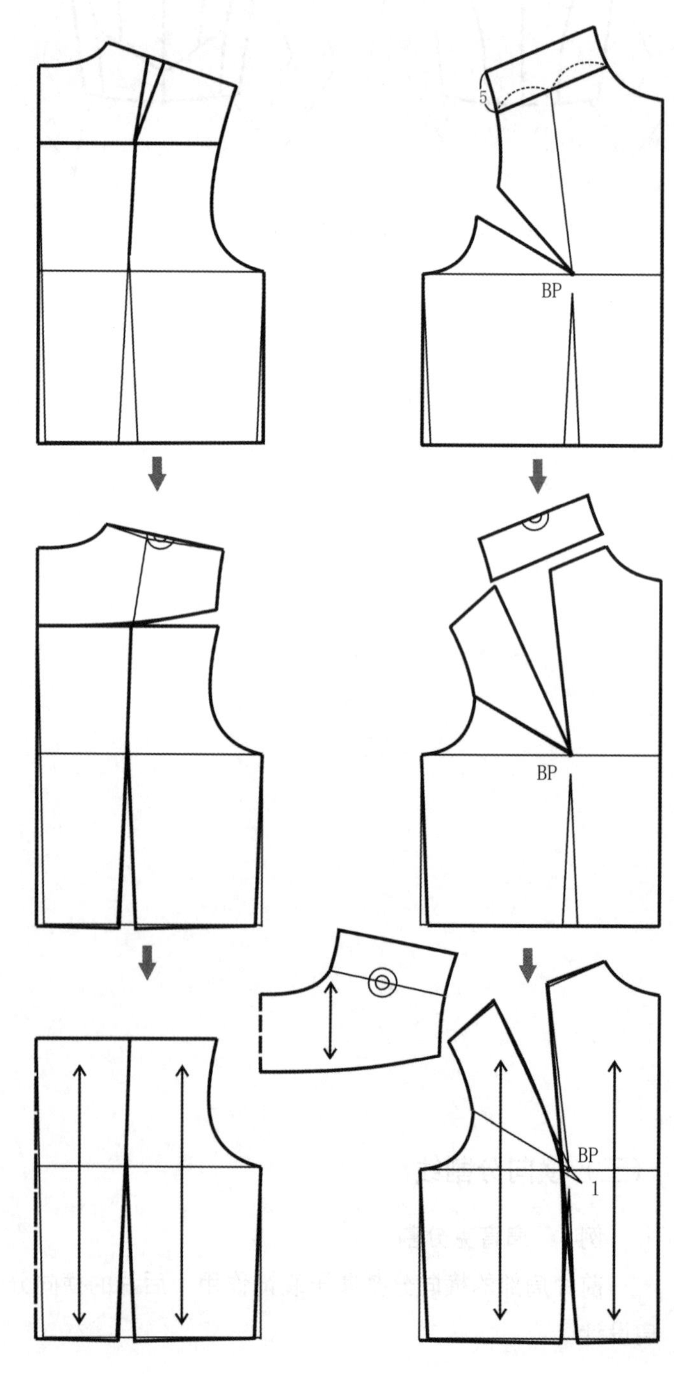

图 3–2–10(b) 过肩结构处理

例 2：横向曲线分割

对于在衣身上呈现曲线的分割设计，可以直接设计出通过或接近凸点的曲线造型，然后再根据款式进行分割线的圆顺或省道的转移，将省道塑型量包含在曲线分割内即可，如图 3–2–11 所示。

图 3–2–11(a) 横向曲线分割款式

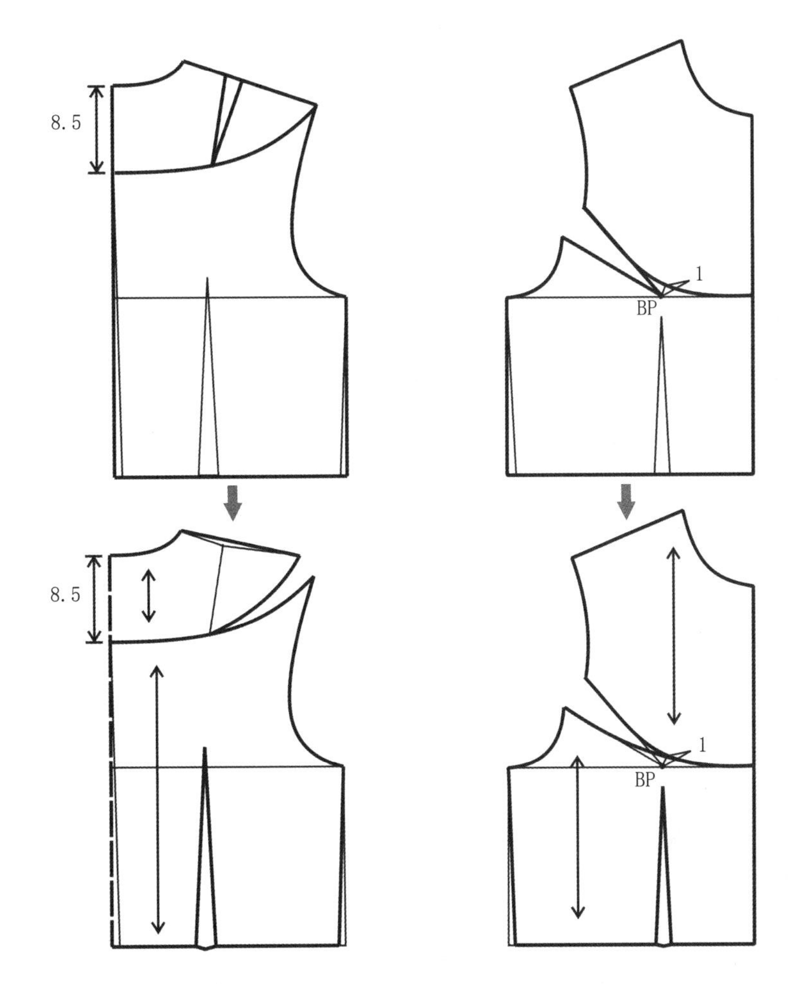

图 3–2–11(b) 横向曲线分割结构处理

此外，我们还可以将其曲线和直线结合进行一些造型上的创新，对于这样的款式要考虑工艺上的难度，合理运用。

三、褶裥的设计

褶是省的变形形式之一，既具有省道的功能，又有立体装饰效果，富有动感，丰富了服装的肌理表现。褶可以分成两大类，即自然褶和规律褶。自然褶指利用面料的堆积或悬垂特性产生的肌理效果，可分为缩褶、荡纹和波浪。规律褶指人为设计，利用熨烫或者缝纫定型的手段使其形成具有一定规律性的面料重叠效果。

（一）自然褶设计

例 1：缩褶设计

图 3–2–12（a）所示的是三款缩褶设计款式图，其结构图分别如图 3–2–12(b)、图 3–2–12(c)、图 3–2–12(d) 所示。

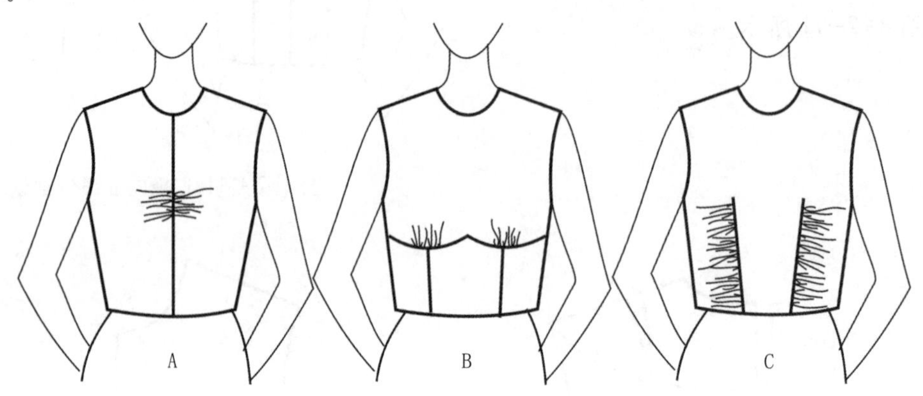

图 3–2–12(a) 缩褶款式

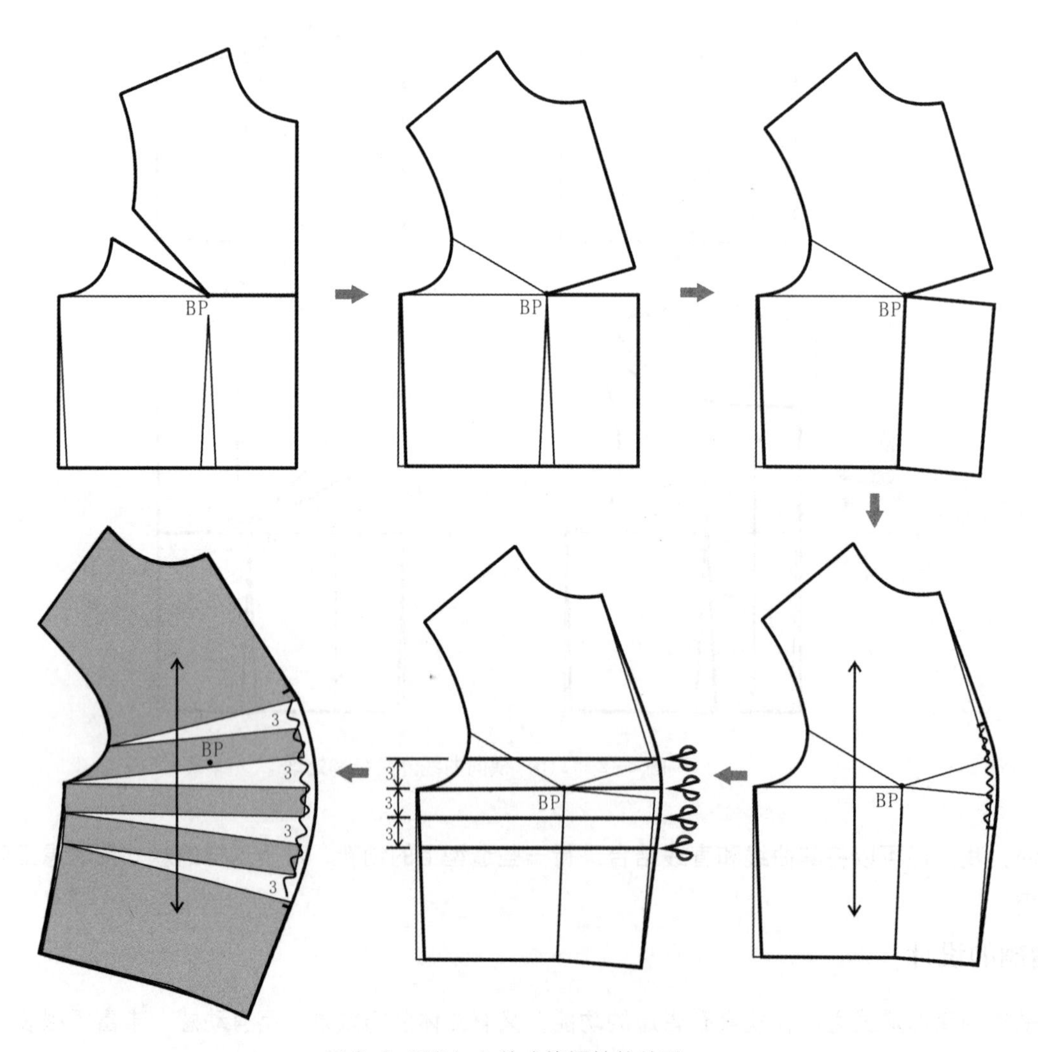

图 3–2–12(b) A 款式缩褶结构处理

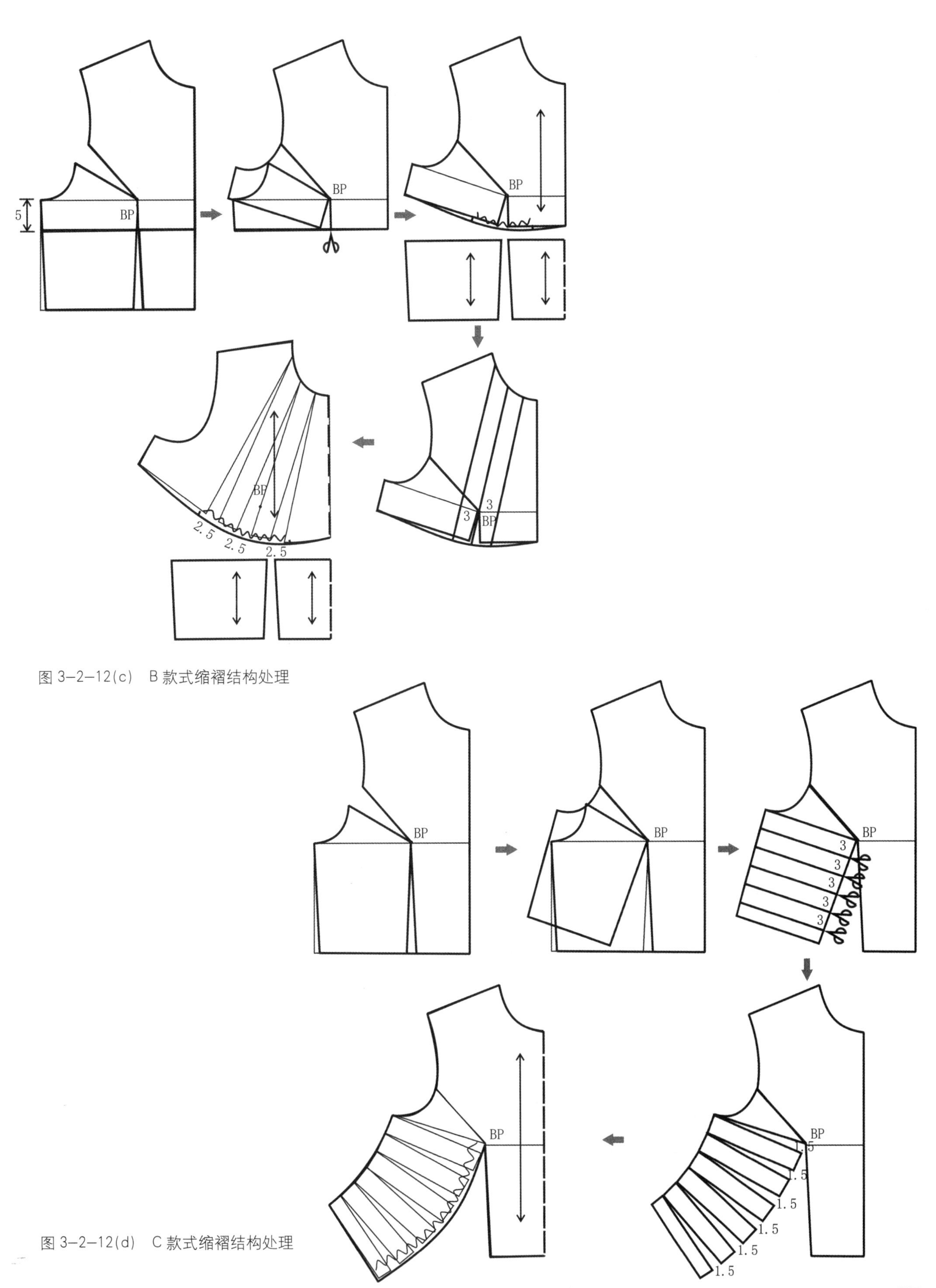

图 3-2-12(c) B 款式缩褶结构处理

图 3-2-12(d) C 款式缩褶结构处理

例 2：荡纹设计

荡纹常多出现在领口处，多采用真丝等悬垂性面料，多用于连衣裙或礼服的款式设计中。为了处理荡纹的边缘部分，通常将贴边和领口连裁，所以最终纸样的领口和前中心需呈垂直状态。

图 3–2–13 所示的是两款荡纹设计款式图，A 款利用省道及领口的加长开宽来产生必要的垂坠效果；B 款荡纹更多，这时需要考虑旋转展开，考虑到最终纸样的领口和前中心呈垂直状态，所以先在 A 款纸样的基础上将领口适当去除后再做必要的展开处理。为了达到款式肩部活褶及领部荡纹设计的要求，B 款进行的是叠加展开。

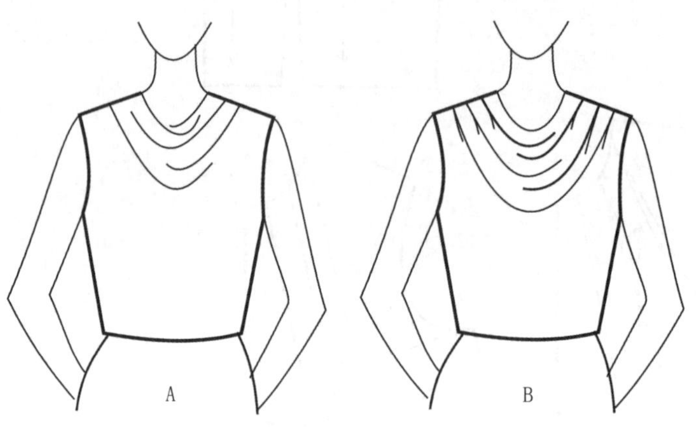

图 3–2–13(a) 荡纹款式

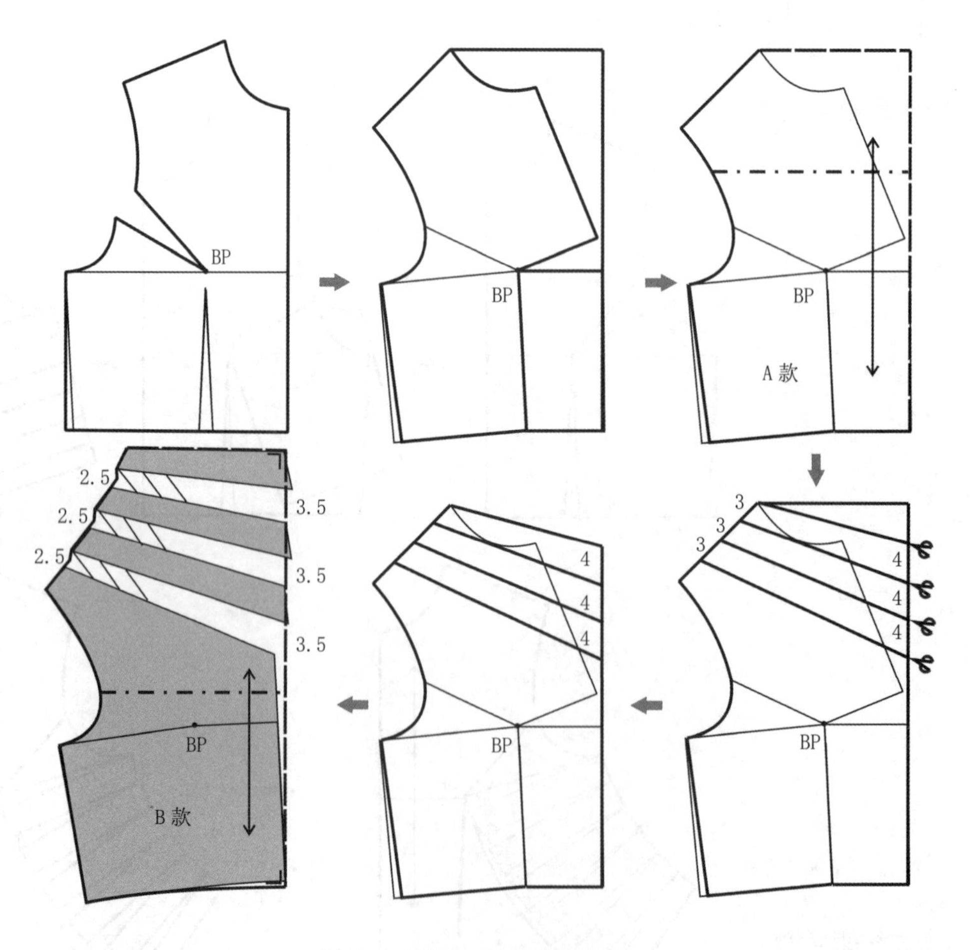

图 3–2–13(b) 荡纹结构处理

例 3：波浪褶

波浪褶一般产生在服装的下摆位置，由纸样的展开程度和面料的悬垂度来决定波浪的肌理效果，此类款式一般较宽松自如，多用于睡衣和连衣裙的款式设计中，如图 3–2–14 所示。

图 3–2–14(a) 波浪褶款式

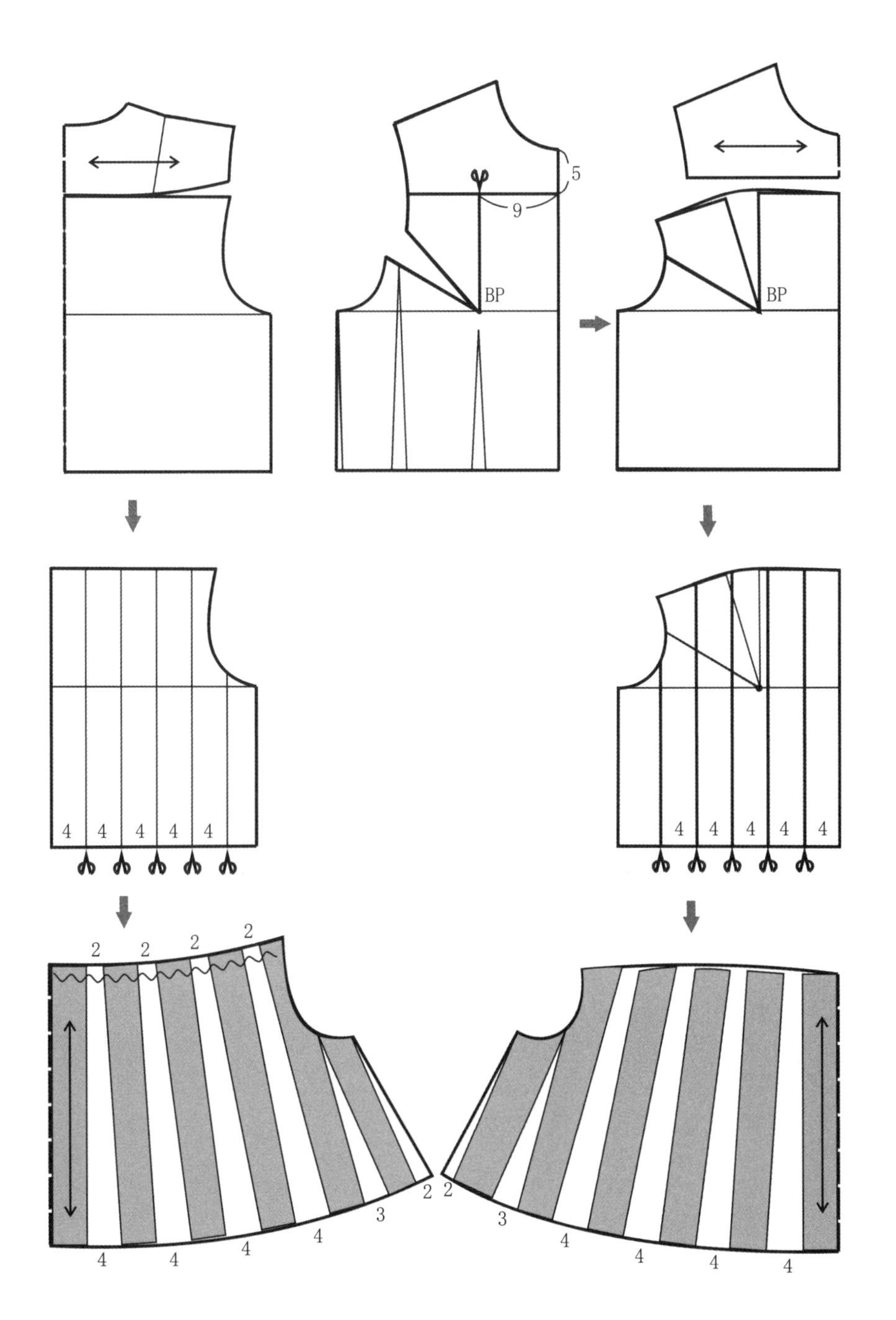

图 3–2–14(b) 波浪褶结构处理

（二）规律褶设计

例 1：活褶设计

此类褶裥形式较灵活，只用熨斗固定褶的根部，其余部位自然展开，也有些款式不用熨斗压烫固定，突出褶量的活泼自由感。可分为单向褶和对褶。多用于较宽松的衬衫设计中（图 3–2–15）。

图 3–2–15(a) 活褶设计款式

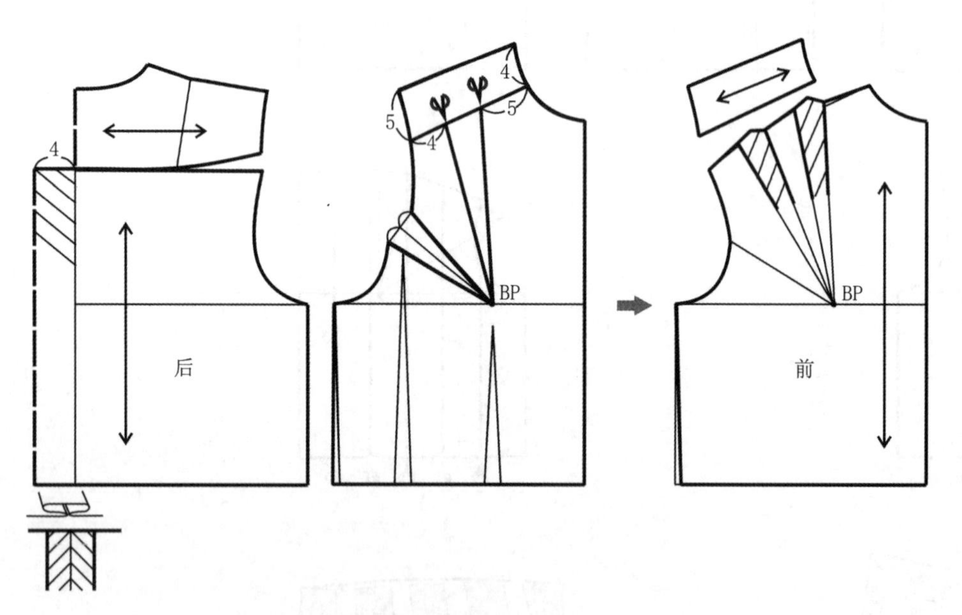

图 3–2–15(b) 活褶结构处理

例 2：等量单向褶裥

此类褶裥份量相等，多用于装饰，展开的裥量一般为褶的两倍。由于裥的边缘凸凹受褶裥及服装纸样轮廓线倾斜方向的双重影响，一般可先将纸样折叠出规律褶裥，再根据样片进行裁剪（图 3–2–16）。

图 3–2–16(a) 等量单向褶裥款式

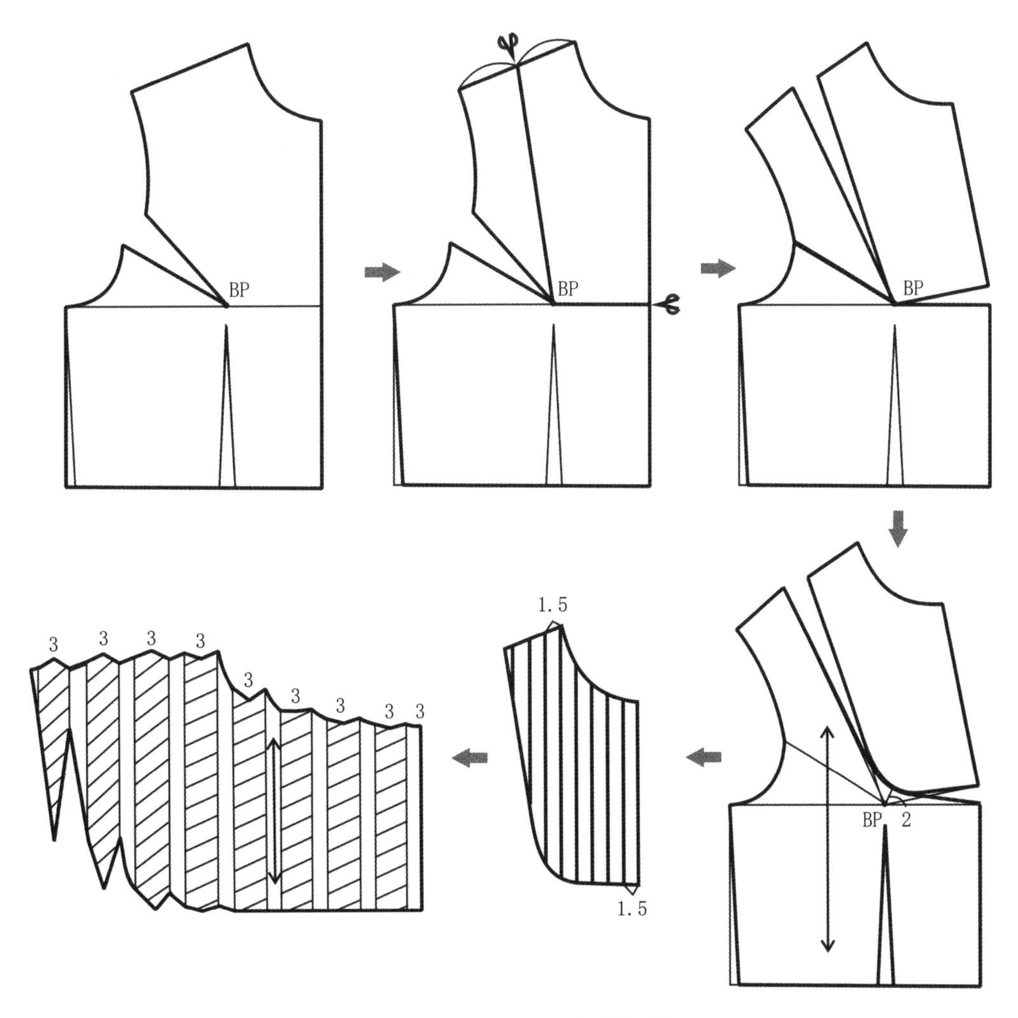

图 3–2–16(b) 等量单向褶裥结构处理

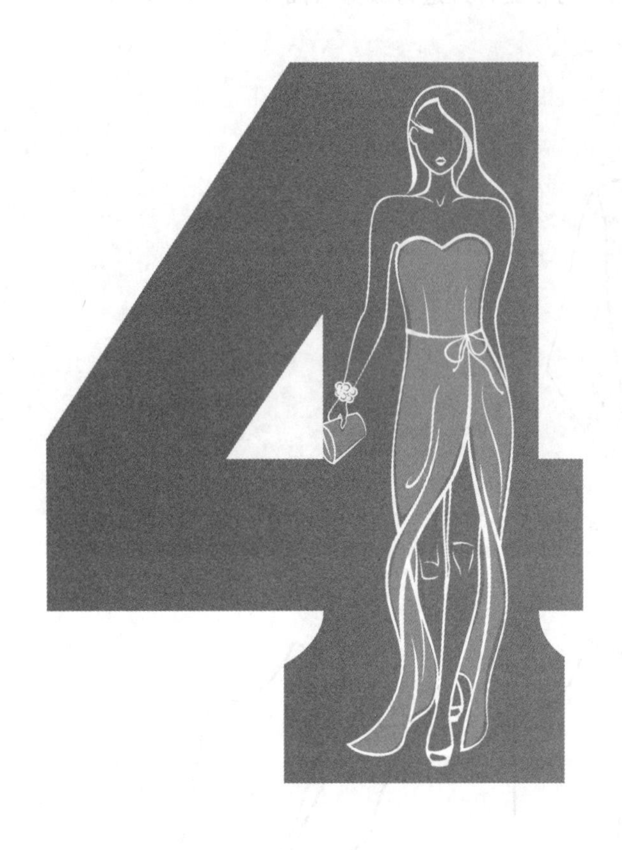

第四章 衣领结构设计

衣领是服装的视觉中心，是服装变化和创新的焦点，是设计师在设计服装时非常注重的一个细节。衣领款式结构的变化，不仅能使服装增色，也能给人新的视觉感受。在进行衣领设计时要兼顾实用性与装饰性。衣领除了起到保护人体颈部的作用外，还要与穿着者的脸型、体型相和谐，与整体的服装风格相协调，起到装饰美化人体的效果。

第一节 衣领结构设计原理

一、基本领窝（标准领口）结构

衣领是与脸部连接最为紧密的部位。领子的造型好坏、领围及领高的位置是否符合脖颈结构，是领型设计的关键。

人体的颈部形态是衣领基本结构的设计依据，人体颈部的形态为上细下粗的圆台状，而且略向前倾，衣领的基础领圈的形态与人体颈部截面形态相一致，如图 4–1–1 所示。

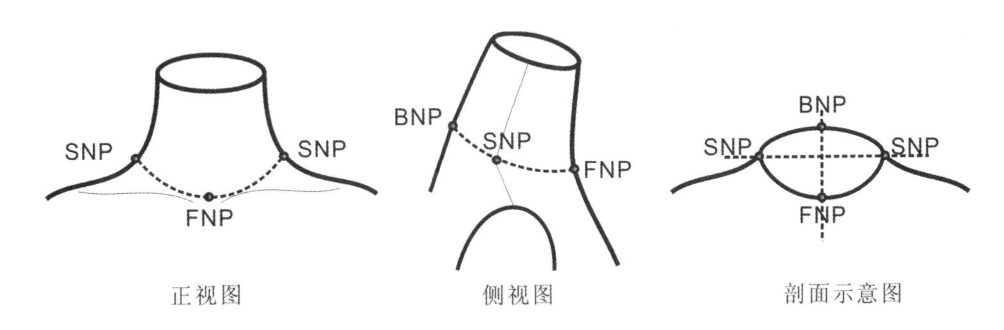

图 4–1–1 人体颈部形态示意图

将经前颈点、侧颈点、后颈椎点量取一周所得的尺寸称为颈根围。理论上，颈根围是领窝围度设计的最小尺寸，基础领围（Neck，简称 N）是在颈根围基础上加上设计量（肌肉组织弹性和呼吸变化量）所得。可利用比例法或者原型法得到用于平面结构设计的基础领窝，或者称为标准领口，它是衣领结构设计的基础。标准领口中，领窝的前后分配是指侧颈点在领弧线上所处的位置，当已知领围尺寸 N 时，在作图时可以采用五分法来分配前后领窝，如图 4–1–2 所示，前领窝 ≈ 3N/5，后领窝 ≈ 2N/5 。由于服装制图是两片对称重叠，制图时取一半即可。

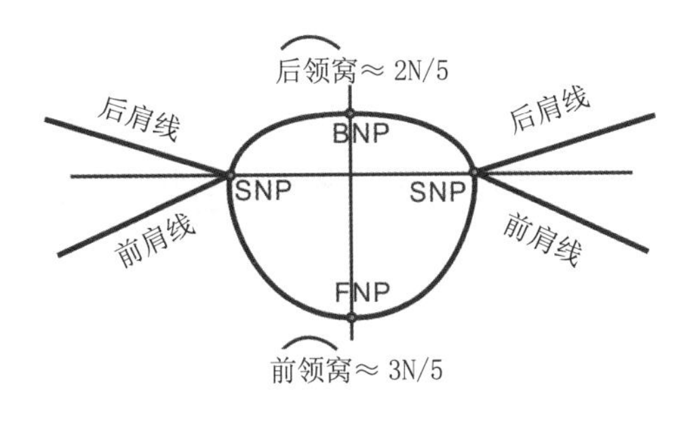

图 4–1–2 基础领窝平面结构示意图

以我国成年女子A体型中间体160/84A为例，原型法中，前领窝弧线宽为胸围B/24+3.4=◎，前领窝弧线深为◎+0.5，后领窝弧线宽为◎−0.2，后领窝弧线深为后领宽的1/3。

比例法制图，前后领口宽度及前领深一般都以N/5作为参考值。通常取前领宽=N/5−1，前领深=N/5；后领宽=N/5−1，后领深= N/20+0.3。通常N=40cm左右，则后领深通常取定寸2.5cm，如图4−1−3所示。

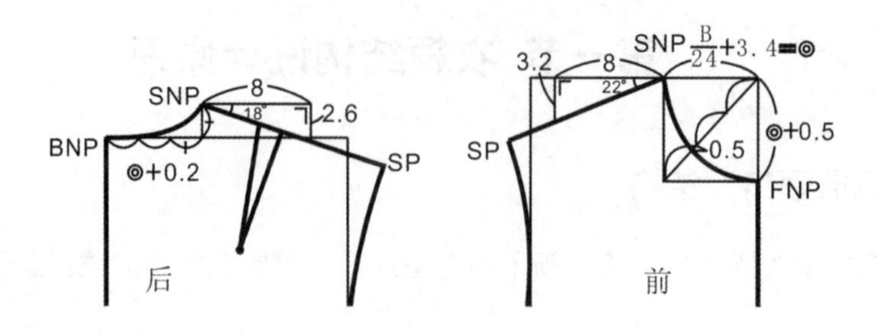

原型法基本领窝结构处理

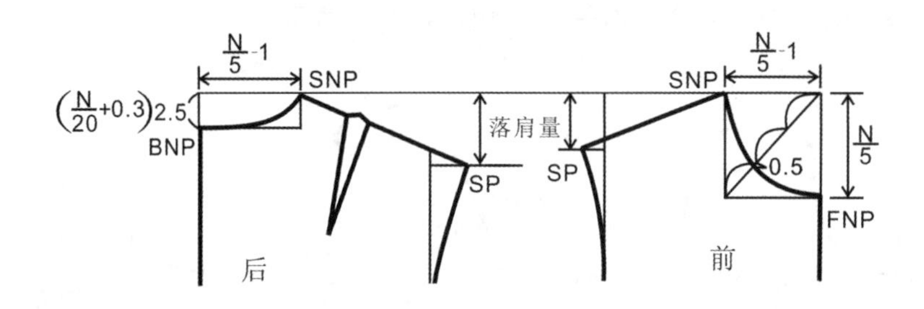

比例法基本领窝结构处理

图4−1−3 基础领窝结构处理

二、衣领绘制的基本方法

衣领的结构设计方法，主要有两种：

一种是领子和衣身结合制图法。该方法是衣领依赖于衣身前后领圈弧线的配置，直接在衣身基础上作图，如无领、平领、驳领的驳头部分。

另一种是领子和衣身分离制图方法。即取出衣身前后领口弧线，衣领领底线弧长设计以此为依据，分别制图。如立领、翻领、驳领的肩领部分。

此外，还可以根据领型的穿着状态，结合几何影射制图，如驳领。

领型变化丰富，其制图方法可根据领型灵活使用，领型也可以相互转换，对于特殊领型还可以结合立体裁剪进行。

第二节 无领结构设计

无领是直接在衣身的领窝上进行领口造型的，以衣身领口线显示服装款式风格的设计方法。其结构有贯头型和开口型两种，常用于春夏季服装。

一、无领结构原理及分类

原型的基本领窝弧线贴近人体的颈根围，可认为是领口的最小尺寸，因此在进行衣领设计时一般不做小于此领口的设计，通常在此基础上对领口进行开深或加宽。在贯头型的无领设计中，如果领圈弧线的周长小于人体头围尺寸时，应考虑在肩部或前后中心部位设计开襟来满足头围的大小，以方便穿脱。

设计无领造型时，需要根据人体颈部的立体结构，保证领口的稳定性。当横开领开宽时，直开领宜浅不宜深；当直开领开深时，横开领宜窄不宜宽；前领开深时，后领宜浅不宜深；后领开深时，前领宜浅不宜深，以保证基本领口曲线长度的尺寸互补。

无领的领窝弧线是一条造型性质的结构线，进行设计时针对具体的服装款式，可采用直线型、曲线型、直线曲线结合型、不对称型等，保持领口样式与服装的整体风格相符合，如图 4–2–1 所示。

图 4–2–1 无领造型设计

从结构角度考虑，根据无领领口的开深和开宽，可将无领分为三类：横开领窄、直开领深式的领型；横开领宽、直开领浅式的领型；同比开度的领型。

二、无领结构设计

无领结构设计的一般流程：分析款式图，以类比的方法在衣身上确定领口的宽度和深度，以仿形的方法在衣身上绘出变化的领口弧线，完善结构细节，标注必要尺寸。以下以贯头型结构为主，逐一讲解。

（一）横开领窄、直开领深的无领

此类领型，领口开宽一般在肩线的 1/2 以内，靠近侧颈点，可取肩线三等分点或四等分点，前领口开深在胸围线以上，可取两等分或者三等分处。

例 1 ：U 型领结构设计

U 型领款式设计如图 4–2–2（a）所示。由于前开领开深，为了防止前领口出现多余的浮量，可将后横开领比前横开领适当开大 0.5 ~ 1cm，保持前领中部平伏，如图 4–2–2（b）所示。

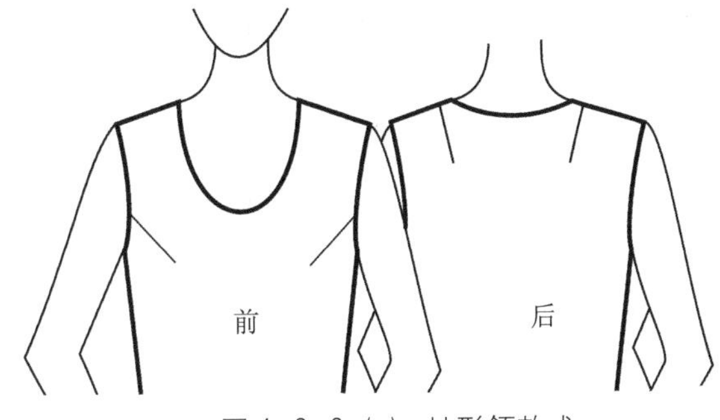

图 4–2–2（a） U 形领款式

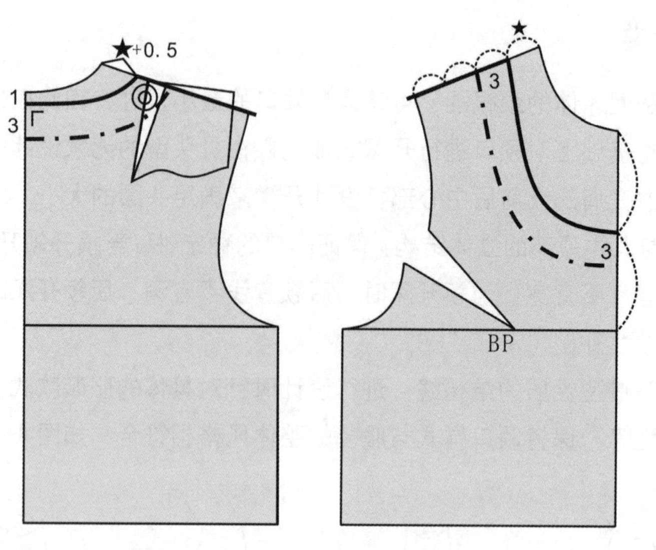

图 4–2–2(b) U 形领结构处理（一）

或者，如图 4–2–2(c) 所示，为了使前后领口弧线顺接，可将衣身肩线合并，完成领口造型结构，进行领型的修顺。为了防止前领围浮起，折叠前领围尺寸 0.5cm 左右，转移至胸省。

无领通常采用贴边结构，贴边通常和领口线相似，为了保证贴边平伏，贴边纸样结构不应有省道存在，对于贴边位置涉及到省道时，可先将衣身省道合并来获得最终的贴边结构。此外，为了使贴边单薄伏贴，可使贴边的肩线稍微向前身移动，避免和面料的肩线做缝叠加，如图 4–2–2(d) 所示。

最后，肩省及胸省的位置可以根据款式调整。

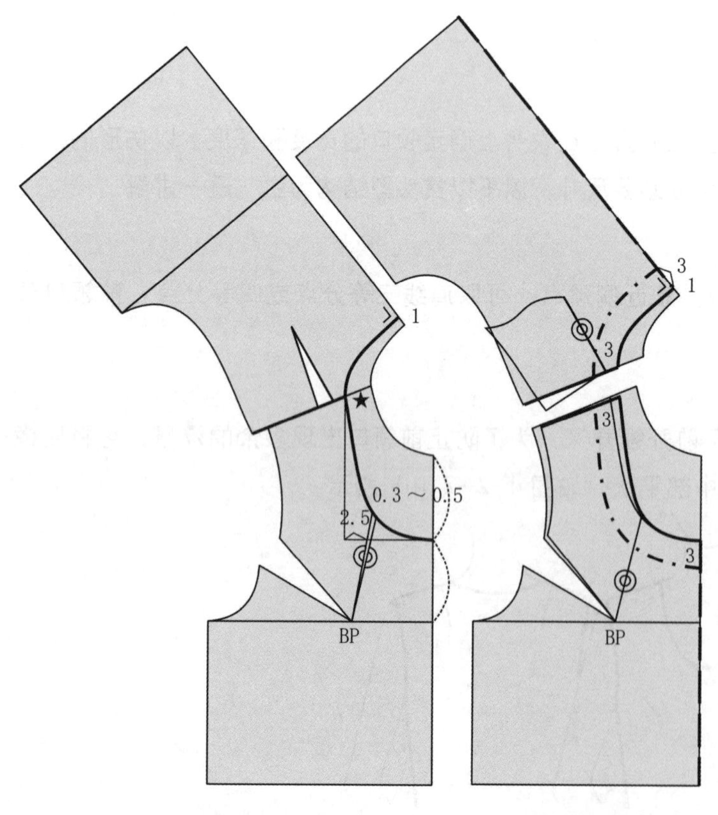

图 4–2–2(c) U 形领结构处理（二）

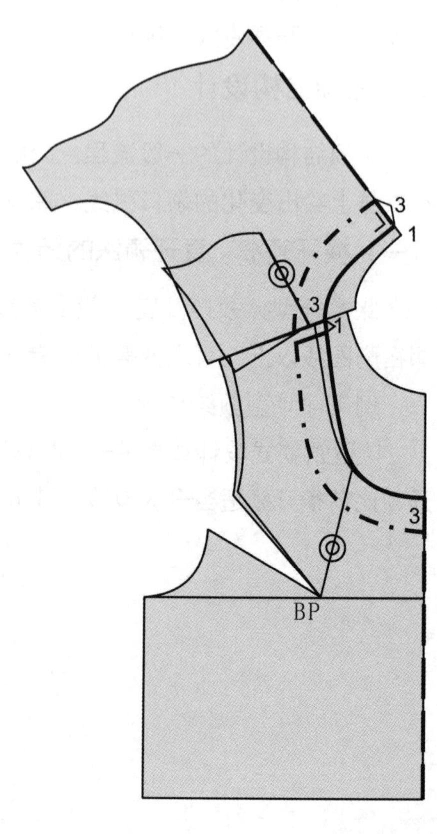

图 4–2–2(d) U 形领贴边结构处理

例 2：心形领结构设计

如图 4–2–3 所示，如果横开领加宽设计时，领口线距离肩省太近，这时，可将肩省转移做成领口省。贴边设计也需要在合并领口省后进行，即贴边为无省的整体结构，这样贴边比较平伏。

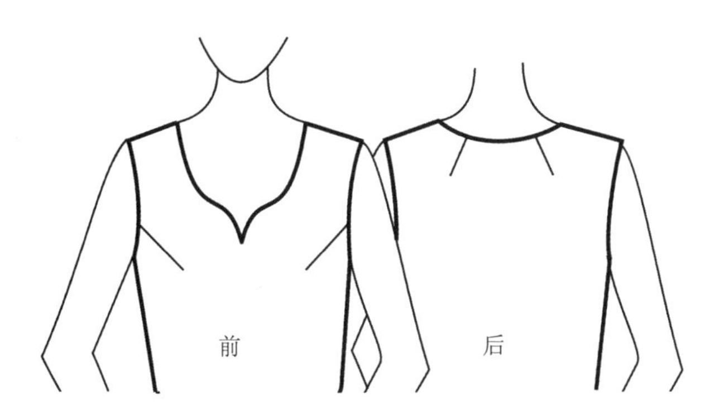

图 4–2–3(a) 心形领款式

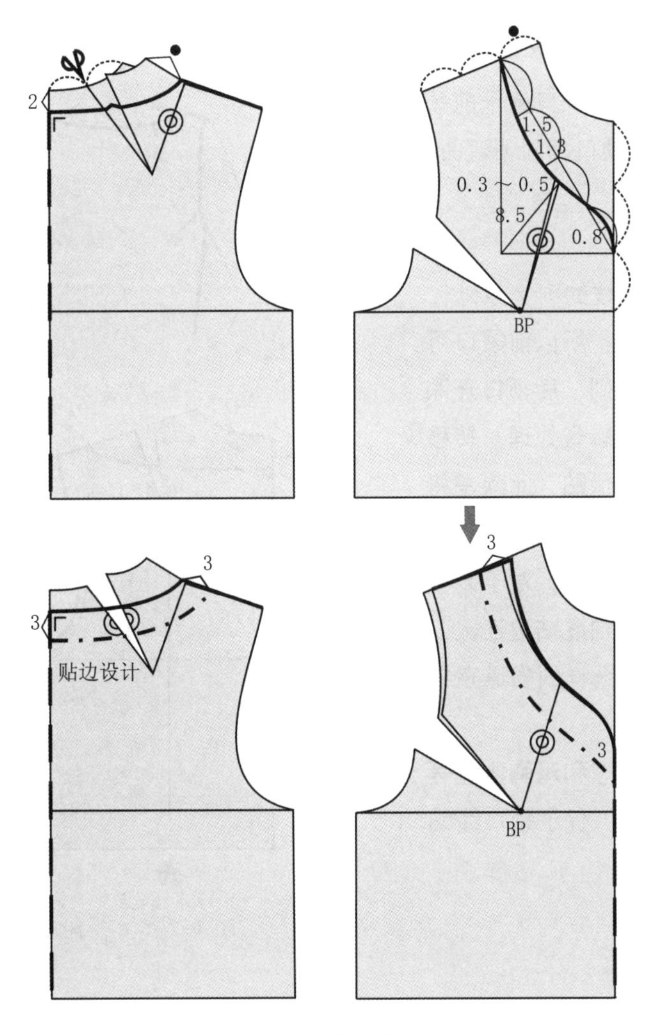

图 4–2–3(b) 心形领结构处理

除U形、心形、V形这些常见领型外，此类领口款式造型还可以有丰富的花式变化，如图4—2—4所示。

图4—2—4 横开领窄、直开领深的领口造型设计

（二） 横开领宽、直开领浅的无领

此类领型可根据外形命名，领口高于前颈窝呈一条直线，即为一字领。领口稍向下弯曲，则是不同程度的船底领。

例1： 船底领结构设计

船底领领口开宽一般在肩线的1/2以外，靠近肩点，由于领口开宽较大，所以前领口可稍向上提，按照领口互补的原则，后领口开深可加大，通常肩省根据款式做转省处理，转移到领口以外的位置，以使领口伏贴，此款是将肩胛省转移到下摆。

船底领通常用在连衣裙结构中，对于无袖结构的此类领型，贴边通常和袖窿贴边连裁，如图4—2—5(a)所示，贴边中纸样的省道直接合并即可。

可根据人体的锁骨突出状态和鸡胸体型等适当调整前片横开领的位置点，保证领口线贴体平伏。

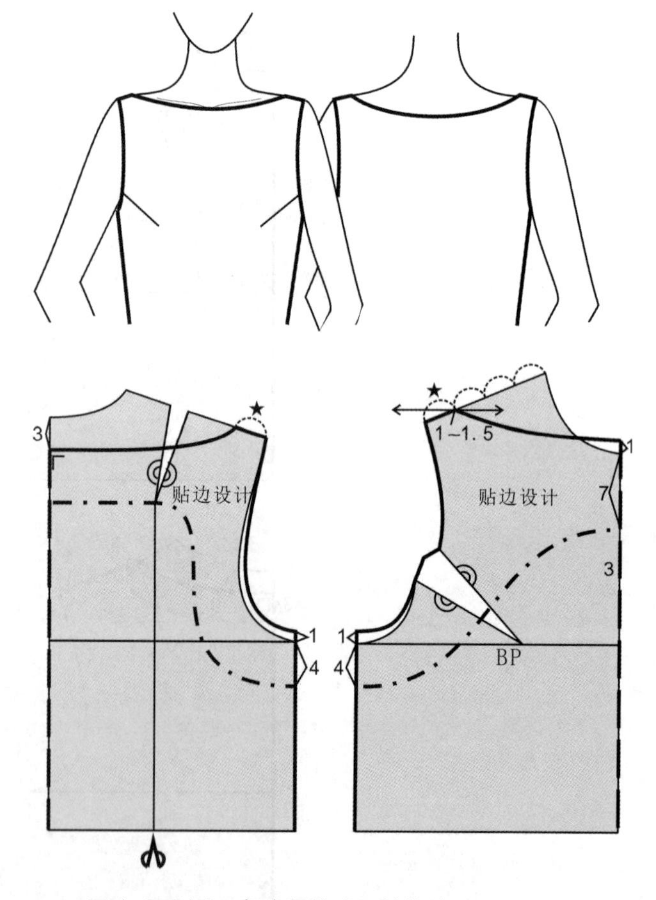

图4—2—5(a) 船底领款式及结构处理（一）

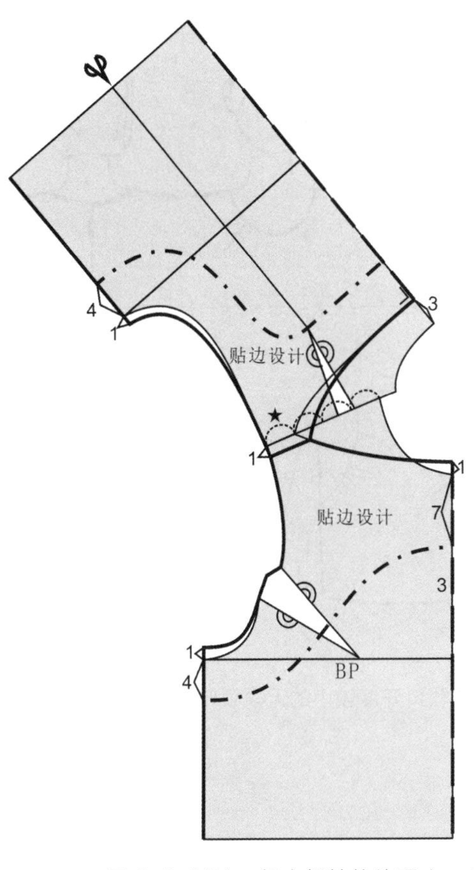

图 4–2–5(b) 船底领结构处理（二）

为了防止由于后领口开深，前领抬高造成穿着时的领口后移现象，可将前后肩线拼合，将肩线前移 1cm，修顺领口款式线，如图 4–2–5(b) 所示。

此外，横开领宽，直开领浅的领型也可做折线、曲线及不对称的款式设计，如图 4–2–6 所示。

图 4–2–6 横开领宽、直开领浅的无领变化

（三）横开领、直开领同比开大的无领

横开领宽及领深的开度都比原型领口大，根据其变化幅度，可将开度分为较小、适中和较大三类。

1. 开度较小的无领

对于有门襟的小领口设计，一般用在女上装中，结合上装的前门襟开口设计，解决了领口弧线小于头围的穿脱功能性。此时领口可和衣身省道结合，如图 4–2–7 所示，省道以褶的形式体现在领口设计中，起到装饰和塑型的效果。

图 4–2–7 领口开度较小的无领领口设计

对于套头式开度较小的无领领口设计，若领口弧线小于头围，需要采用门襟及开口来满足此类服装的穿脱性，如图 4–2–8 所示。也可以将领口和衣身的省道设计结合，起到完美的塑型效果，如图 4–2–9 所示。

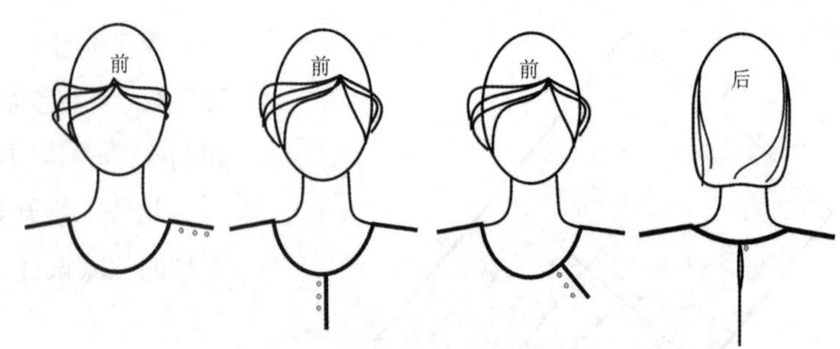

图 4–2–8 套头式领口开度较小的无领领口门襟位置（一）

图 4–2–9 套头式领口开度较小的无领领口门襟位置（二）

例：圆领缩褶设计

圆领缩褶设计款式与结构处理如图 4–2–10 所示。

图 4–2–10(a) 圆领缩褶款式

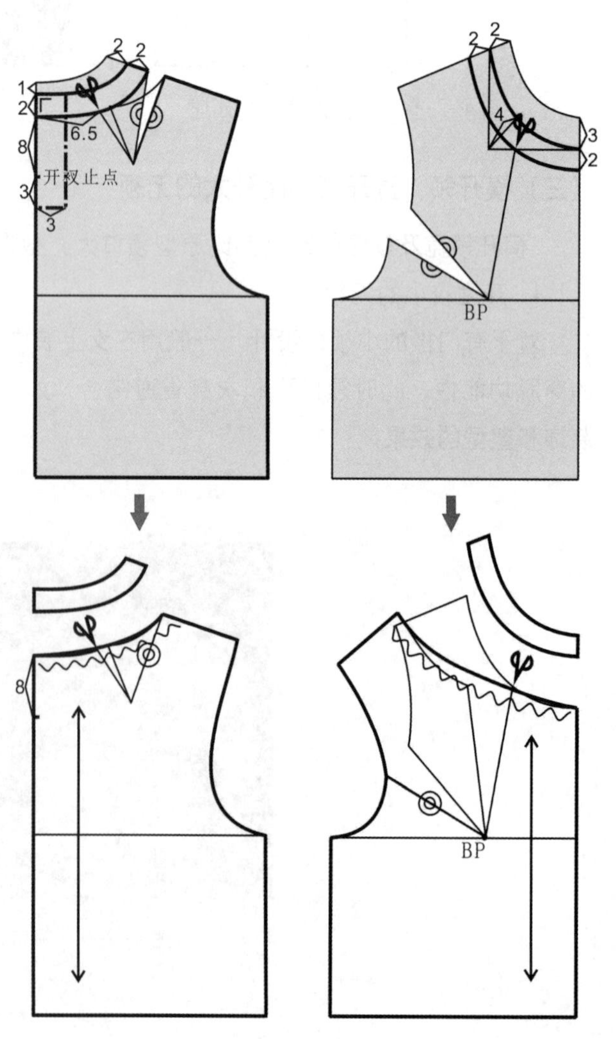

图 4–2–10(b) 圆领缩褶结构处理

2. 开度适中的无领

如图 4–2–11 所示，在套头式的服装设计中，横开领开宽和直开领的开深都较适中，可为折线、曲线等结构。此类领型稳定性较好，多用于连衣裙的领口设计中。

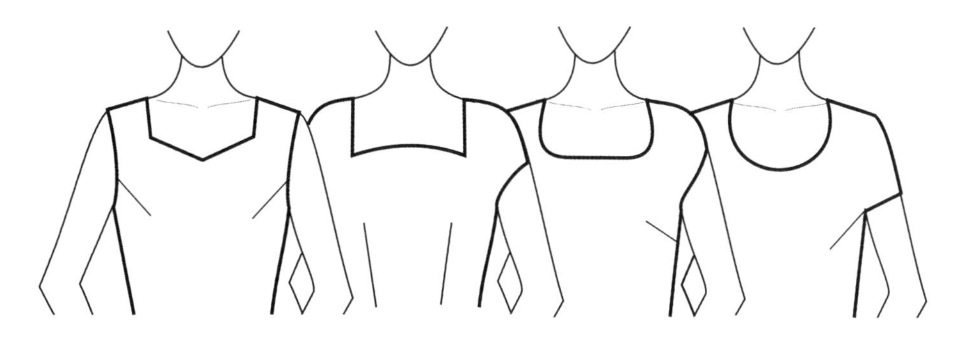

图 4–2–11 领口开度适中的无领造型变化

例：方形领口设计

如图 4–2–12 所示，此方形领口设计，横开领约在肩线 1/2 处，前后肩点对合，确定后领口开宽，方形领口直边稍向前移动，成型后效果更适应女体胸部的坡度形态。前后领口开深适中。若由于领口的开宽前片出现多余的浮量，可将领口多余的浮量转移至胸省。同理，为了使贴边结构做得伏贴，可将省道合并再进行贴边结构设计。

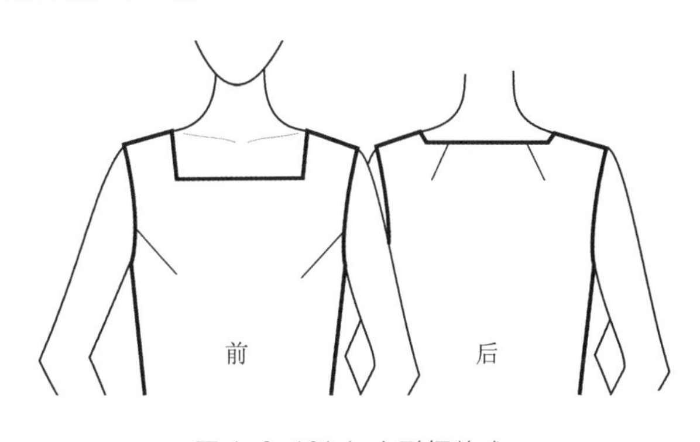

图 4–2–12(a) 方形领款式

图 4–2–12(b) 方形领结构处理

3. 开度较大的无领

随着审美、流行因素的影响，领口的开度逐渐加大，横开领开宽多在锁骨外端，即肩线的近肩点 1/3 处，前领开深度可加大到胸围线及以下，后领开深适当加大。如果连衣裙为无袖结构，随着领口的开大，肩部成为带状，则为吊带连衣裙。

例 1：吊带领口设计

如图 4–2–13 所示，为了使款式合体，对原型胸围尺寸进行缩减，保留 6cm 松量，由于领口开度较大，前片合并 0.3 ~ 0.5cm，收紧前领口，前片袖窿省利用两个褶裥实现胸部塑型；后片不考虑肩省的塑型问题，利用原型肩斜度进行吊带设计，和前片肩带修顺即可。领口贴边和袖窿贴边可连裁，前片贴边纸样需要合并袖窿省道后进行设计。

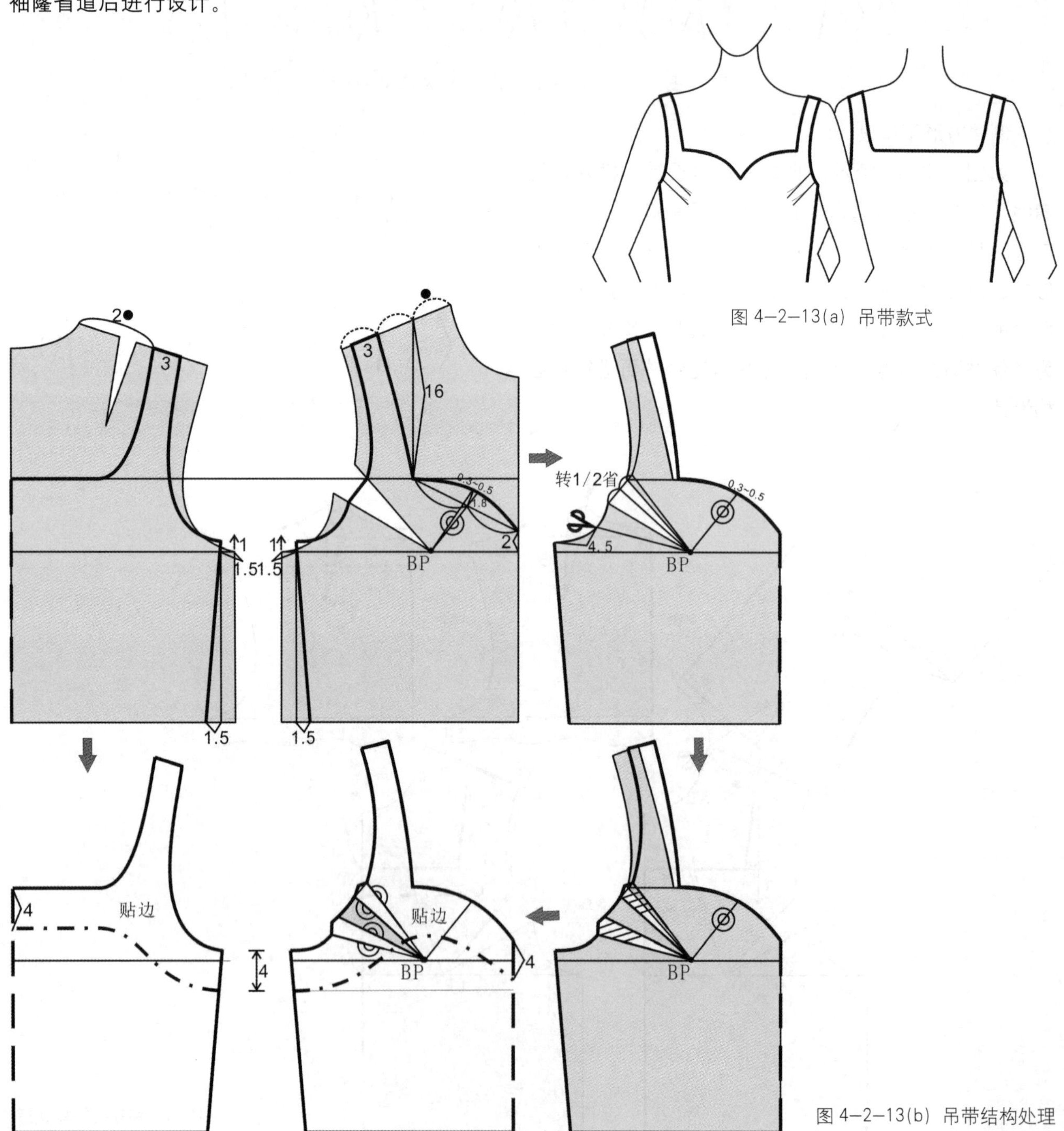

图 4–2–13(a) 吊带款式

图 4–2–13(b) 吊带结构处理

无领的领口开度应根据流行趋势的变化，领口开深以不过分暴露为原则。无领领口开宽应小于肩点，否则会出现领口不存在的礼服类设计。当领口开宽到达肩点，这时袖窿成为领口曲线的一部分，领口开深设计为铲状；对于无袖款式的服装，领口结构消失，成为护胸设计。

例 2：礼服裹胸设计

礼服裹胸设计要求绝对紧身合体，所以在原型基础上进行胸围的缩减，并合并原型腰省。后中心设计拉链（图 4–2–14）。

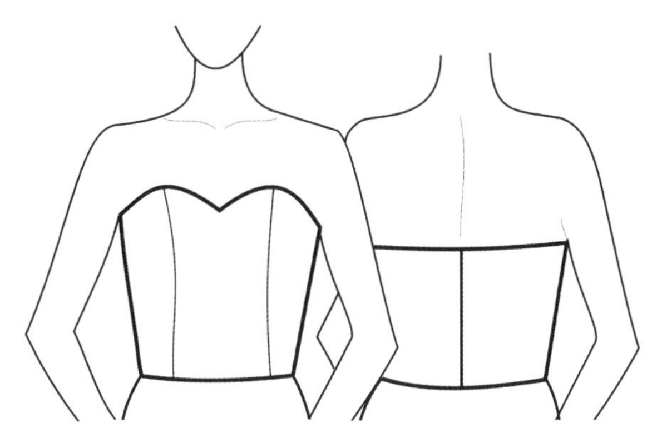

图 4–2–14(a) 礼服裹胸款式

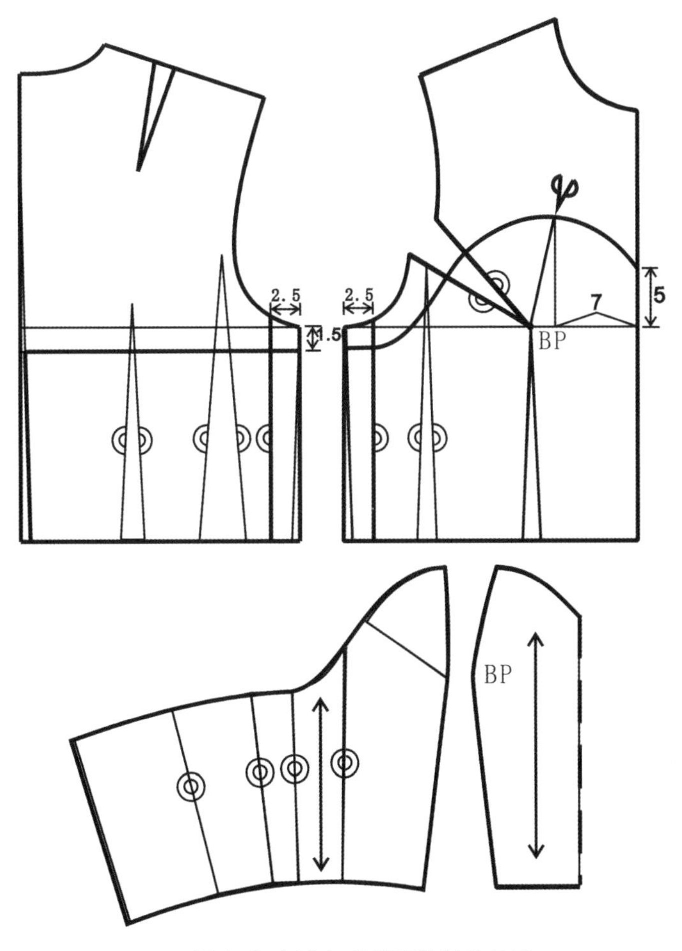

图 4–2–14(b) 礼服裹胸结构处理

无领款式设计要注意领口造型和服装风格的统一。服装整体以曲线为主，领口造型线最好选择柔顺的曲线；服装整体线条硬朗，领口造型最好选择折线结构。此外，领口开度和造型也要追求领围线和人体的完美结合，特别是要考虑穿着对象的脸颈部结构，充分发挥领口衬托和美化人体的作用。

第三节 立领结构设计

立领的造型是在衣身领围线上向上竖立的，这部分耸立的结构可以称为领座部分，在中式服装女旗袍中最为常见，即立领是只有领座的一种最简单的有领领型，多用于衬衫、旗袍、春秋上装等。

一、立领的构成原理及分类

人体颈部立体结构呈颈根部围度较粗、上部稍细的状态。由人体颈胸结构可知，颈部和胸廓之间的角度呈钝角，一般正常人体直立状态，靠近颈窝的颈胸角度稍大，接近肩部的角度小，颈部后中接近 180°。

立领装在衣身领围线上，所以立领的下领口线长度必须和衣身的装领线等长。立领的上领口弧线依据领型和人体颈部形态决定。根据立领在成型后与衣身胸廓所形成角度的大小可将立领分为直角立领、适合人体颈胸结构的钝角立领和远离颈部的锐角立领，各部分的名称及对应关系如图 4-3-1 所示。

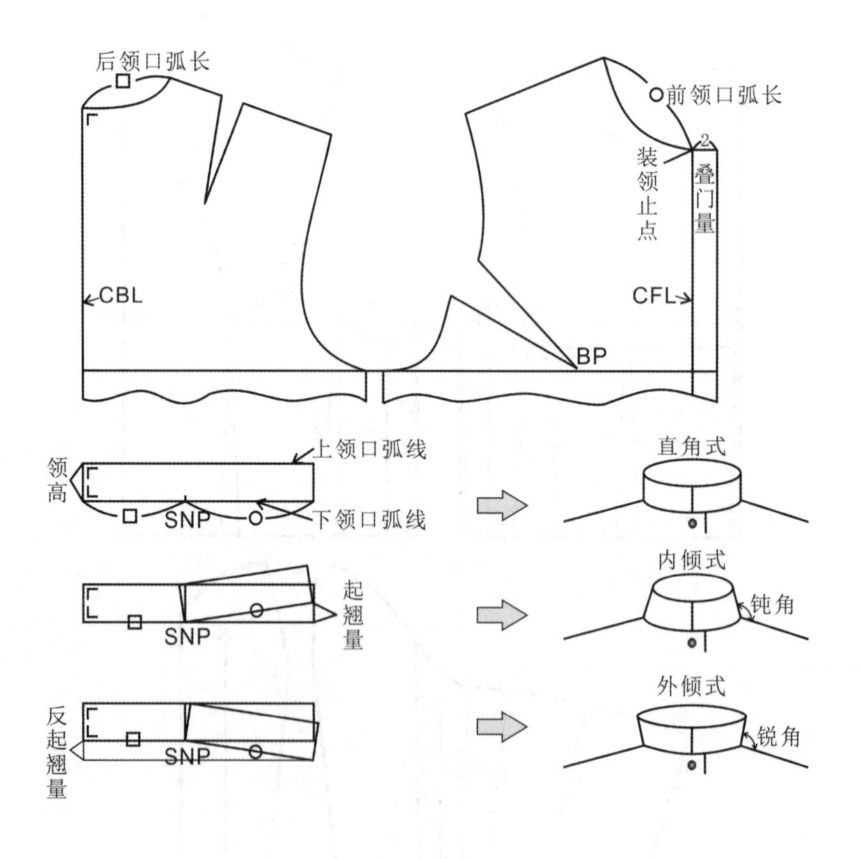

图 4-3-1 立领的构成原理及分类

一般在立领制图时，后中心处固定在衣身后颈点直角位置上。为了保证下领口线长度和衣身装领线等长，前中心处会在直角立领的基础上以侧颈点为轴，做上翘和下弯的调整。如果领前部做上翘，上领口弧线较下领口弧线变短，便形成适合人体颈胸结构的钝角立领；如果领前部分下弯，则上领口弧线较下领口弧线变长，形成锐角立领结构。

由立领的变化原理可知，起翘量的大小直接影响立领与人体脖颈的紧密程度。领高相同时，起翘量越大，领上口弧线就越短，但是领上口弧线缩短有限，以不妨碍人体颈部正常活动为准；相反，反起翘量越大，上领口弧线越长，立领越远离颈部，形成向外张开的形状。此外，装领线的长短、装领止点位置、立领高、领型结构也会影响立领的合体程度。

根据立领与衣身的结构方式，可将立领结构分为分体立领和连裁立领。

二、分体立领结构设计

分体立领下口弧线与衣身领窝弧线相关，两者的形态及长度应相符，领高由领后中线处的宽度来确定，立领上领口弧线是一条造型性质的结构线，可以根据服装的款式进行变化设计。

（一）直角立领

直角立领是立领结构中最简单的造型，其款式特点是立领呈直立状态，其结构特点是领上口弧长等于领下口弧长，由于衣身的领窝为弧线，立领的下口弧线为直线，两者在形态上不吻合，因此在完成绱领之后，立领容易出现不伏贴的现象，因此直角立领适用于合体度要求不高的服装。

如图 4—3—2 所示，款式图中装领止点到门襟止口，所以在设计立领时应该考虑叠门宽度。

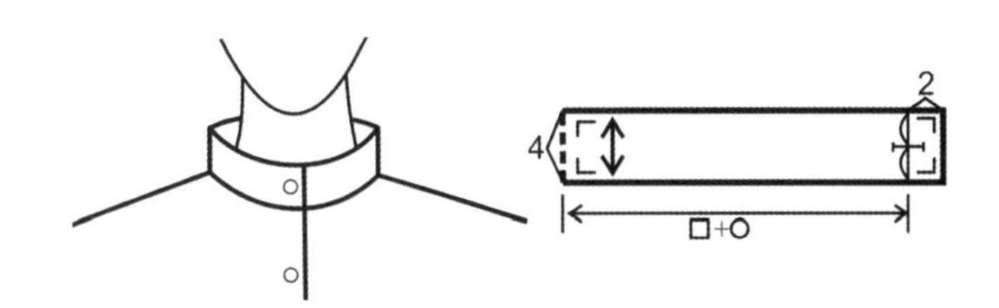

图 4—3—2 直角立领款式及结构处理

例：系结领设计

领子前端系有结，考虑到打结占有的空间，需要将绱领止点向后挪动 2 ～ 3cm。可以根据款式和面料确定领子的宽度和长度，一般采用柔软的面料，如图 4—3—3 所示，多采用直纱。

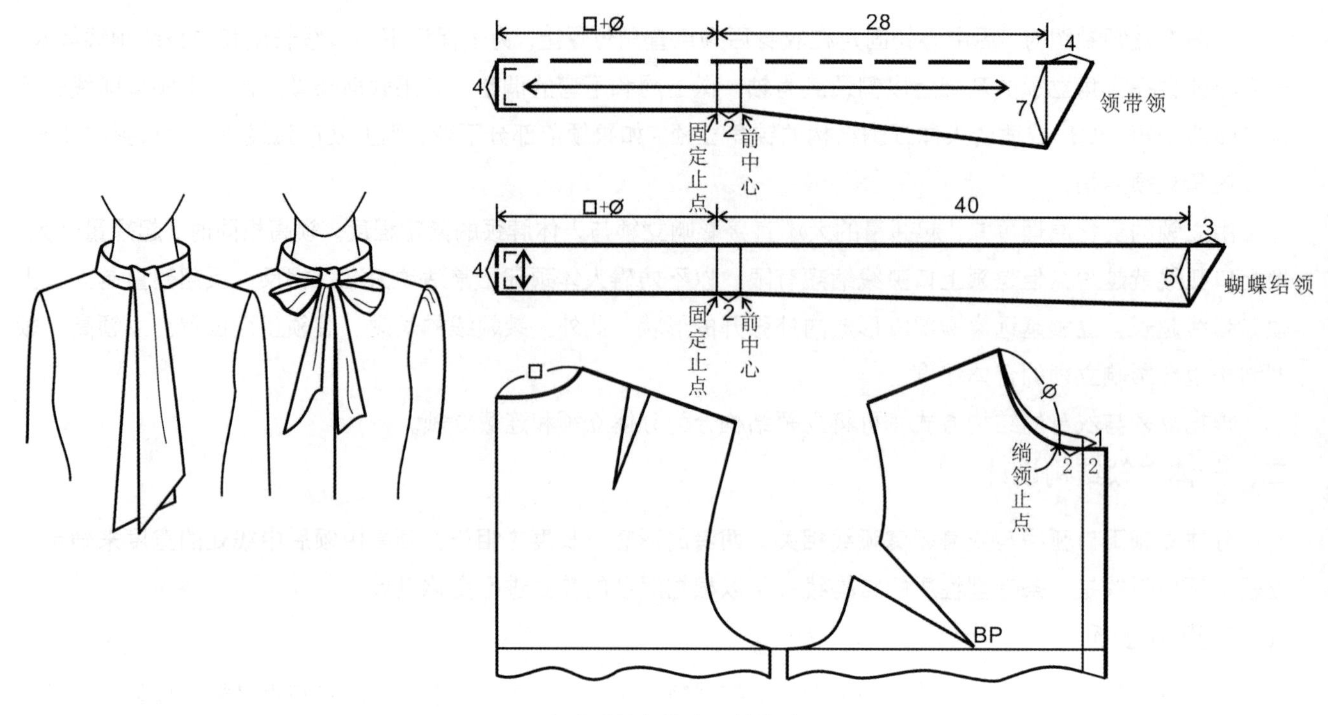

图 4–3–3 系结领款式及结构处理

（二）钝角立领

钝角立领也称内倾式立领，如图 4–3–4 所示。其款式特点是立领与衣身角度呈钝角，立领的上口小于领底线呈锥状，领上口围小于领下口围。在保证相同领高立领成型后不妨碍人体颈部运动的情况下，随着立领起翘量的增加，衣身领口开度越大，立领成型后和人体的颈胸部越贴近，立领立起程度越差。

钝角立领在结构设计时应注意以下几点：

①立领高度：一般取颈长的 1/3 ～ 1/2 为宜；

②领底线弯曲的位置：一般在领底线靠近前颈窝的 1/3 处，宽立领可在 1/2 处；

③立领翘度＝（总领口弧线长－颈围）/2，此为合体立领结构起翘的理论依据。

总之，衣身领口弧线的开度、立领的高度、立领起翘量三者之间的关系相互制约，要灵活把握。

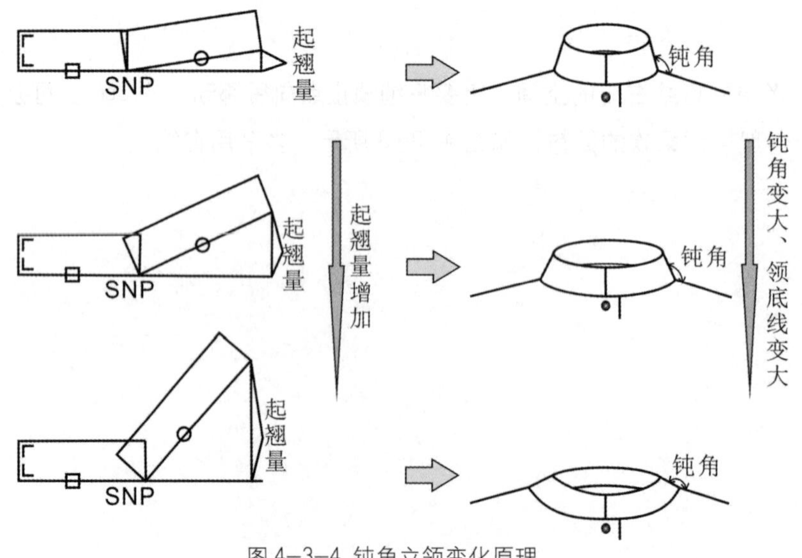

图 4–3–4 钝角立领变化原理

例 1：中式立领

中式服装中旗袍及中山装多见钝角立领结构。当立领的装领止点在人体前中心线时，门襟可为前开式或者偏襟结构，这时衣身都有暗襟结构，如图 4–3–5 所示。

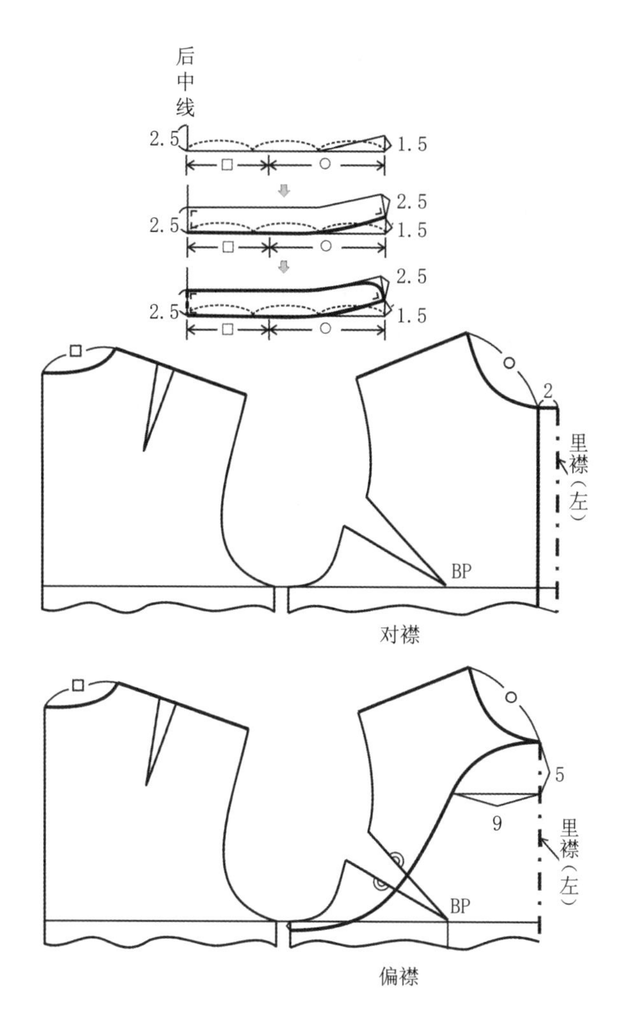

图 4–3–5 中式立领款式及结构处理

例 2 ：大起翘立领

如图 4–3–6 所示，款式中领子较贴伏于胸廓，故结构中衣身领口开度较大。对于起翘量较大的立领，领宽越窄，立领上下口弧线的反差就越小，对人体颈部的制约性就越小。所以立领起翘量较大时，这时应匹配领宽较窄的立领结构。

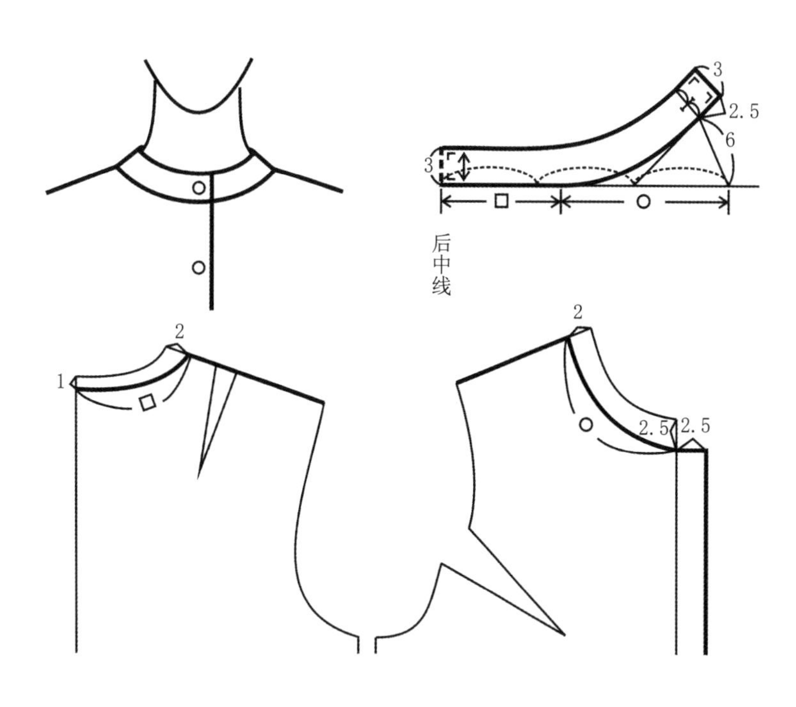

图 4–3–6 大起翘立领款式及结构处理

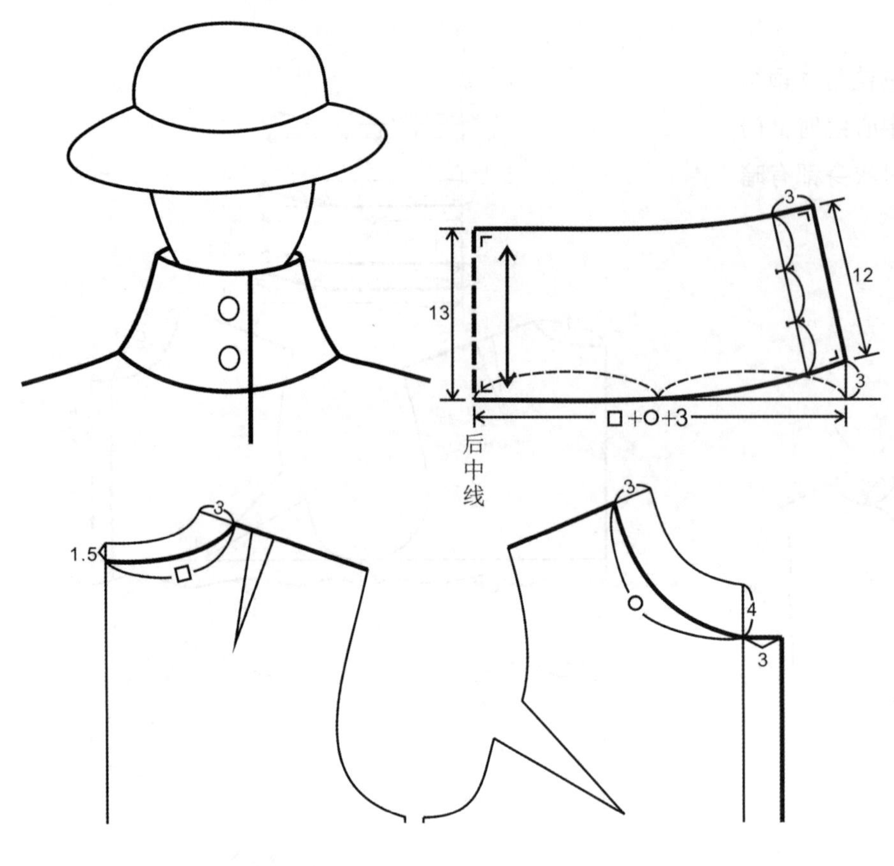

图 4–3–7 高立领款式及结构处理

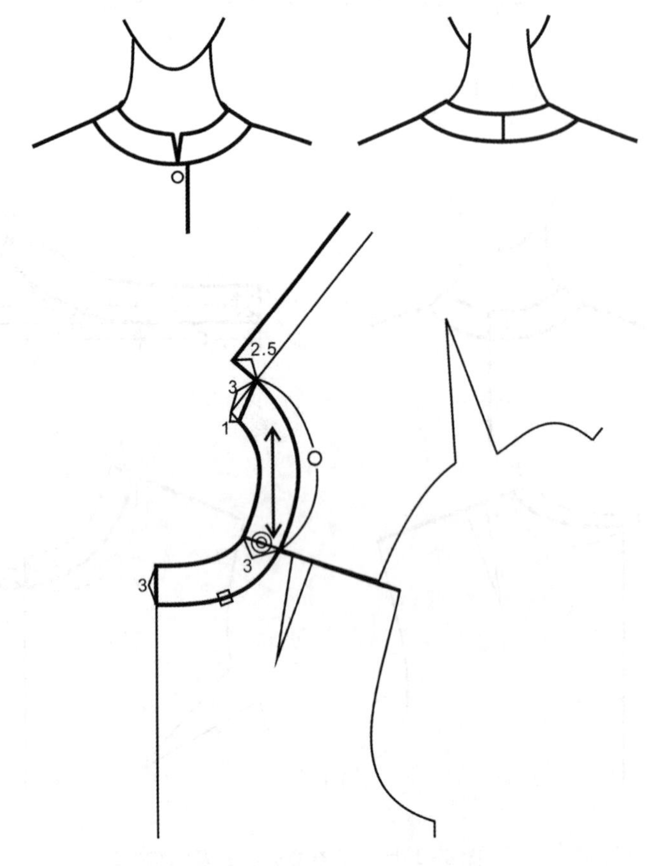

图 4–3–8(a) 衣身分割变体立领款式及结构处理

假设衣身领口弧线长度不变，立领高度适中，当立领起翘量增加时，立领上口弧线势必会变短，这样便会妨碍人体脖子的活动，不能满足服装的功能需求，所以当立领起翘量增加时可适当开大衣身装领线，以原型衣身领口为基础，立领起翘量每增加 1.5cm，原型领口开宽或开深至少要挖大 0.3cm 左右才能保证立领的上口弧线满足颈部围度需要。

例 3：高立领设计

如图 4–3–7 所示，在外套款式中，立领较高，此时为了满足人体脖子的活动，除了加大衣身领口弧线外，立领起翘量选择不宜过大。下领口弧线的起翘位置从领底线 1/2 处开始，上领口弧线的弧度参照下领口弧线即可。考虑到人体下颌的存在，领高在前中心可适当降低。

例 4：变体立领——衣身分割出领

当立领起翘量增加，使立领底线弧度和衣身领口弧度相似、方向一致时，立领特征完全消失，立领变为衣身上的一道分割线。这时为了保证立领上口弧线不妨碍脖子的活动，需要开大衣身领口。结构制图时通常将衣身前后身在肩线处拼合，参照领口弧度形状截取立领领高，如图 4–3–8(a) 所示。

此时，也可以分别在衣身上开大领口，将截取的立领拼合，如图 4-3-8(b) 所示。

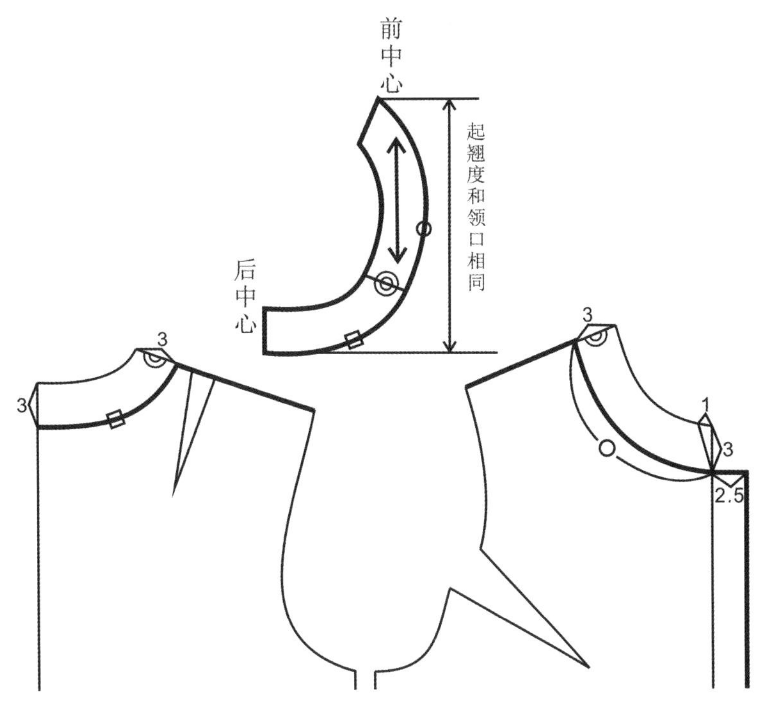

图 4-3-8(b) 衣身分割变体立领结构处理

（三）锐角立领

锐角立领也称外倾式立领，是由直角立领的水平底线向下弯曲，使立领上口大于领底线，呈倒锥体领型的结构。其结构特征是领上口围长度大于领下口围的长度，所以领片的造型为倒锥形，领下口弧线向下弯曲。弯曲度越大，则立领上、下口围度差值越大，领子的倒锥形的锥度越明显。

以原型衣身领口弧线为基础，在立领高度不变的情况下，随着反起翘量的增加，立领上口线逐渐变长，远离人体颈部，向外倾斜。当立领的反起翘量足够大，反起翘量和衣身前后领口弧线拼合后的弧度一致，方向相反时，立领特征完全消失，立领完全倒在衣身上，形成平领（扁领）结构，如图 4-3-9 所示。

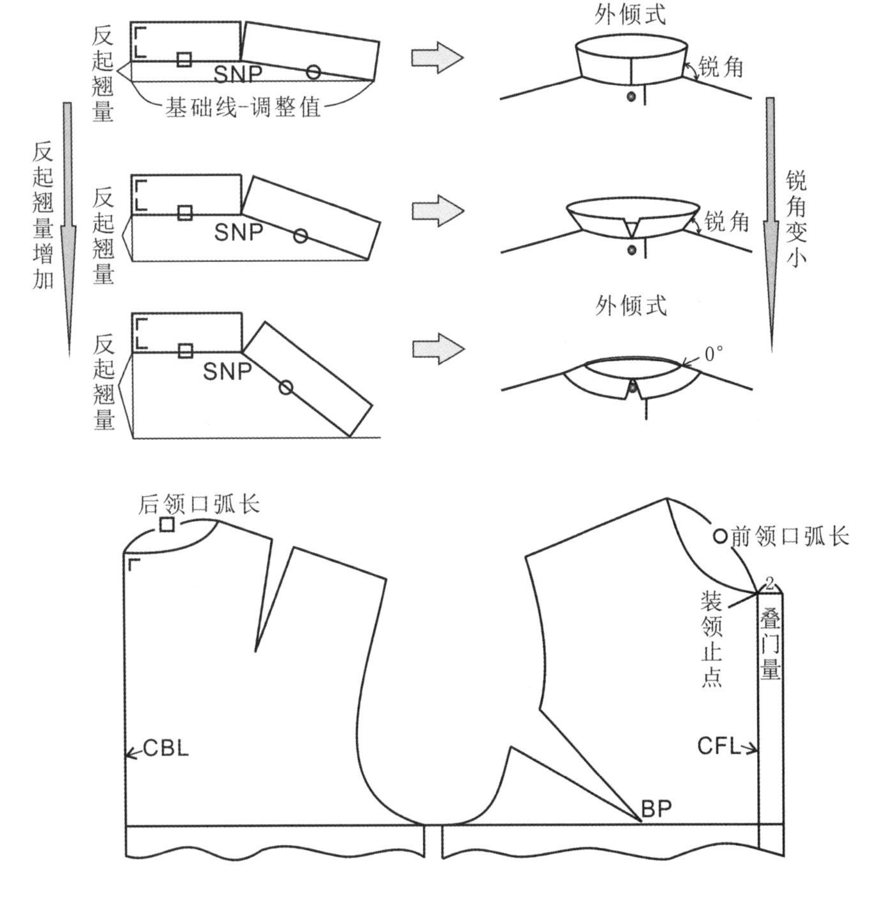

图 4-3-9 锐角立领变化原理

利用平面结构制图过程中，当领高不变时，立领基础线以衣身领口线长度为参考获得，反起翘量越小时，基础线长度取越接近衣身领口线；可根据反起翘量的多少来调整，反起翘量越大时，基础线长度取得越短；领子的下口弧线在基础线长度的 1/2 或 1/3 处进行下弯设计，最终保证领下口弧线和衣身装领线等长，上领口弧线和下领口弧线弯式相似进行设计。

例 1：外翻卷边立领

如图 4–3–10 所示，立领外翻，领高适中，考虑衣服穿脱方便，在衣身后中心装暗拉链结构。领部由于外翻形成领面和领座两部分结构，领面外翻部分在领座外围，所以若立领面里为一体的连裁结构时，多用斜丝来满足领面外翻需要的一定包容量。

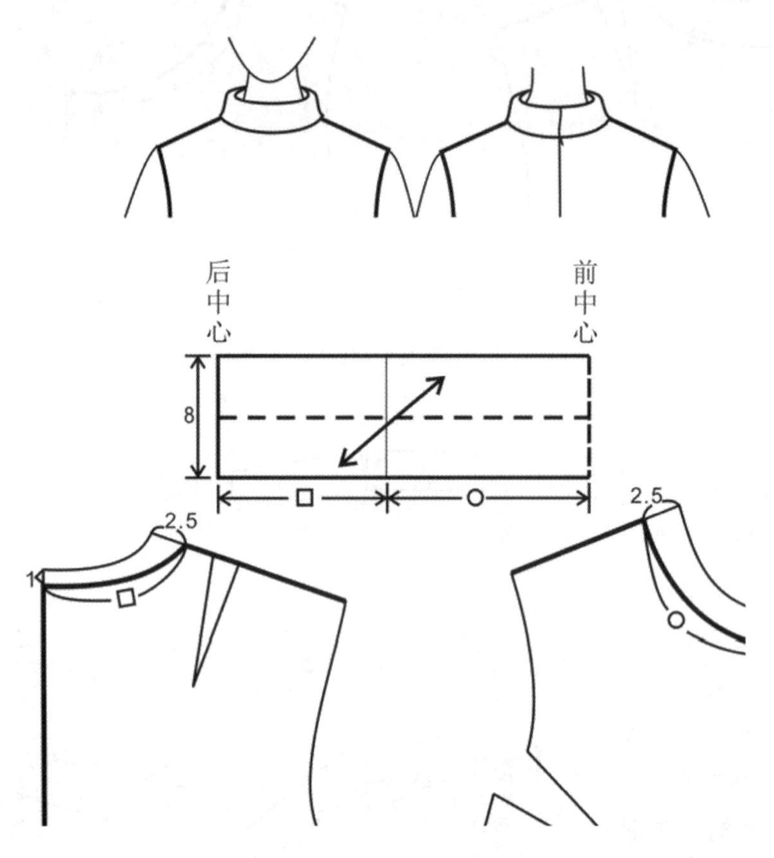

图 4–3–10 连裁小卷边领款式及结构处理

如果想使立领外翻顺利，要使领上口弧线较领子装领线围度大，则领子必然要向下弯曲，可以采用剪切的方法实现，利用剪切展开量来决定反起翘量的大小，进而控制上领口弧线的长度，圆顺上下领口弧线，保证前后中心处为直角结构。此结构中领座和领面部分不能连裁，如图 4–3–11 所示的两款立领结构。

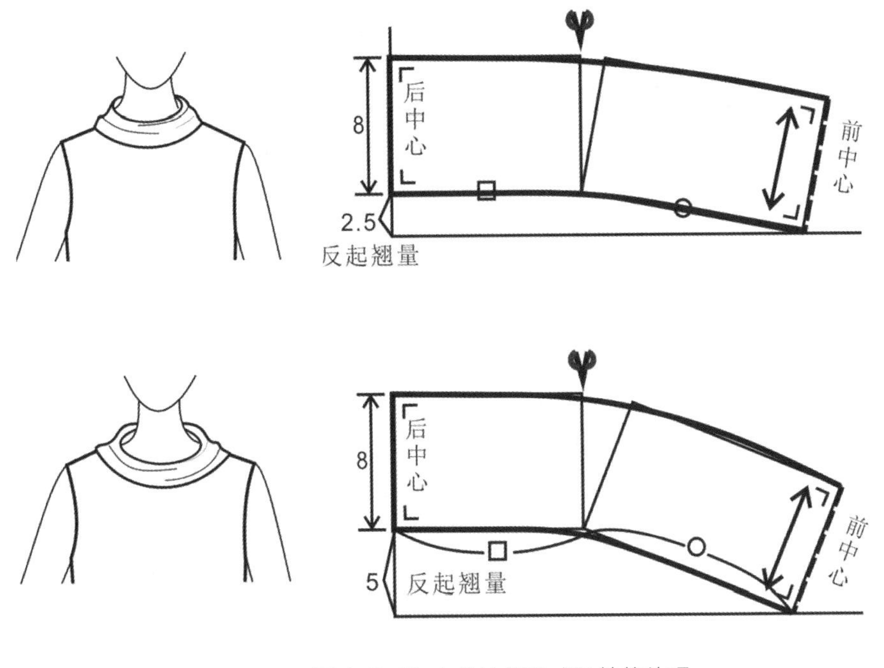

图 4-3-11 大卷边领款式及结构处理

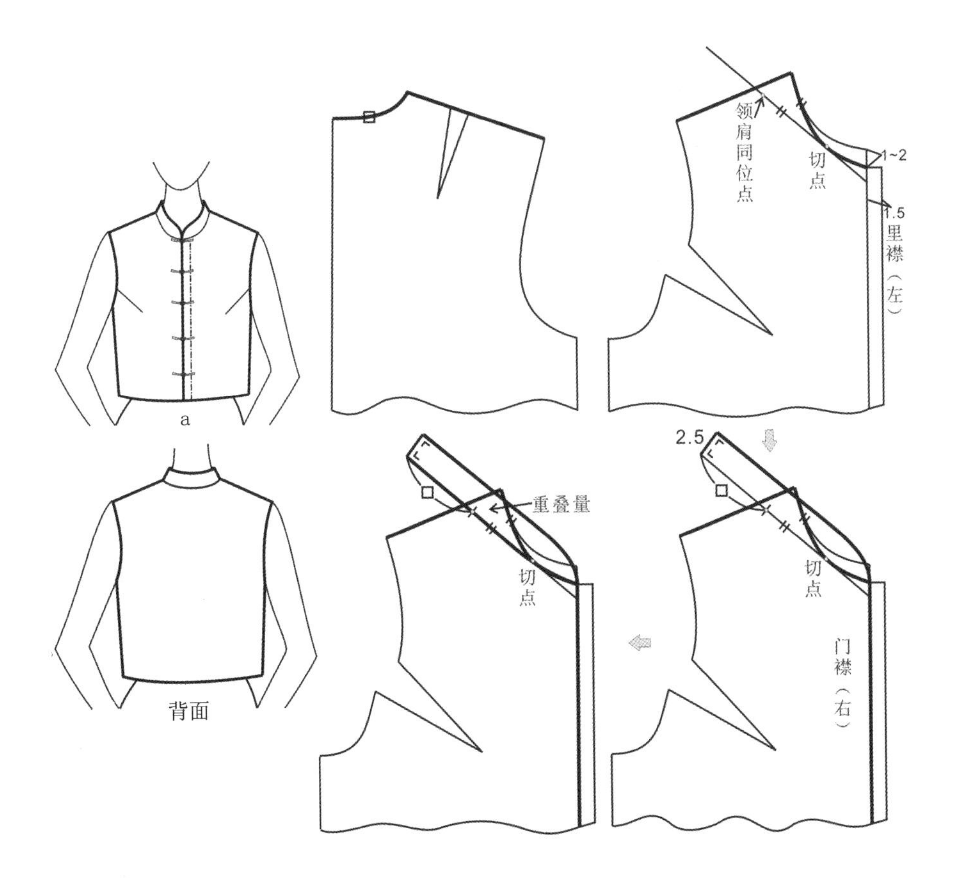

图 4-3-12 a 款中式连裁立领款式及结构处理

三、连裁立领结构设计

连裁立领指立领的前端与衣身连为一体的立领型式。连裁立领通常是锐角立领，根据衣领和衣身结构的连接情况可以分为部分连裁式和原身出领式两种类型。

为了实现立领连裁的结构要求，实现由一块面料获得胸部衣身曲面到颈部立领曲面的转换，通常需要调整原型领口深度，以便在领高适度的情况下，面料转折自然，不妨碍人体颈部的活动。

（一）中式连裁立领

以对襟中式立领为例，结构设计方法如图4-3-12所示。首先适度开大原型衣身领口，作出前领口切线，以切点为基础在切线上取出切点上部衣身的领口弧线长，确定领肩同位点；然后以领肩同位点为基础在切线上取出后领口弧长，确定领高；保证领口后中心为直角圆顺上下领口弧线。

可见，此时立领部分和衣身结构图中有部分重叠，且重叠量的多少和衣身领口的开度、领底线和领口的切线角度及立领领高均有关系。由于重叠量的存在，此立领结构和衣身不能实现连裁。

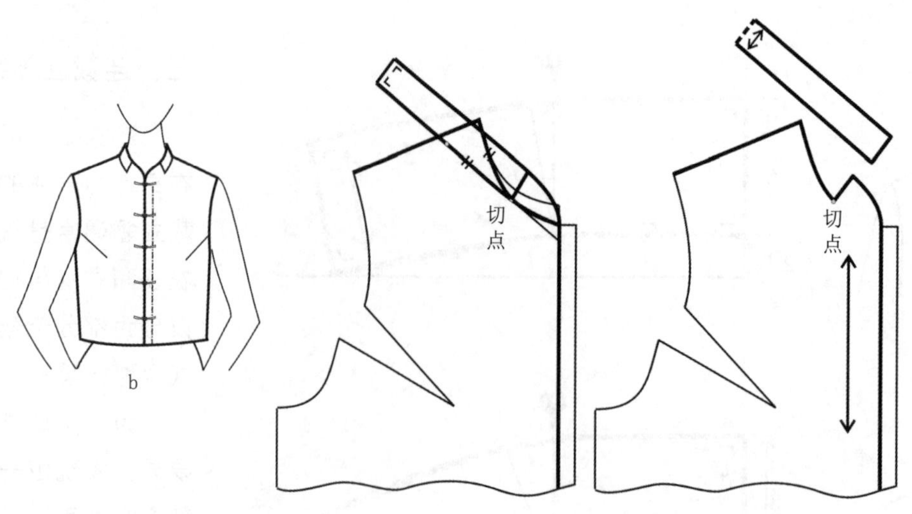

图 4–3–13　b 款部分连裁中式立领款式及结构处理

为了实现连裁立领结构，可以采用分割设计的方法。以领子和衣身的切点为基准进行分割设计，如图 4–3–13 所示，形成部分连裁的立领结构。

还可以在衣身部分进行分割，以有效避免肩颈重叠，满足立领连裁的结构需求，如图 4–3–14 所示。

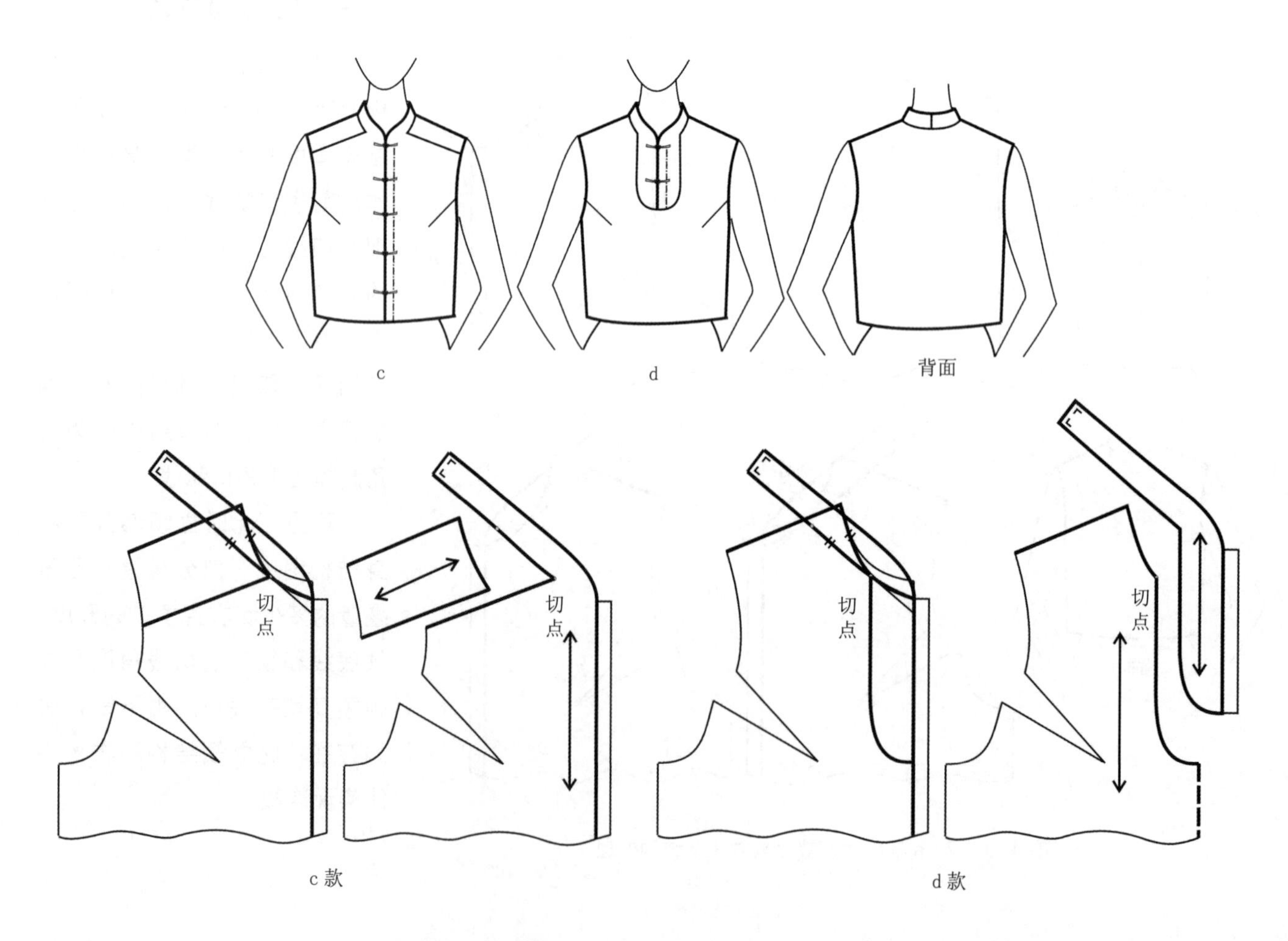

图 4–3–14　衣身部分连裁中式立领款式及结构处理

另外，还可通过省的转移来避免重叠。在e款结构设计中，转移袖窿省为领口省。合并省道后，领子和衣身肩点之间的间距要保证大于1cm，以便预留出缝头，才能保证连裁结构成立，如图4—3—15所示。

此外，当领口切线和领口弧线的切点在前领口弧线的上半部分时，领子结构和衣身的重叠量较少，此时为了实现立领的连裁，可以采用加大前后横开领的方法，开宽量取重叠部分大小，可以避免领子和衣身的重叠。也可根据面料性质采用归拔工艺处理的方法来避免重叠。

（二）原身出领

在衣身领口的基础上直接向上做出立领的领高，为了使立领不妨碍颈部的活动，可适当开大领口，领口开深量大于领口开宽为宜。为了使平面面料伏贴于人体颈与胸廓之间，形成缓和的曲面过渡效果，可在新的领口线上利用侧颈点处的增加量收菱形省，前后身省分别指向胸凸和肩胛凸，如图4—3—16步骤1、2所示。

可以结合衣身的袖窿省和肩胛省进行转省处理，如图4—3—16步骤3所示，对肩省进行全部转移，对袖窿省做部分转移，并修短省道。

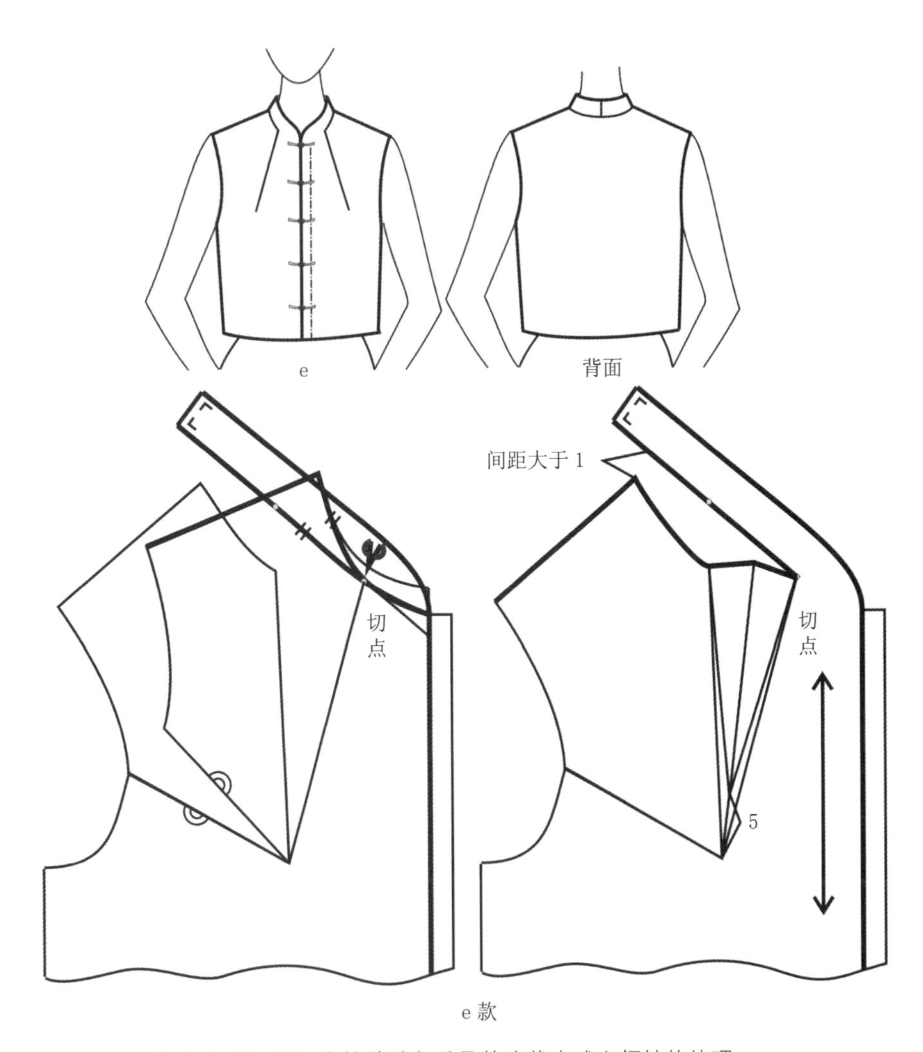

图4—3—15 利用省转移避免重叠的连裁中式立领结构处理

图 4-3-16 原身出立领款式及结构处理

原身出领的款式变化比较丰富，为了不妨碍脖子的活动，除领口开深外，前片立领高度尽量缩短，领子外轮廓线逐渐过渡为领口开深线，可以采用曲线或者直线结构，如图 4–3–17 所示。

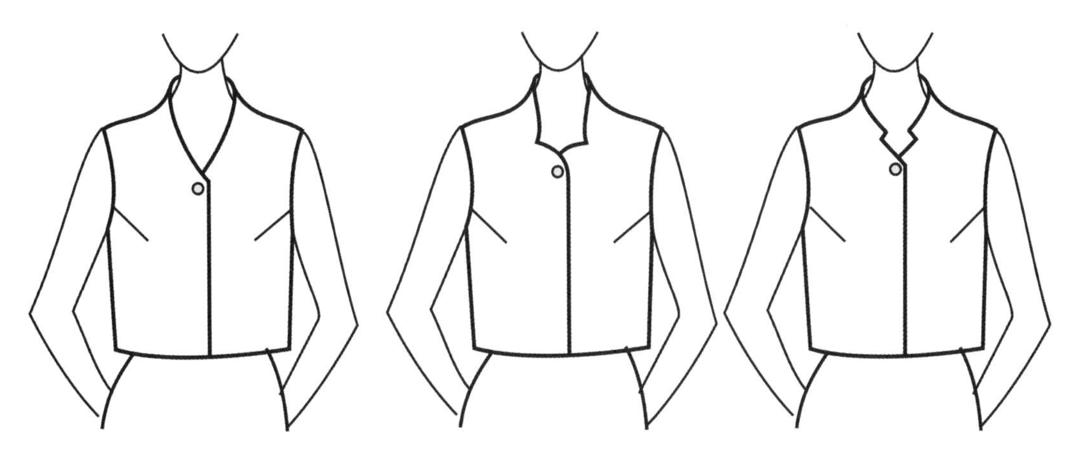

图 4–3–17 原身出立领款式

第四节 翻领结构设计

翻领又称翻折领，可用于衬衫、春秋连衣裙及女套装中。

一、翻领的构成原理及分类

翻领仍然利用了立领的变化原理。由锐角立领变化规律可知，当领高足够高，随着立领外倾程度的增加，领子外围松量增加，领子自身便会向下翻折，这时领子便会形成领座和领面结构，将此类领型翻折倒向衣身胸廓的领子，通称为翻领，又叫折领或者翻折领。

根据翻领的结构特点，领座和领面为一片整体结构的称为连体翻领，分别裁剪的称为分体翻领，如图 4–4–1 所示。

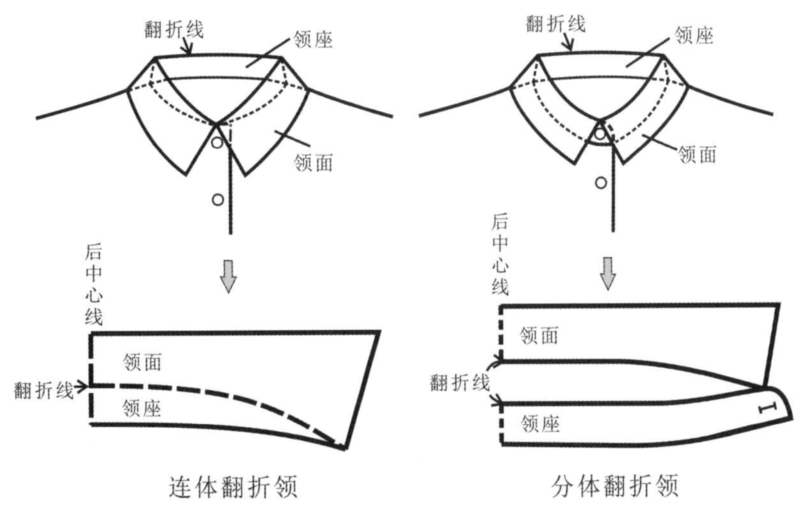

图 4–4–1 翻领结构及名称示意图

二、连体翻领结构设计

领片结构以翻折线为界分为领座部分和领面部分，两者是连为一体的，领底线总的变化趋势呈向下弯曲状。

（一）基本型连体翻领结构设计

如图 4—4—2 所示的连体翻领，款式图的装领止点到前中心，翻领松度较小，领面和领座贴合较紧，领外口弧线造型比较简单。

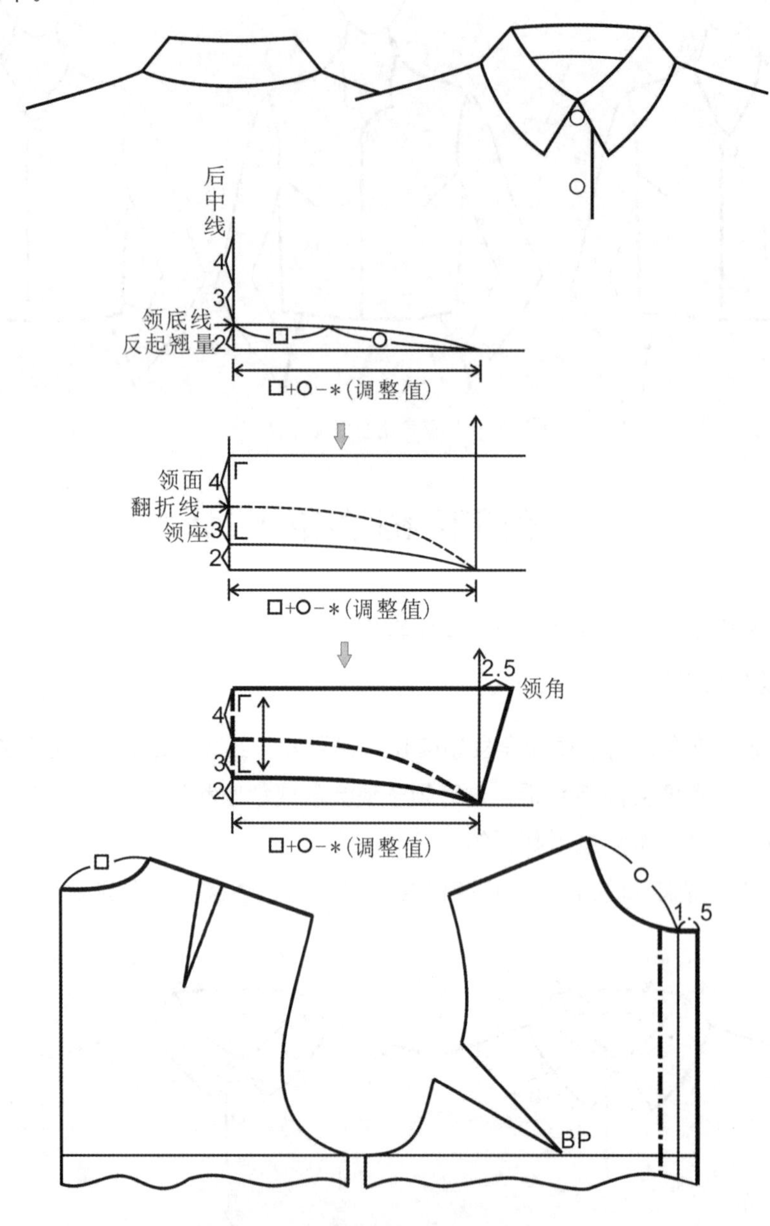

图 4—4—2 连体翻领结构处理

可以采用直接制图方法：首先在衣身上量取前后领口弧长，确定领子结构设计的基础线长度，反起翘量可取 2cm 左右，调整值可取 1cm 左右。其次，在后中心线量取领座和领面高度，领面高度值最少要大于领座值 1cm，以防领子翻折成型后，装领底线外露。采用仿形处理的方法画出翻折线弧度。最后，确定领子外轮廓线，保证领子后中呈直角状态，根据款式画出领角形态，领角不宜设计太大，一般不要超过中心垂线太多，取 3cm 以内。

反起翘量的大小，决定了领子成型后领座和领面的面积大小及两者之间的贴紧程度，反起翘量越小领面成型后领面和领座之间越贴紧；反起翘量越大，领面成型后所占面积相对越大，领座高度相对越小，领面和领座之间贴紧情况越差，如图 4–4–3 所示。

根据领子的反起翘量大小来获取领子结构基础线＊的调整值，一般起翘量越大，调整值越大，以便使领底线画出后与衣身领口弧线等长。

领底线弯曲位置的不同决定了领子成型后外围容量的分配位置。领底线下弯均匀，领面的容量分配均匀；领底线在领底基础线 1/2 处下弯，肩部领面的容量明显；领底线在基础线 1/3 处下弯，领面的容量靠近前胸。翻领领角变化也比较丰富，可根据服装风格决定。

例 1：连体衬衫领

连体衬衫领前后都有领座部分，但翻折线附近没有缝线，领座和领面连为一体。连体衬衫领和小翻领设计很相似，由于款式中领子立起程度较多，所以后中心反起翘量不宜太大，在领子前中心附近领底线做稍向上翘的设计，可使翻折线曲度缩小，长度缩短，领子翻折后领座子更贴紧颈部，如图 4–4–4 所示。

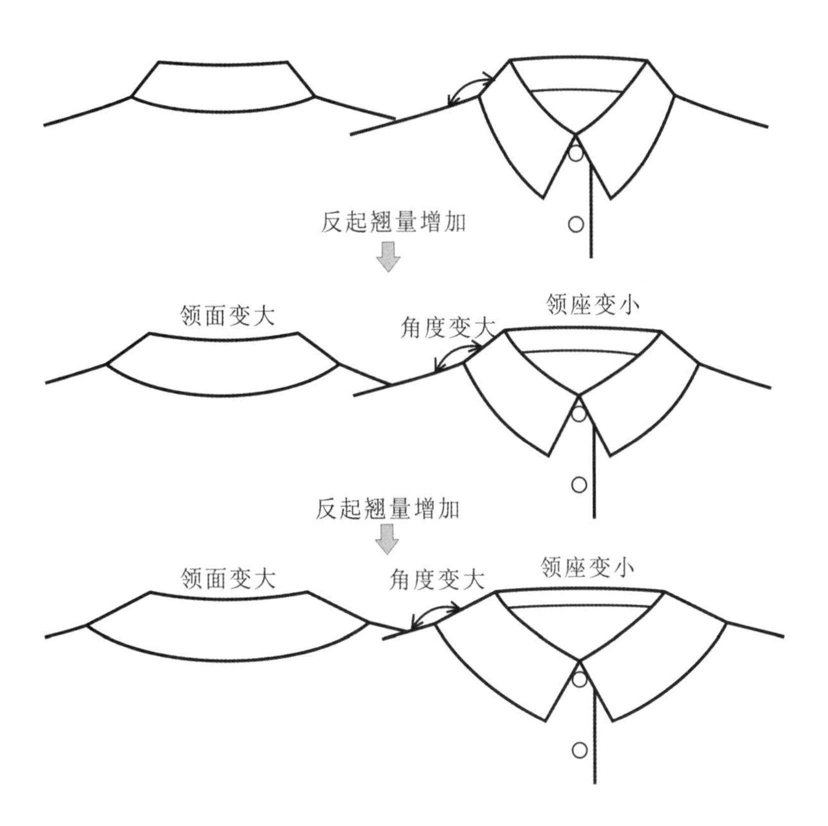

图 4–4–3 反起翘量大小和领部造型关系

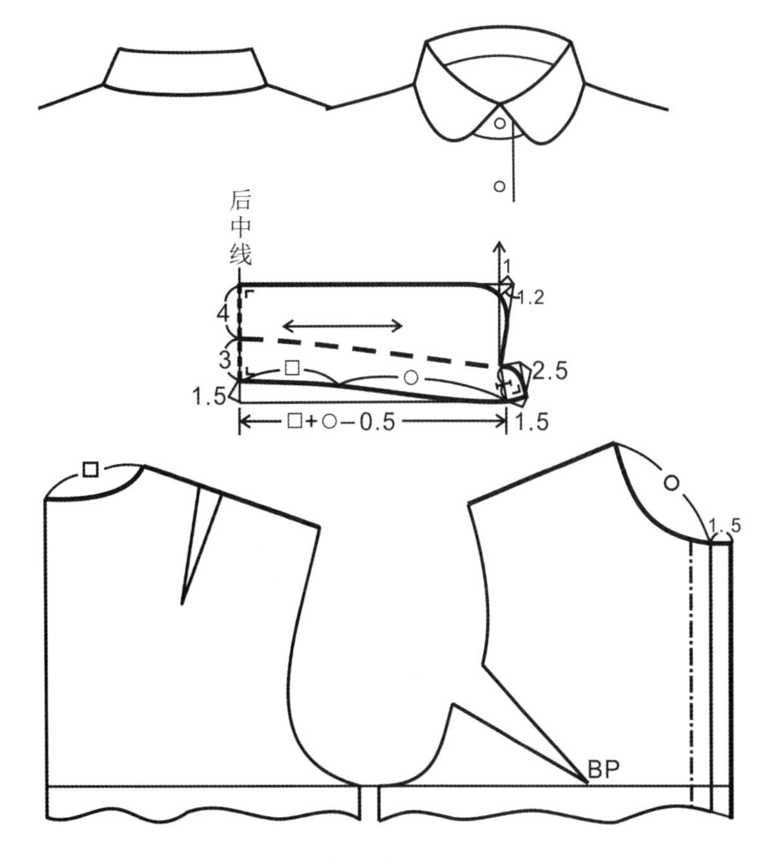

图 4–4–4 连体衬衫领款式及结构处理

（二）平领结构设计

平领也称扁领，是连体翻领的一种。领面平伏在衣身胸廓上，领座部分宽度等于零或接近零的特殊领型，结构上平领领口线弯曲程度接近于前后领窝弧线弯曲程度。衣身领口开度也可以根据款式进行开宽和开深设计，通常为圆顺的弧线造型。

平领结构设计通常采用衣身前后片领线拼接的方式进行。

1．肩部重叠的平领

在进行该类平领结构设计时，通过将衣身前后片在肩部重叠，根据重叠量的大小控制平领底线曲度。

例 1：彼得潘领结构设计

彼得潘领属于平领的一种，领型略扁，领尖为圆角，因在苏格兰童话中有一个总是穿着小圆领衬衫的、永远也长不大的、名叫彼得潘的小男孩而因此得名。此类领型经常用于女装、童装的连衣裙及衬衫中，具有俏皮可爱的特点。

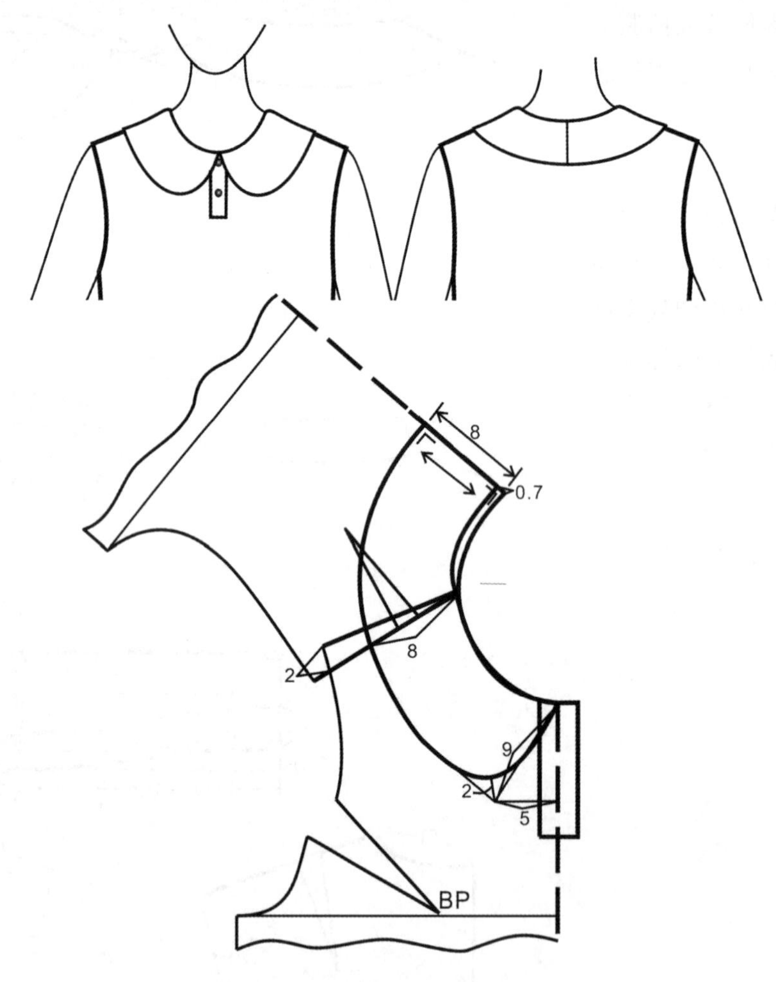

图 4–4–5 彼得潘领款式及结构处理

如图 4–4–5 所示，首先根据款式设计衣身领口开深，其次将新的衣身领口在侧颈点重叠，重叠量取 2cm；再进行领子的制图，后中心领底在衣身领口基础上抬升一定量，做为预留领座设计，参照衣身领口画出衣领领底线。参照款式设计衣领宽度和外轮廓线。

肩部重叠一定的量，使平领底线和领口曲线不完全吻合，领底线的曲度小于领圈，领底线比领口线偏直，使平领的领外口弧线容量较小，结合面料自身松度，平领成型后服贴于人体肩部，领面平整，同时平领翻折后靠近装领线的位置微微隆起，仍保留一小部分的领座，促使领底线与领口接缝隐蔽，不直接与颈部摩擦，造型美观。

肩部重叠量的大小根据款式而定，重叠量的大小和翻领松度呈反比。重叠量越大，领子成型后形成的领座部分越多；相反，重叠量越小，领子成型后的领座就越小。尽量避免重叠量过多时衣身前后领口弧线出现的不圆顺现象，如图 4—4—6 所示。

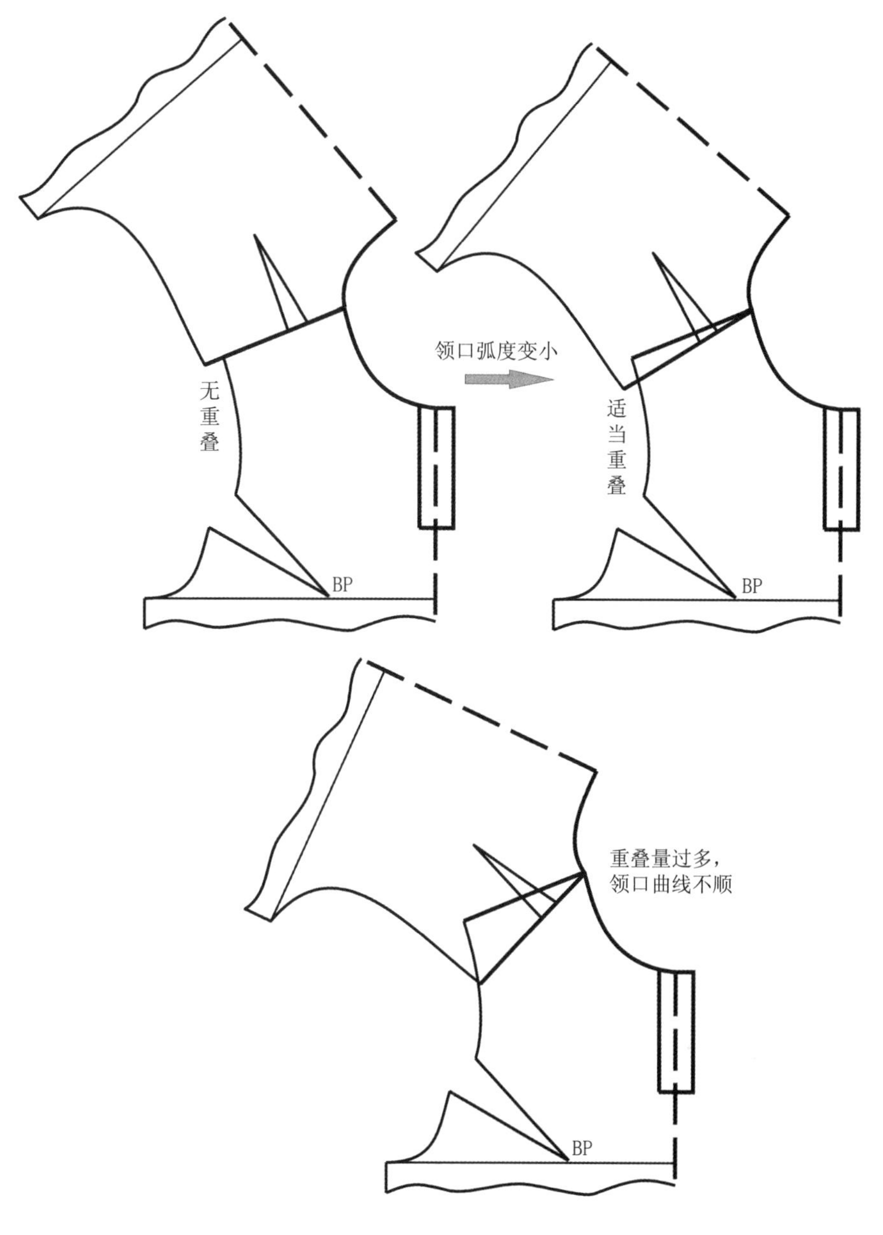

图 4—4—6 肩部重叠量示意图

例 2：海军领结构设计

海军领因在海军制服水手服中多见，故而得名。海军领多用在校服、护士服等工作制服中。

制图中将衣身前后领口在侧颈点重合，保证领口线顺直，肩部适当重叠，后领中心在领口线基础上向上预先给出 1cm 领座量，保证翻领底线不外露，如图 4—4—7 所示。

图 4-4-7 海军领款式及结构处理

2. 肩部不重叠的平领

肩线不重叠时，完成的平领领型外围线较长，衣领成型后比较漂浮、松散。

(1) 披肩领结构设计

根据款式进行衣身领口设计，将前后肩线拼合，在新领窝线基础上对披肩领口底线进行上抬设计，以防装领线外露。为了使披肩领的外围松量足够，还可以对领子进行切展处理。如果切展量足够多时，便会出现波浪领的效果，如图4-4-8所示。

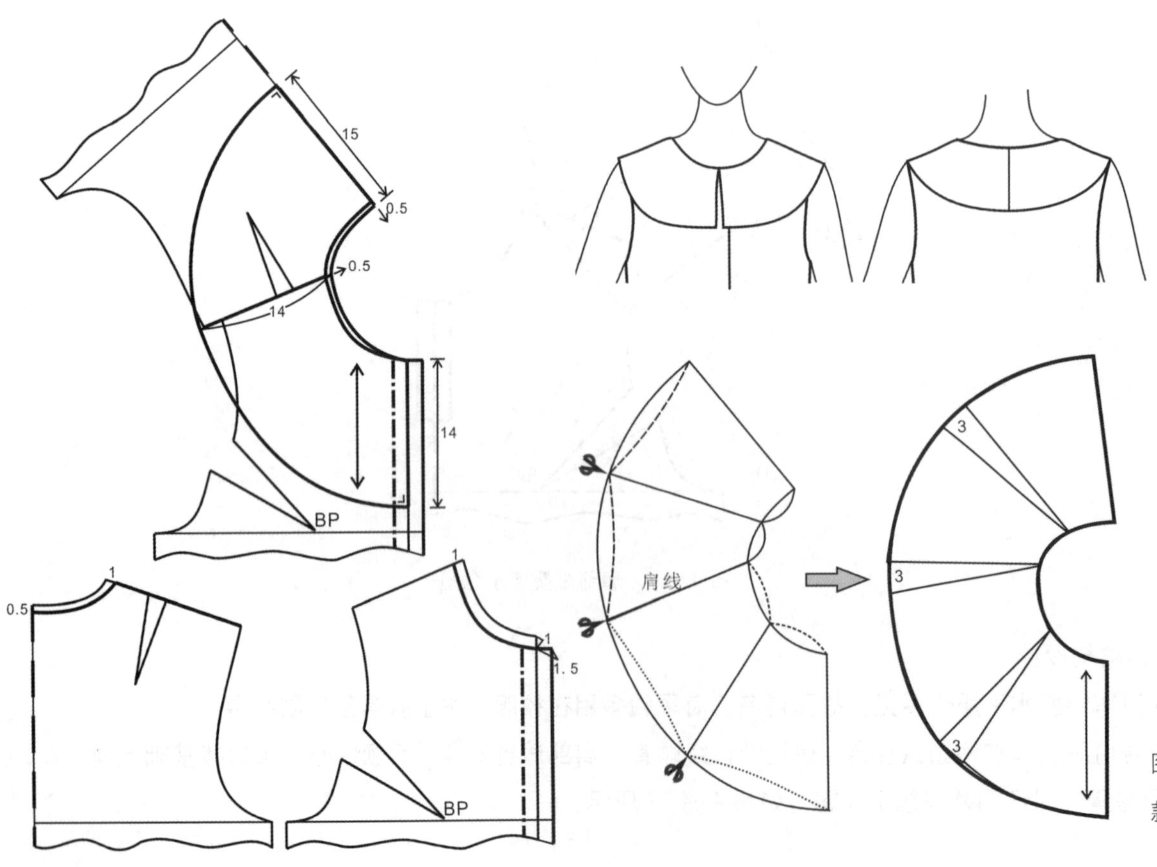

图 4-4-8 披肩领款式及结构处理

（2）兜帽结构设计

兜帽指覆盖人体头部和服装衣身相连的盖头结构部分，通常用在休闲运动风格的服装中。结构设计时需要依据人体两个关键尺寸：一是头围尺寸。头围尺寸测量眉宇上方包括头发在内的水平一周尺寸，头围的一半可作为兜帽深度的参考尺寸。二是人体颈侧点到人体头顶点的距离。测量时，这个尺寸应取人体头颈静、动态活动时的最大范围，可作为兜帽高度的参考尺寸。

兜帽结构设计的方法取决于如何获得帽子的装帽线长度，可以利用衣身拼接的方式获得，然后在衣身上直接制图，或者采用衣身和帽子分别制图的方式。

例 1：合体兜帽结构设计

首先，取得衣身装领线长度：根据款式开大衣身领口。将衣身前片肩线向领窝方向延长，将后片肩线在新开宽的领口侧颈点位置对合，获得完整的衣身前后领口弧线。其次，作帽子装领线：作衣身前领口的切线，从切点向衣身方向倾斜，画出从切点到 SNP 点的前领口弧线长度；衣身后颈点向下 1.5cm，沿前领口弧度水平取出后领口弧线长度。最后，依据款式，进行帽子造型的制图，考虑人体耳朵所在的位置，在侧颈点处做切展，取 3cm 大 12cm 长的省道；分割帽条宽度 8cm，本款兜帽为三片合体结构，如图 4–4–9 所示。

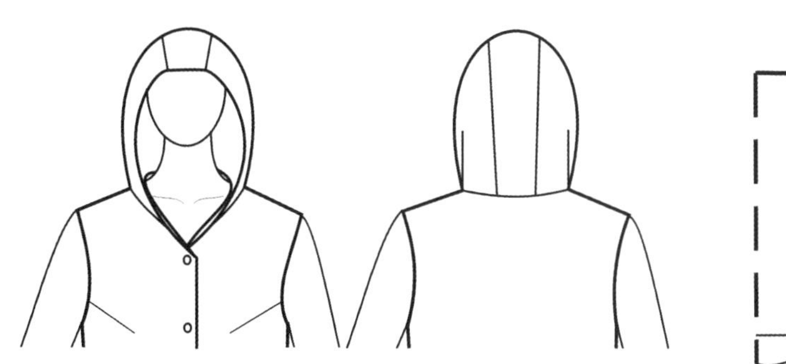

图 4–4–9(a) 合体兜帽款式

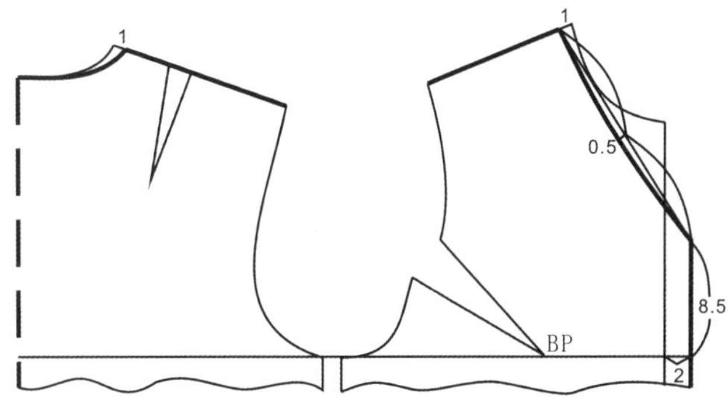

图 4–4–9(b) 合体兜帽衣身结构处理

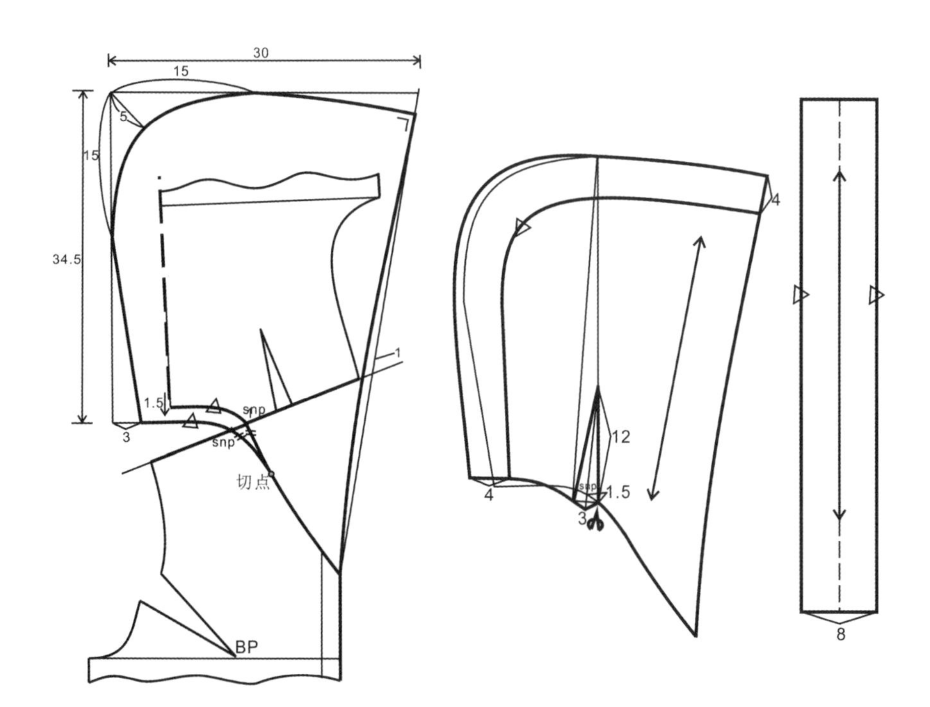

图 4–4–9(c) 合体兜帽结构处理

例 2：宽松兜帽结构设计

此款兜帽为两片结构，兜帽头顶点到前中心位置装拉链，帽子翻下来可以作为披肩领结构。制图时衣身前后片在肩部没有重叠，衣身前领口修成内凹的弧形。在进行兜帽领底设计时适当抬高后颈点，预留出兜帽成型后的领座量，防止装领线外露，如图 4-4-10 所示。

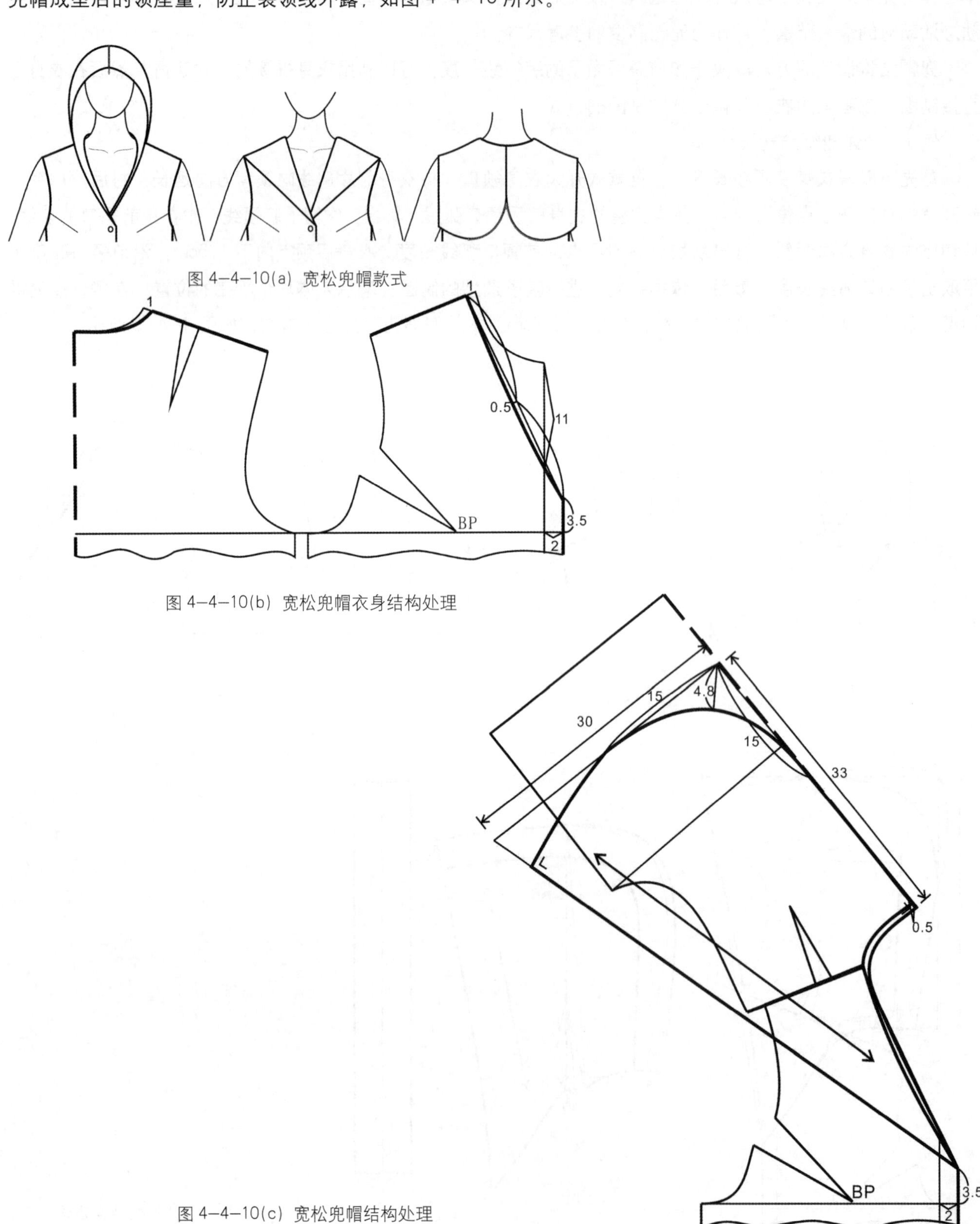

图 4-4-10(a) 宽松兜帽款式

图 4-4-10(b) 宽松兜帽衣身结构处理

图 4-4-10(c) 宽松兜帽结构处理

三、分体翻领结构设计

分体翻领的领座部分结构贴近人体脖颈部位，类似于钝角立领的领片结构，领座部分的领下口弧线呈上翘的形态；领面部分因要翻贴于领座外，领子款式线外围需要足够的容量，所以其结构呈向下弯曲状态，类似于锐角立领的领片结构。分体翻领的领座上口弧线长和领面的下口弧线长度应相等。

例 1：合体衬衫领

合体衬衫领的装领弧线接近人体颈根围，领座立体程度较大，领面和领座之间贴得较紧。款式设计时其领尖设计可以为钝角或者锐角，领角轮廓线可采用弧线或者折线，领座领面的宽窄都可根据服装风格来决定，如图 4–4–11 所示。

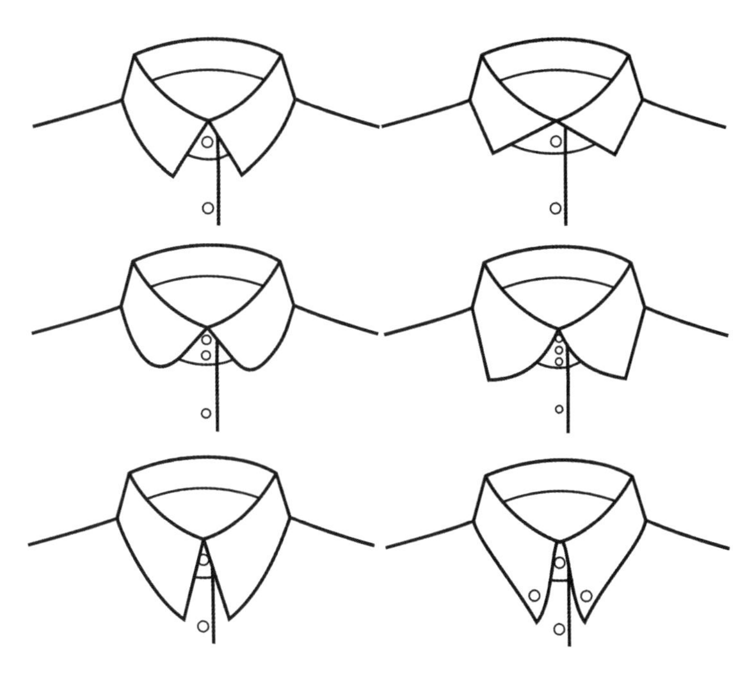

图 4–4–11 合体衬衫领款式变化

分体翻领的结构设计方法采用独立设计绘制领片的方法。以圆角立领款式为例，首先依据款式设计衣身领窝弧线，然后根据款式绱领止点方式，获得领口弧线长，独立绘出衬衫领的领座和领面部分。

领座的绘制及采寸原则与钝角立领相同，领座后中宽度适中，取为 2.5 ~ 3cm，领座上翘一般取 1 ~ 1.5cm，通常领面下弯取值是领座上翘量的 2 倍，即 3cm。领面下弯度小于领座上翘度，领面翻折后较紧贴领座；领面下弯度大于领座上翘度，领面翻折后远离领座。领座前中尺寸可适当减少 0.5 cm，取 2.5 cm。领面高度应大于领座高度，保证领面翻贴覆盖领座，本款式取领面 4cm。领面的绘制与锐角立领的绘制方法相同，下口弧线弯曲均匀即可，要保证其下口弧线长度和领座上口弧线长度（后中心到装领止点位置的长度）相等，弧度相似，方向相反，如图 4–4–12 所示。

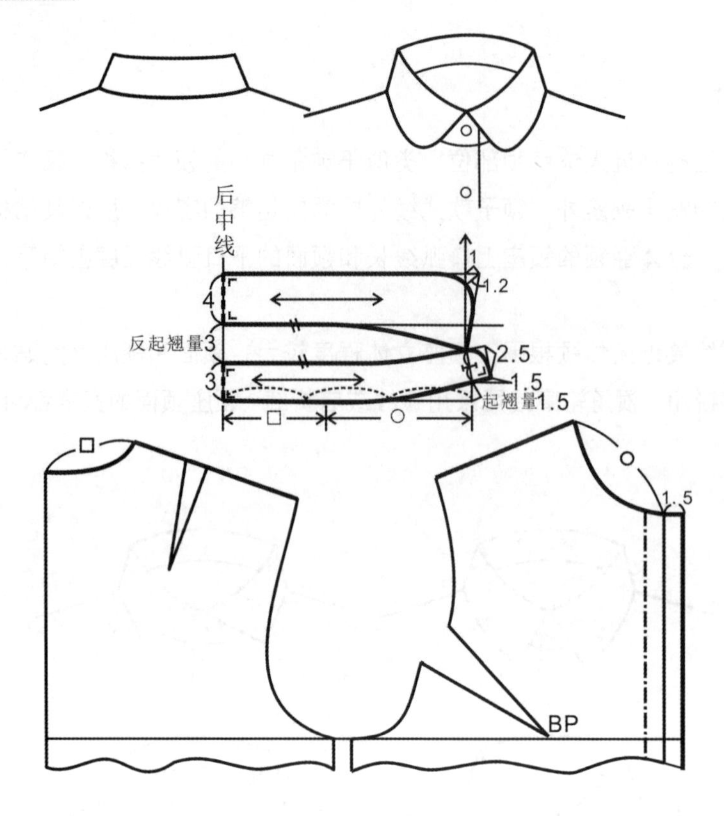

图 4-4-12 合体衬衫领结构处理及采寸原则

例 2 ：休闲衬衫领

在休闲风格的衬衫中，衣身可根据需要开大领口，衬衫领的领座和领面之间空隙也较大，结构设计中领面尺寸可适当加大，领面下弯量大于领座上翘量，衣领型成型后领子随意自然，如图 4-4-13 所示。

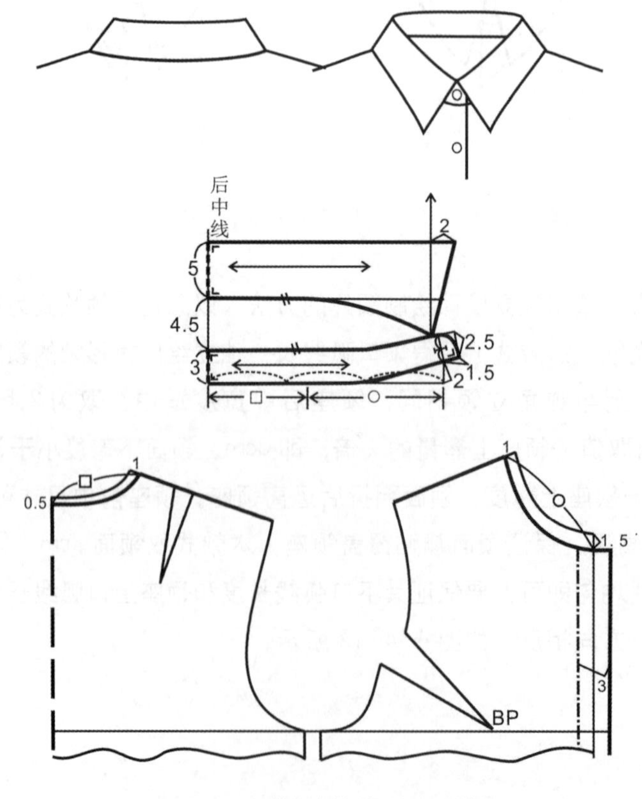

图 4-4-13 休闲衬衫领款式及结构处理

第五节 驳领结构设计

驳领又称为翻驳领，结构上由肩领与衣身的驳头部分共同组成，用途广泛，适合于西服上衣、风衣、大衣以及各种四季男女时装。

一、驳领的基本制图方法

（一）驳领各部分名称

驳领由肩领与驳头两部分组成，肩领的前部和与衣身连为一体的驳头共同翻折，在前中心开口。驳领造型多样，常见的驳领款式有平驳领、戗驳领和青果领等。

女装驳领一般是从男西服借鉴来的，基本上保持了男装西服领的特点，以平驳领为例，驳领各部分名称如图 4—5—1 所示。

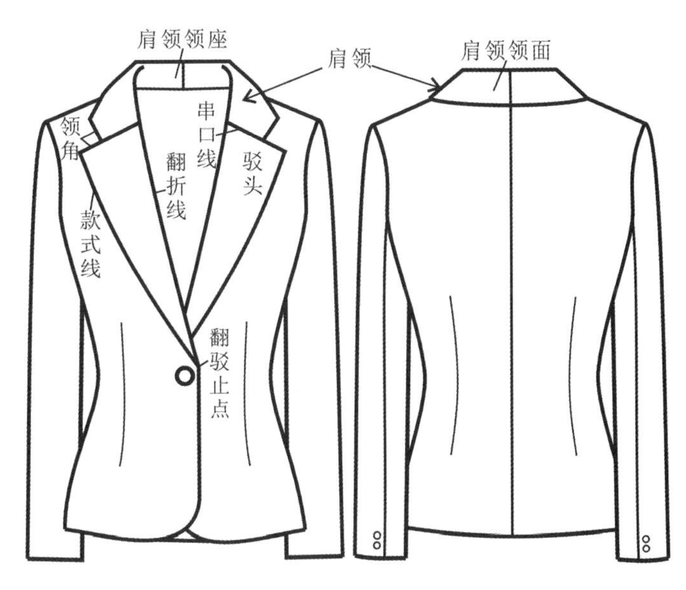

图 4—5—1 驳领各部位名称

1. 肩领

驳领的肩领从整体造型上看，具有连体翻领的结构特征，由领座（底领）和领面（翻领）两部分组成，两者连为一体。因此肩领的领下口弧线总的变化趋势是向下弯曲的，肩领领下口弧线向下弯曲的大小称为倒伏量。肩领的前部与驳头一起翻折，肩领和驳头之间的连线称为串口线。

2. 驳头

驳领的驳头具有平领的特征，但驳头通常是与衣身相连为一体的，以驳口线为界翻贴于衣身的肩胸处。

（二） 驳领基本制图方法

驳领用于外套服装时，里面通常穿着衬衫或者毛衣，这时要考虑领子的空间容量，根据款式适当加大原型领口弧线的开度，但由于肩领要耸立在人体颈部，在领窝设计中，对前后衣片领窝的横开领要求严格，开度不宜过大；后衣片的直开领也不可以设计过大，前衣片的直开领大小可以按驳领的领款决定串口线位置来确定。

如图 4—5—2 所示的平驳领，其结构设计步骤如下：

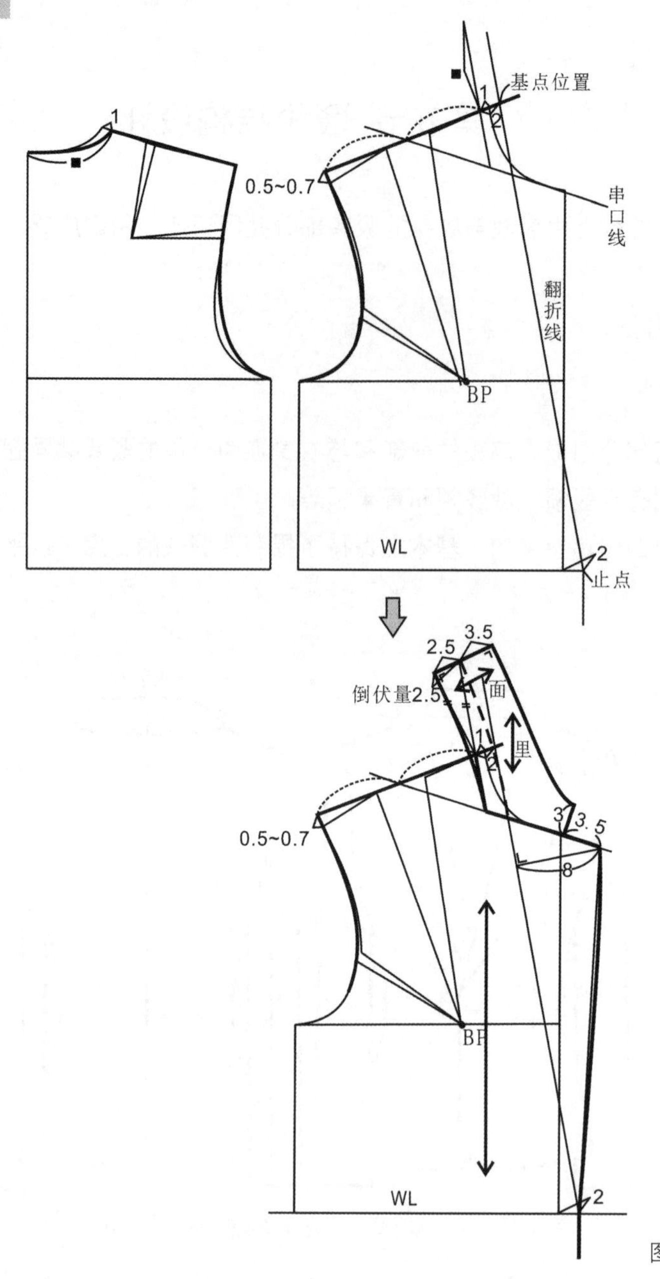

图 4–5–2 平驳领基本结构

1. 确定后领口弧线长

开宽后领口 1cm，重新圆顺后领口弧线，量取后领口弧线长，用■表示。

2. 确定基点位置

开宽前领口 1cm，获得新的侧颈点位置。从新侧颈点往领口方向延长肩线取：肩领领座宽 –0.5，作为基点位置。本款式肩领领座为 2.5cm。

3. 确定基础线

(1) 确定翻折线

根据款式，确定叠门宽度 2cm，止点位置在腰围线，连接止点和基点，确定翻折线。过新的横开领点作翻折线的平行线，作为肩领底线的辅助线，在平行线上从横开领点向上取后领口弧线长。

(2) 确定串口线

串口线是肩领和驳头的分界线，根据款式，驳头面积较大，肩领靠近肩部，所以取肩线的 2/1 处和原型领口的切点的直线作为串口线。串口线和肩领底线的辅助线相交的折线领口即为衣身前片的领口。

4. 驳头制图

从串口线垂直于翻折线取驳头宽度 8cm，根据款式以稍向外凸的曲线画出驳领款式线。

5. 领嘴制图

在驳头的串口线上取驳头领角 3.5cm，垂直于该点取：驳头领角 −0.5cm=3cm，作为肩领领角，此时领嘴为 90°。

6. 肩领制图

(1) 确定倒伏量

将肩领底线上的后领口长以新的前领横开点为中心向后旋转 2.5cm，此线段向后旋转的大小即为倒伏量。

(2) 确定肩领后中心线

垂直于倒伏后的肩领底线，画出肩领的后中心线，取肩领的领座为 2.5cm，领面为 3.5cm。

(3) 确定肩领款式线

保证肩领后中心直角，圆顺连接肩领领角和后中心宽度线，确定肩领外轮廓造型，保证侧颈点附近的肩领宽度和后中心相近。此时肩领的领下口弧线和衣身的领口线是一对相关结构线，形态上有对应关系，长度应相等。垂直于肩领后中心线，过肩领的领座与领面分界点和基点位置圆顺肩领的翻折线。

（三）平驳领基本采寸配比关系

驳领的特点是前胸部是敞开的，所以不强调领围的尺寸，主要考虑领子与领窝的配比关系，通常平驳头的配比关系如图 4—5—3 所示。

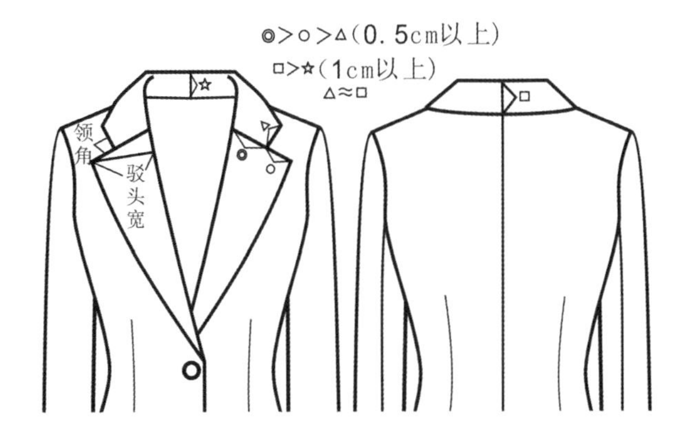

图 4—5—3 平驳领基本采寸配比关系

传统平驳领采寸较为严格，如图 4—5—3 所示，肩领和驳领的领角在 90° 以内，如果驳领领角取 3.5cm，则肩领领角为 3.5—0.5=3cm，肩领领面宽也取 3.5cm 左右，肩领领座取 2.5cm。领角保持直角结构，款式中可见串口线长度应比驳领的领角长度大，为 6cm 左右。

二、肩领底线倒伏量的设计依据

肩领底线的倒伏，类似于锐角立领底线的反起翘原理。相同款式下，肩领的倒伏量越大，肩领翻折越容易，肩领翻折后形成的领面面积越大，成型后肩领的领座和领面空隙越大。相反，肩领的倒伏量越小，肩领翻折越困难，肩领翻折后形成的领面和领座越紧贴，但由于领面外围容量不足，会形成领角拉扯的现象。由于驳领要求肩领较伏贴于人体颈部，所以肩领的倒伏量不宜过大或过小。

为了使肩领翻转平伏，倒伏尺寸合适，肩领底线倒伏量要根据服装款式、面料材质等影响因素进行综合考虑，以传统平驳领的制图步骤和倒伏量大小为参考，可以设计出不同面料和款式的驳领倒伏量值。

1. 驳头止点明显上升时，肩领底线倒伏量应增加

如图 4–5–4 所示，驳领的翻驳止点在胸围线附近，较基本平驳领翻折止点抬高了，即翻折线的倾斜度加大，在驳领及肩领采寸变化不大的情况下，需要加大肩领外领口线的长度，即肩领倒伏量需要增加，才能保证肩领翻折后平伏于人体肩颈部位。

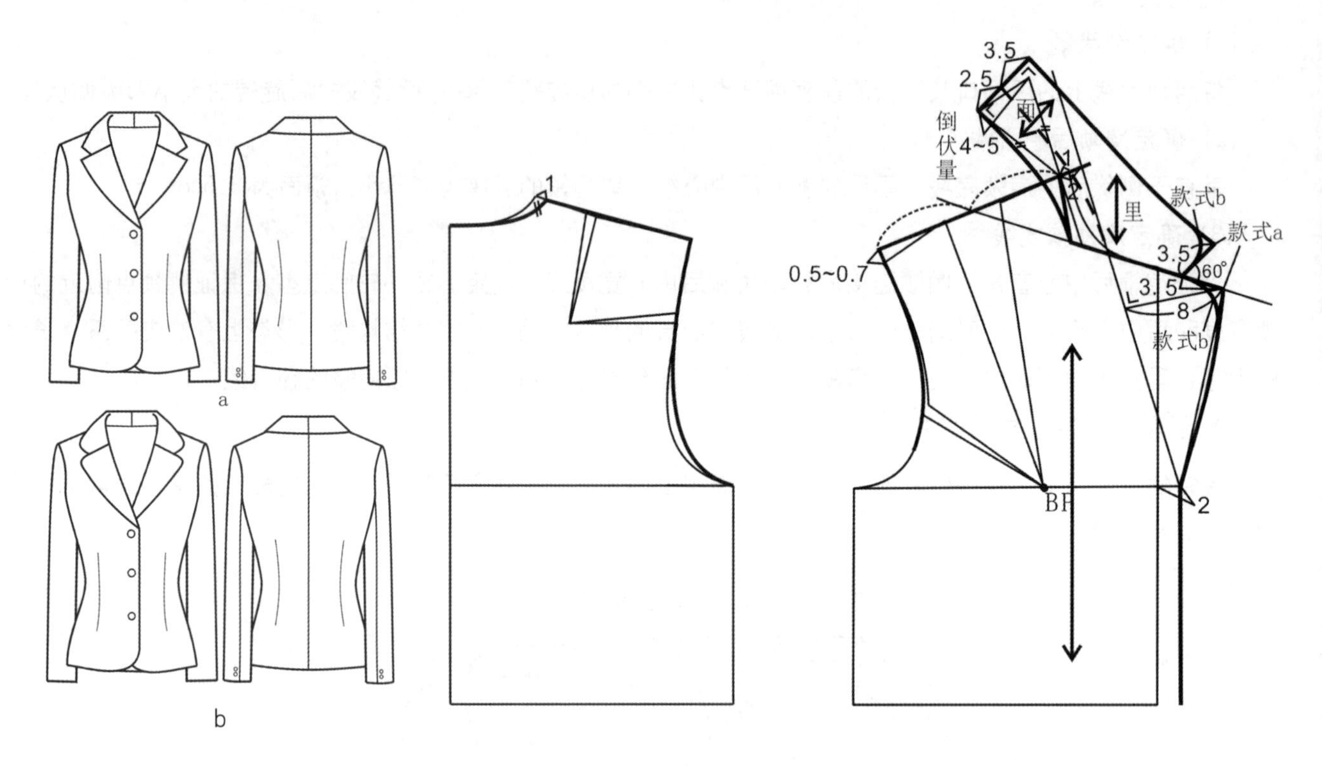

图 4–5–4 驳头止点明显提高，倒伏量应增加

2. 驳领叠门宽度增加时，肩领底线倒伏量应增加

如图所示 4–5–5 所示的双排扣戗驳领。由于翻折线位置的提高，肩领倒伏量需要适当加大，此外双排扣的存在使翻折线的倒伏量倾斜程度加大，为了使肩领翻折后平伏，需要加大肩领外围长度，故肩领倒伏量需要适当加大。

此外戗驳领的领角重合成一条线缝，对驳领翻折后的外围款式线周长调节性较小。戗驳领驳头的领角造型应该保持与串口线和驳口线所形成的夹角相似，或者大于该角度；从工艺角度考虑，驳领领尖领角不宜太小，驳领领角伸出的部分不宜超过肩领领角的宽度。

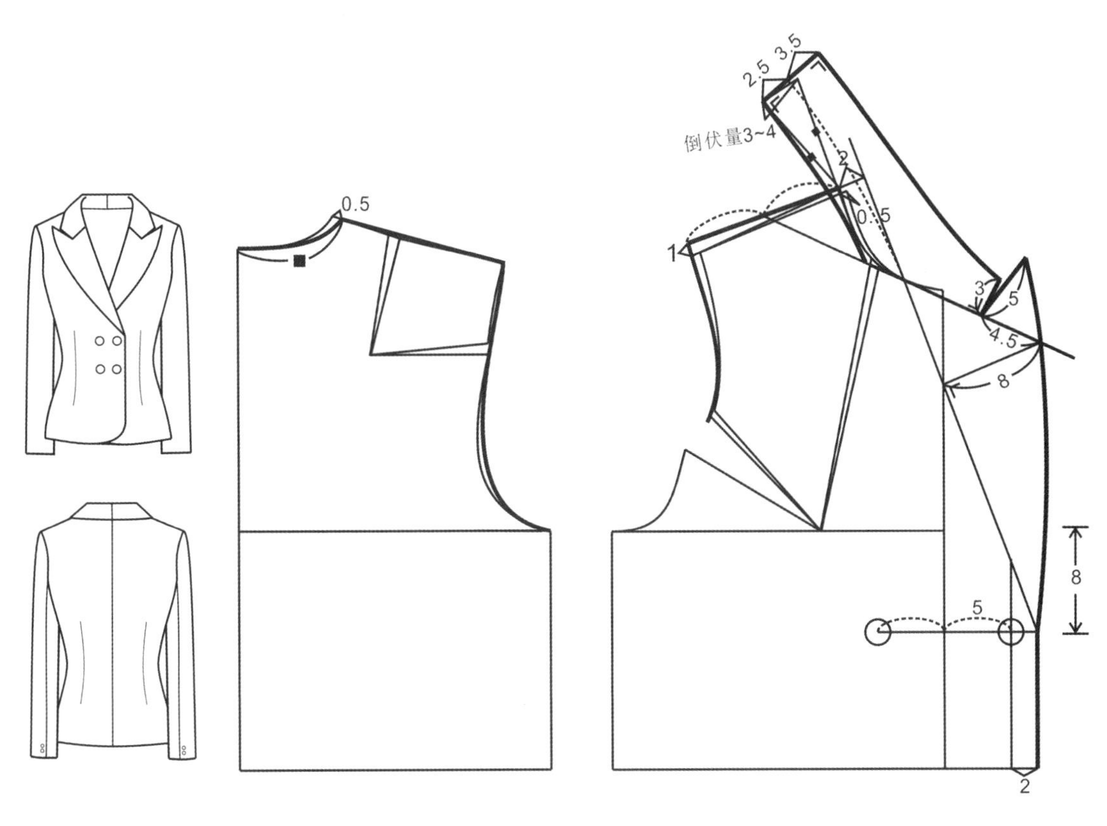

图 4–5–5 双排扣戗驳领款式及结构处理

3. 无领嘴翻领结构，肩领底线倒伏量应增加

领嘴的张角存在，一定程度上可以调解翻领和衣身容量，使驳领翻折后较平伏。但对于没有领嘴的领型，在结构设计时需要适当增加肩领底线的倒伏量。

如图 4–5–6 所示，没有领嘴的青果领结构，但肩领和驳头部分的串口线依然存在，这种结构称为有接缝青果领。

如图 4–5–7 所示，驳领部分是一个整体，这种结构称为无接缝青果领。这时为了实现驳领的整体结构，在进行领面的褂面处理时，要注意衣身和领部的重叠部分。

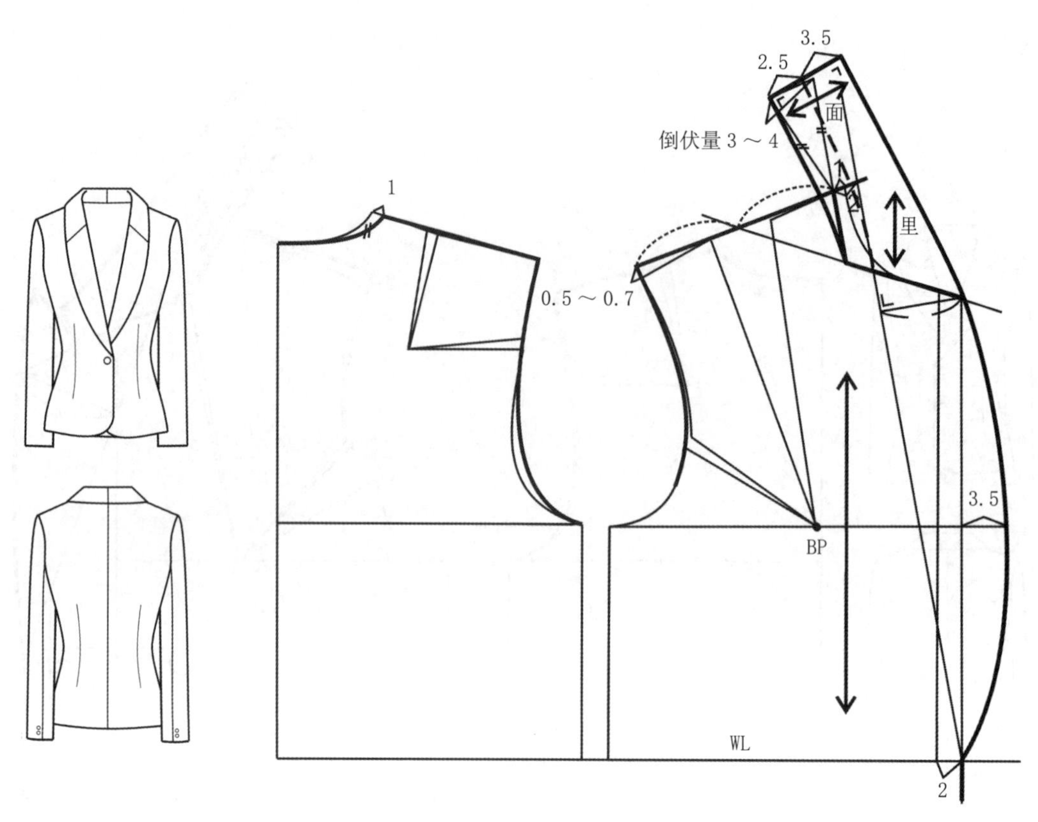

图 4-5-6 有接缝青果领款式及结构处理

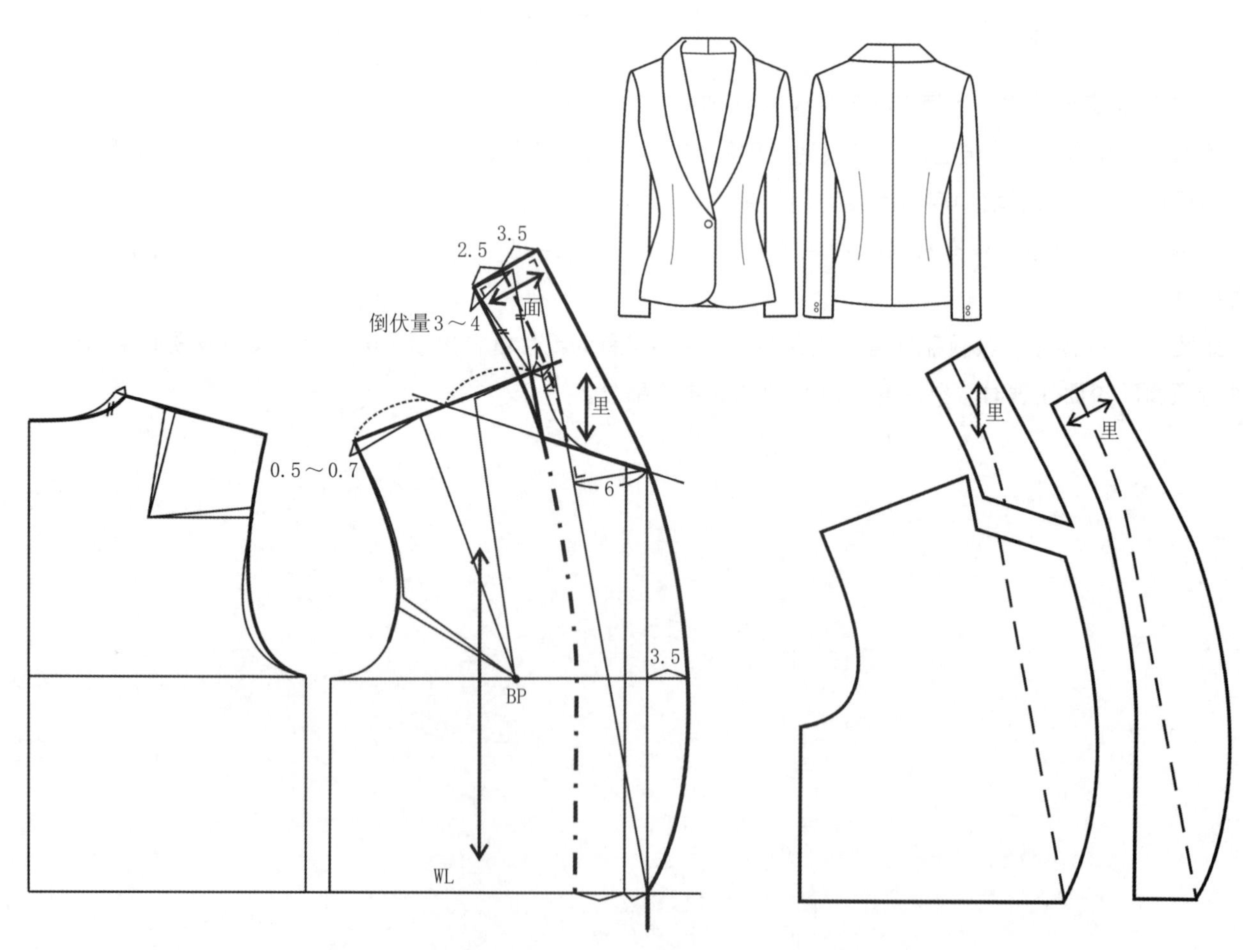

图 4-5-7 无接缝青果领款式及结构处理

4. 肩领的领面和领座反差悬殊时，肩领底线倒伏量应增加

在一些外套中，肩领的领座和领面的反差较大，图 4—5—8 中，肩领的领面比领座大一倍，这时当肩领翻转在人体肩背部时，需要的外围松量较大，此时需要加大肩领倒伏量来扩大领外围款式线长度。

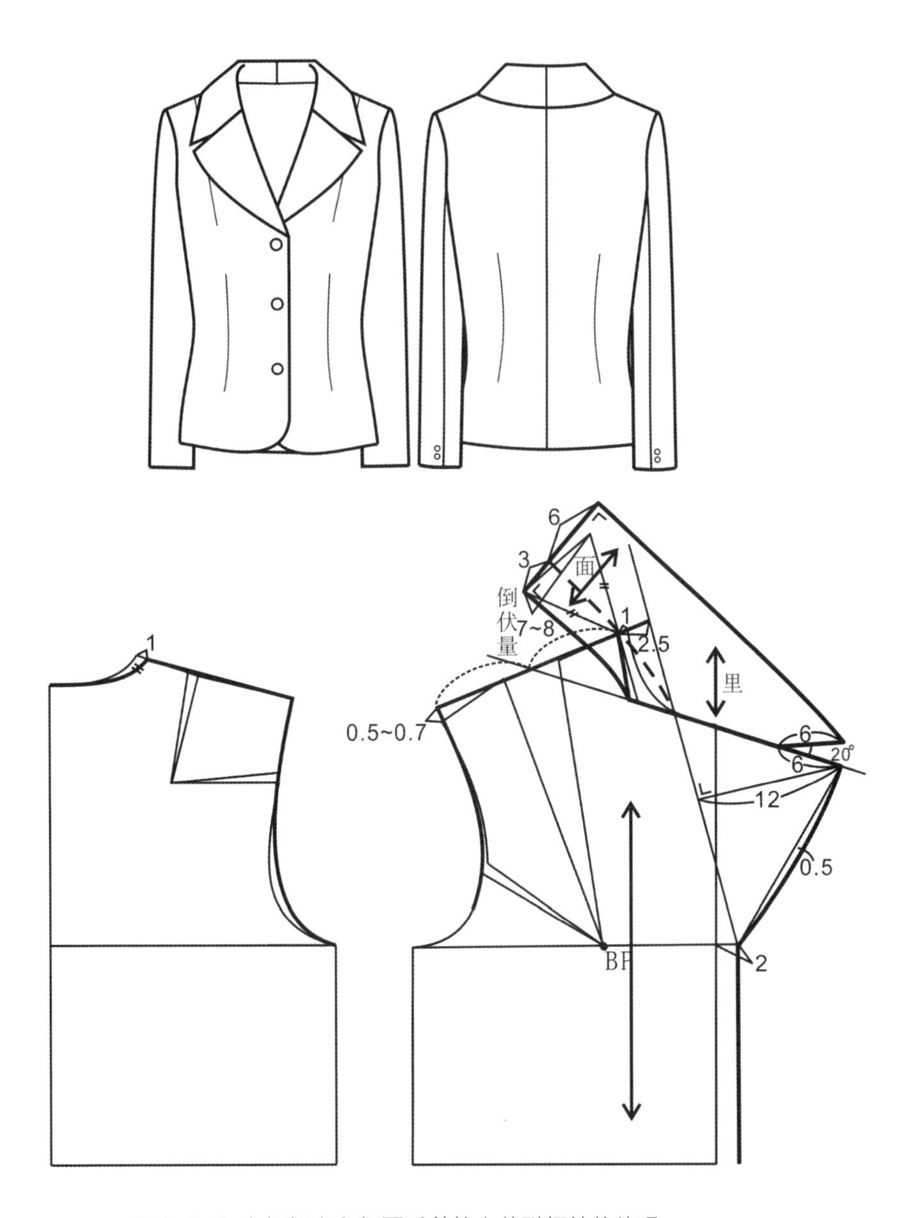

图 4—5—8 肩领领座和领面反差较大的驳领结构处理

5. 材质对倒伏量的影响

驳领设计在四季时装中均有采用，如风衣面料比较薄，而大衣多为中厚毛料。进行驳领结构设计时，除了要考虑驳领款式外，还需要考虑面料材质对肩领倒伏量的影响。

相同款式的驳领设计中，如果面料的伸缩性及厚度较大，如中厚毛织物、粗纺织物等，肩领底线倒伏量需要适当加大；伸缩小的薄天然织物、人造和精纺织物，肩领底线倒伏量适当减少；相同款式及厚度的情况下，弹性小的面料肩领底线倒伏量应适当加大。

三、变化驳领结构设计

1. 串口线高度的变化

串口线可以根据款式的变化，进行高低的变化，产生不同的视觉效果。串口线的角度及位置可根据款式自由调整，串口线决定了驳领的驳头和肩领的面积大小，串口线向上，则肩领所占面积较小，为高肩领款式；串口线下移，则肩领所占面积较大，为低肩领款式。

例 1：低肩领设计

如图 4–5–9 所示，驳领翻折止点在腰围线以下，肩领位置相对较低，在胸围线附近。结构设计时，驳领采寸较适中，串口线位置可根据基本款式中串口线的位置平行向下移动。

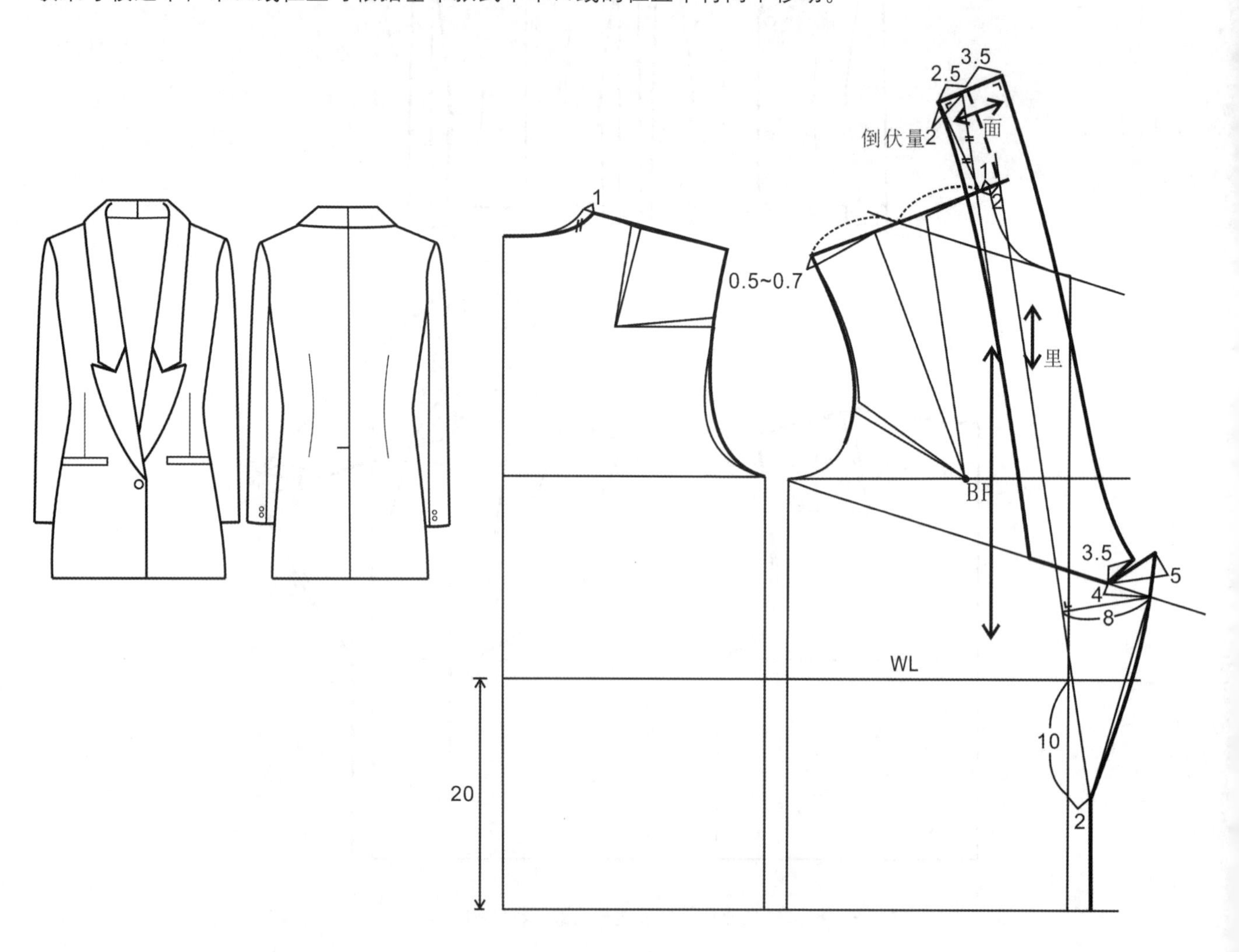

图 4–5–9 低肩领驳领款式及结构处理

例 2：高肩领设计

如图 4–5–10 所示，高肩领设计中驳领面积大，肩领面积较小，为了使驳领结构成立，串口线必须通过衣身的侧颈点，其倾斜程度可以根据款式调整，一般倾斜于肩部方向；

确定好串口线位置后可根据映射法，将翻折线左侧的驳领和肩领部分设计对称设计出来。肩领部分的设计方法同前所述。

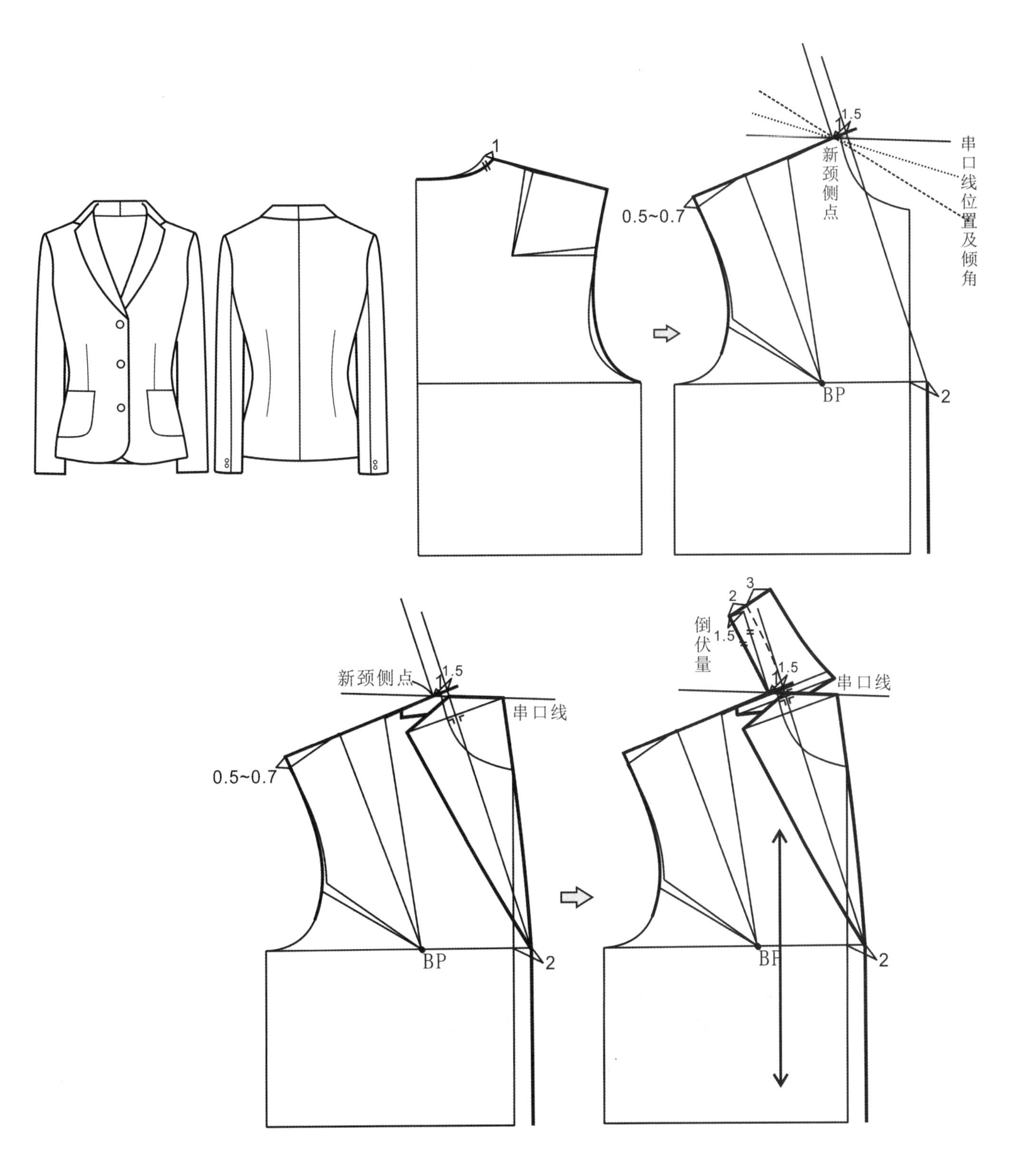

图 4–5–10 高肩领驳领款式及结构处理

2. 驳头领及其组合变化

例 1：驳头领设计

如图 4–5–11 所示，只有驳头部分的领型，可称为驳头领。

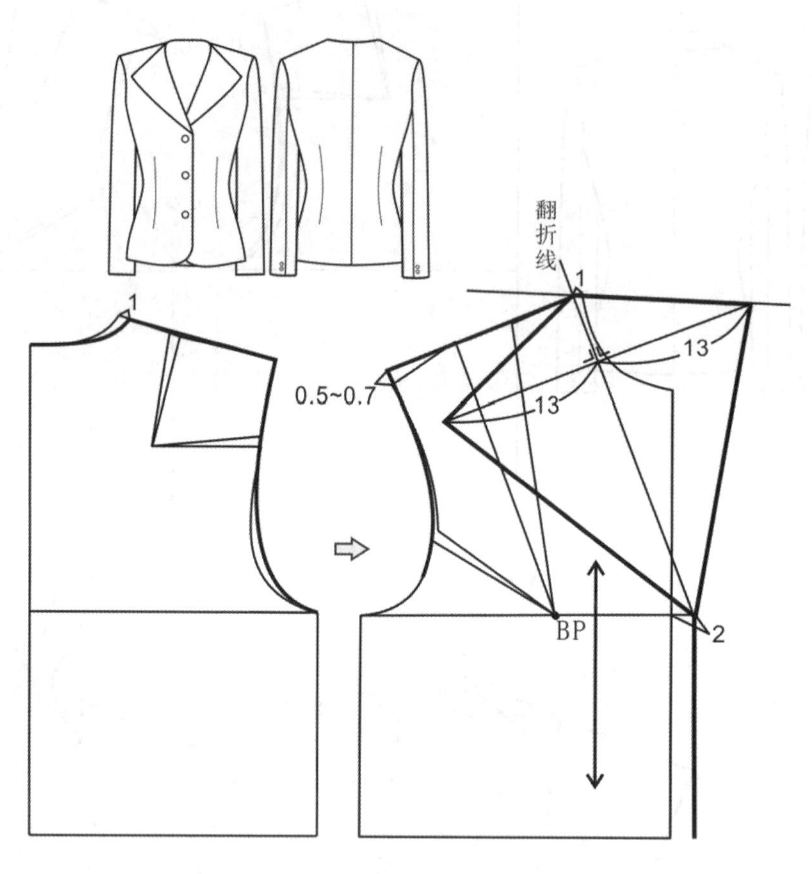

图 4–5–11　驳头领款式及结构处理

驳头领的串口线位置可以适当调整，形成多种变化结构，如图 4–5–12 所示。

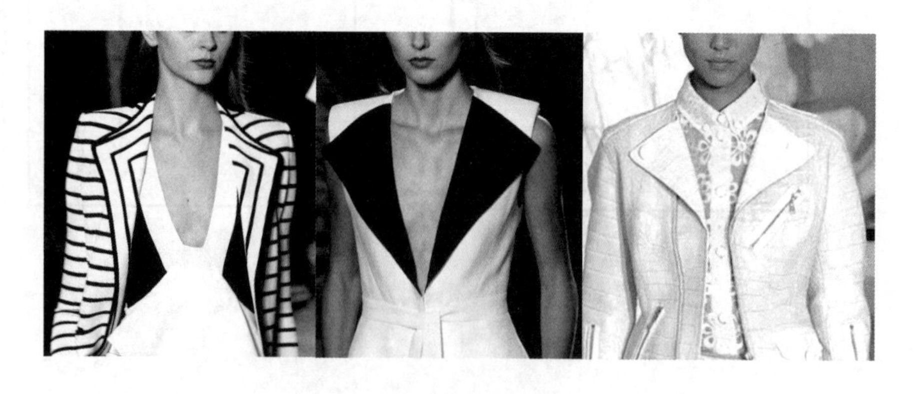

图 4–5–12 驳头领款式变化

例 2：风衣领设计

如图 4–5–13 所示，根据款式开大衣身横开领，领口可以依据原型修顺呈弧线造型，然后设计出驳头领部分，根据分体衬衫领的结构设计原理设计出风衣领的翻领部分。

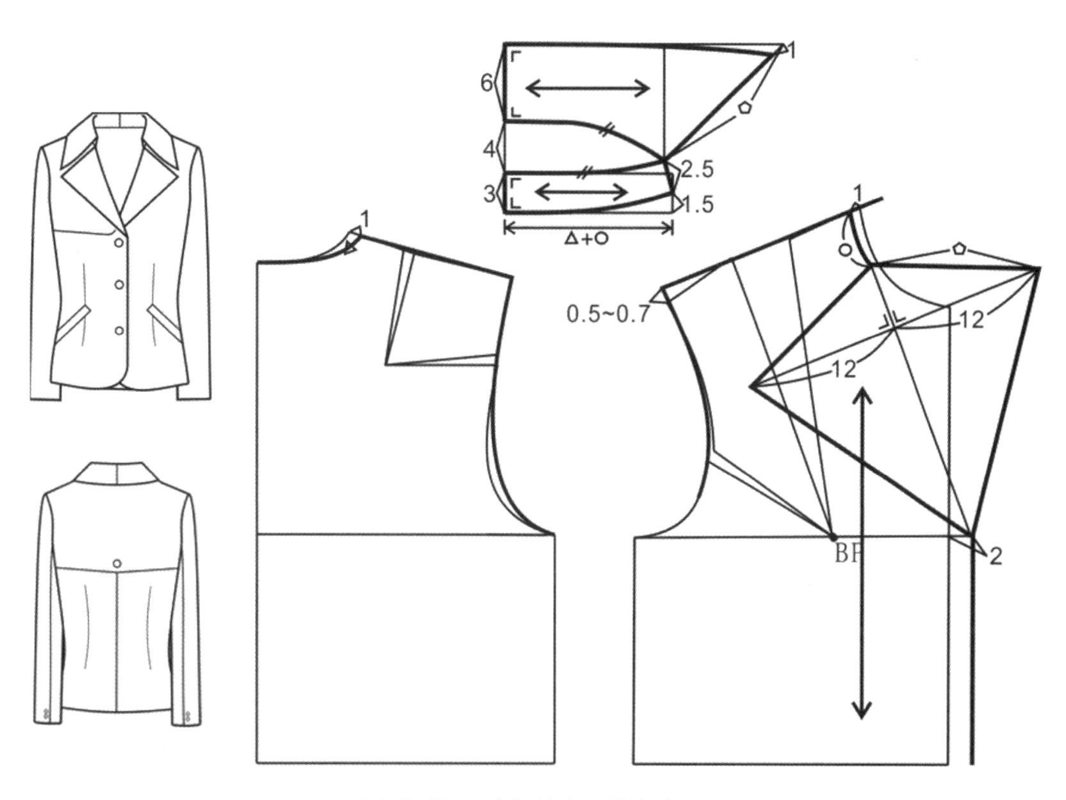

图 4–5–13 风衣领款式及结构处理

驳头领还可以和连体翻领及立领结合，产生立驳领和叠驳领等变化款式，如图 4–5–14 所示，其中各自领款的设计原理仍然适用。

图 4–5–14 驳头领和其他衣领款式的组合设计

3. 驳领的变化款设计

例 1：翻折线为弧线的驳领

在一些驳领造型的款式中，驳头部分的翻折线为弧线形式，此时可以利用连体翻领的结构设计规律，将驳领整体看成反起翘的翻领型式进行结构设计。

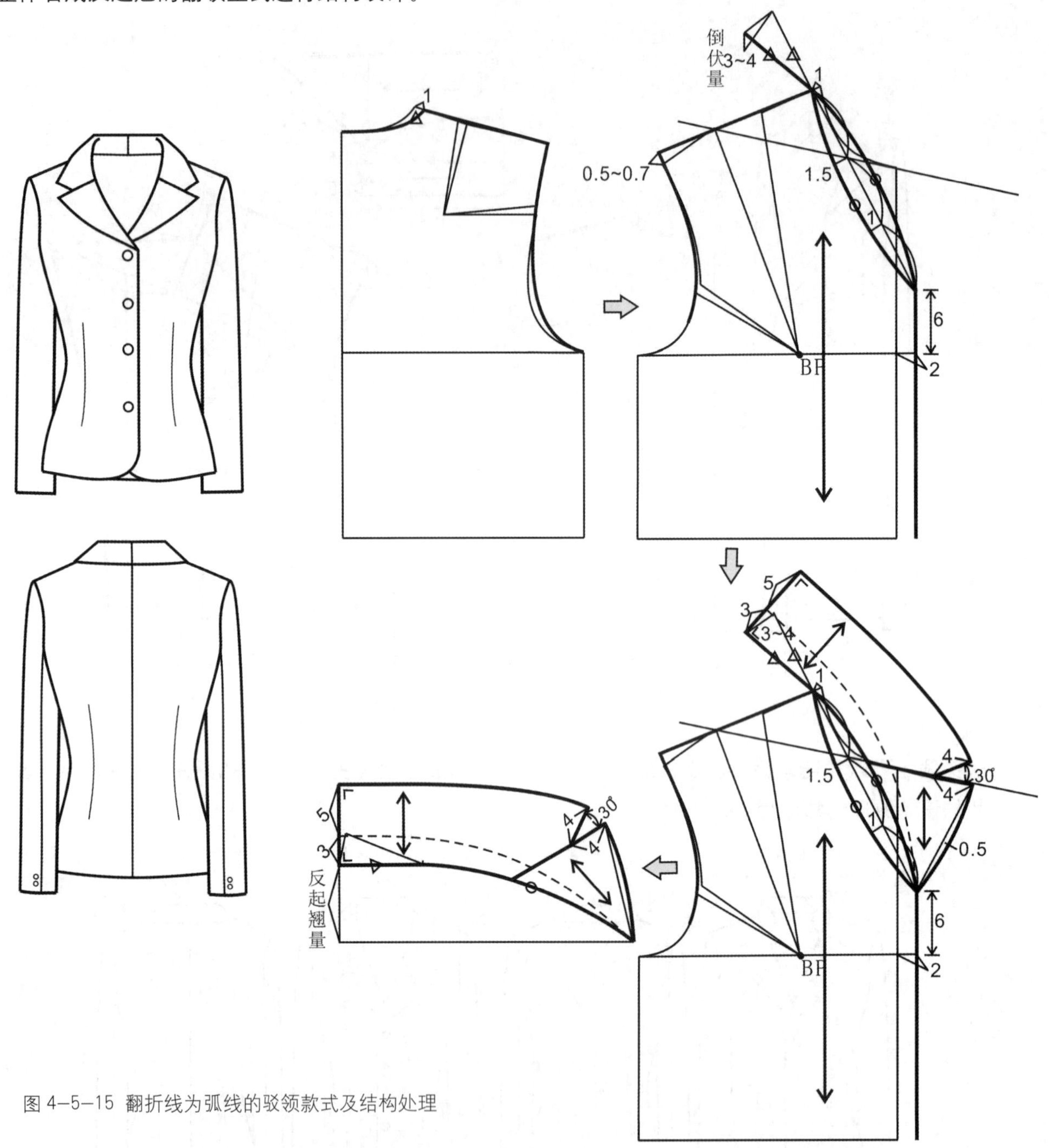

图 4–5–15 翻折线为弧线的驳领款式及结构处理

如图 4–5–15，衣身前后横开领分别开大 1cm，确定衣身前片的叠门量和翻领止点，圆顺前后领口弧线；以新侧颈点和止点的连线为基准，对称获得翻领的前半部分底线，此基准线向上延长取出后领口弧长，并向后倒伏，使前后领底线连接顺畅，确定串口线位置，根据款式获得肩领部分和驳头部分结构。

此时，驳领成型后驳头和肩领都和衣身分开裁剪，结构形式上等同于连裁的反起翘翻领结构，可见，驳领的肩领倒伏和翻领的反起翘原理是相通的，在进行结构设计时，需要灵活把握。

还可以将驳头领部分进行等分和旋转展开，获得花式的驳领效果，如图 4–5–16 所示。

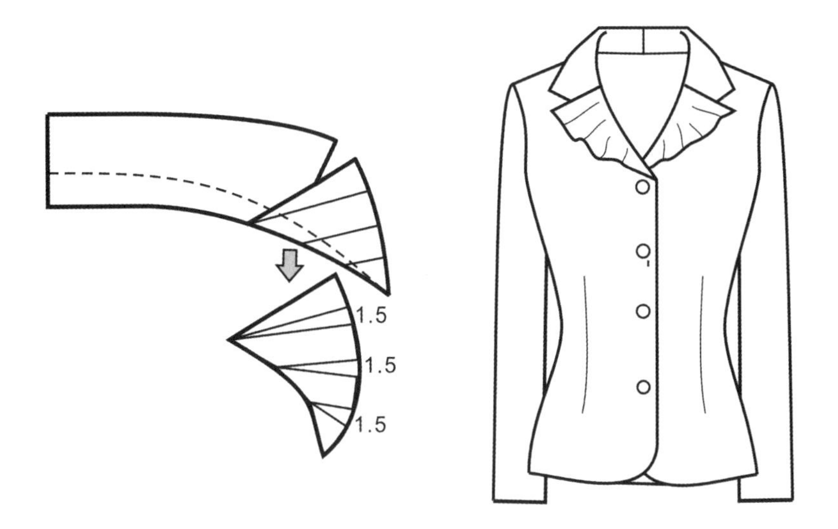

图 4–5–16 翻折线为弧线的驳领花式变化

例 2：变体驳领

如图 4–5–17，无搭门的无领款式造型，领口款式线为戗驳领的外轮廓线条。此时，需要根据款式开大衣身领口。

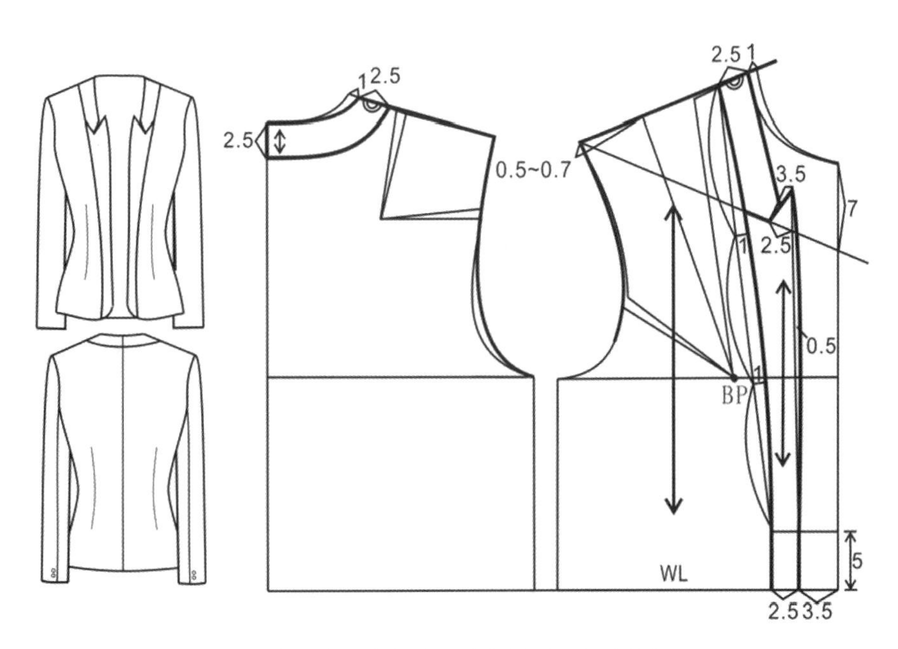

图 4–5–17 无搭门变体驳领款式及结构处理

第五章 衣袖结构设计

构成衣袖造型的基本结构形式大体可以分为三大类，即无袖结构、装袖结构和连身袖结构。无袖结构注重对衣身袖窿的采型；装袖和连身袖更加注重对袖体结构及其与衣身的配伍处理，造型上有合体与宽松之分。对于装袖和连身袖结构，无论合体结构还是宽松结构，其结构设计的关键在于袖山高。

第一节 袖窿采型及衣袖结构原理

一、袖窿采型

袖窿的结构采型，往往是在无袖的结构下进行的，袖窿结构虽然简单，但在无袖结构状态下，由于其处于视觉焦点，因此科学合理地袖窿采型是无袖结构的处理重点。

基本纸样（原型）的袖窿代表着袖窿的最小尺寸，基于原型的袖窿采型，往往需要做开大或开深处理。袖窿的开大一般不能超过侧颈点，越过侧颈点就失去了袖的实际意义。而开深的幅度是没有限制的。根据这个原则就可以确立袖窿开度范围，如图 5–1–1 所示。

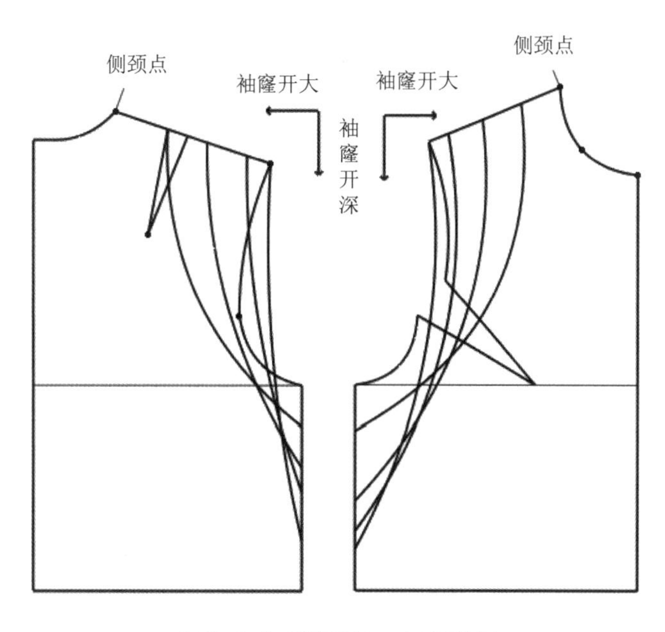

图 5–1–1 袖窿开大、开深范围

在袖窿采型中，延续袖窿的结构是一种宽松的选择，因为它改变原有袖窿的不是开深和开大，而是增加，表面上看袖窿不在肩点的位置，而延伸至上臂，却又不是衣袖，因为它不具备衣袖的基本结构。这种造型结构可称之为原身出袖。

原身出袖结构中涉及到人体肩部和胸廓的结构关系，且肩部和胸廓的结构应处理成一种动态关系，因此，原身出袖如果采用合体的结构要比原身出领更为复杂，它既要考虑贴身的余缺处理，同时还要顾及手臂运动时的结构。例如，腋下袖裆的设计就是基于这种考虑，而原身出袖的结构是无法增加袖裆的。可见，这里所指原身出袖是以宽松为前提的，其结构处理也要在无省基本型的基础上进行（图 5–1–2）。因此，袖窿的延续，在结构上应考虑以下几个问题：第一，削弱肩凸作用，在延续肩线时应顺肩线水平增加，使肩凸为零；第二，要将袖窿开深，增加活动量；第三，由于宽松造型使袖窿曲线变成事实上的袖口线，故此延续后的袖窿线趋

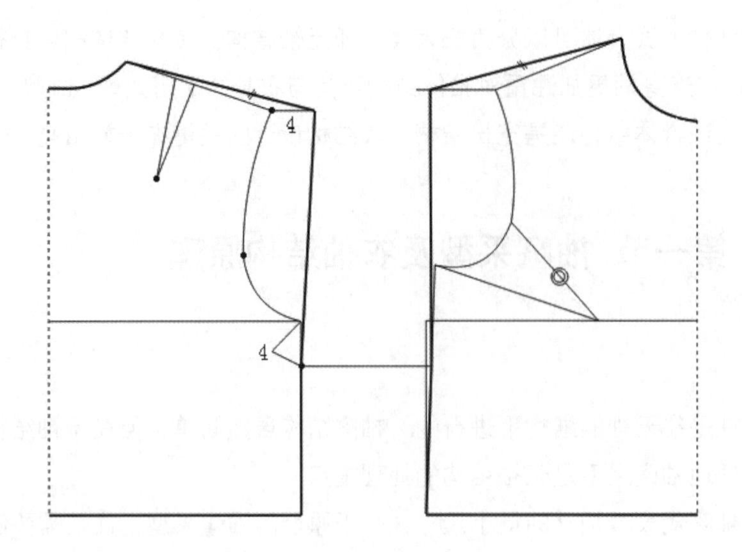

图 5–1–2 原身出袖结构处理

于直线。从造型上看，上述的结构趋势使造型变得简洁、自然。由此可见，结构本身的改变，往往是造型风格变化的基础。

从与上述实例相反的角度分析，如果原身出袖刚好与上边要考虑的三个问题相悖。诸如：延续的肩线与肩点有明显的角度；袖窿保持一定的深度；袖窿曲度不变做连身袖处理，这正是插肩袖的基本结构条件。因此，这种逆向思考的结果正是衣袖结构所要解决的基本问题。

二、衣袖结构设计原理

（一）衣袖的构成特点

衣袖对应人体的手臂，但衣袖与手臂并非呈现简单的包裹覆盖状态而是需要符合人体手臂静态与动态结构特征。根据衣袖的结构特点，可将衣袖分为三个区域：贴体区域、机能区域和造型区域，如图 5–1–3 所示。

1. 贴体区域

袖山的上部为衣袖的贴体区域，在进行结构设计时，除了追求袖山曲线与袖窿曲线间的正确吻合外，还要特别关注袖山的圆顺贴体、造型新颖美观。

2. 机能区域

袖山的下部为衣袖的机能区域，在进行结构设计时，除了注意袖窿曲线与袖山底部间的正确吻合外，还要特别关注衣袖适应人体手臂的活动需要，以提高衣袖的穿着舒适性。

3. 造型区域

落山线至袖口为衣袖的机能区域，在进行结构设计时，除了注意袖子长短、袖口大小外，还需保持衣袖符合人体手臂结构特征、手臂活动需要并使衣袖达到“三势”的要求：袖口自然向前的“前势”、袖身自然弯曲的“弯势”和前袖口自然内收的“扣势”。

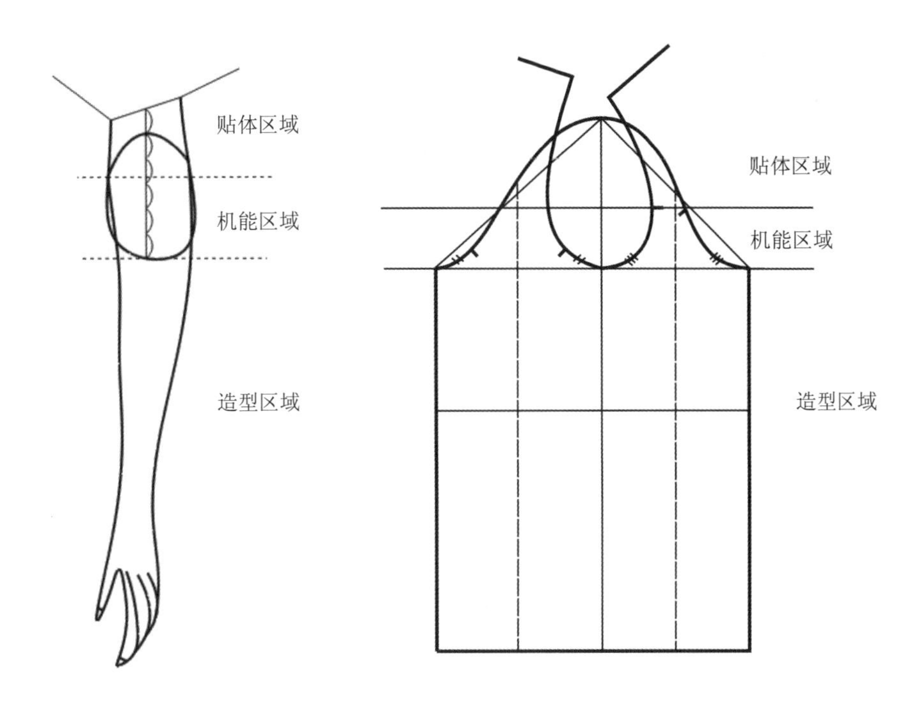

图 5–1–3 衣袖的构成

（二）衣袖的构成要素

衣袖结构受款式造型、工艺条件、面料性能等条件制约，通过合理的结构处理，衣袖才能与衣身合理配伍。构成衣袖结构的主要要素包括袖山高、袖弦和袖肥，如图 5–1–4(a) 所示。

1. 袖山高

袖山曲线上袖山顶点到落山线的距离，原型中一般取衣身平均袖窿深的 5/6 或袖窿弧长（AH）的 1/3。

2. 袖弦

即袖山斜线，一般取袖窿弧长（AH）的 1/2 或按前后袖窿分别取值。

3. 袖肥

袖山底部的宽度，可由袖弦和袖山高确定。

如图 5–1–4(b) 所示，袖山高、袖弦和袖肥构成直角三角形。其中，袖弦尺寸来自衣身袖窿弧长，根据勾股定理可知，袖山高与袖肥成反比关系，即袖山高越大，袖肥越小，衣袖越合体；袖山高越小，袖肥越大，衣袖越宽松。

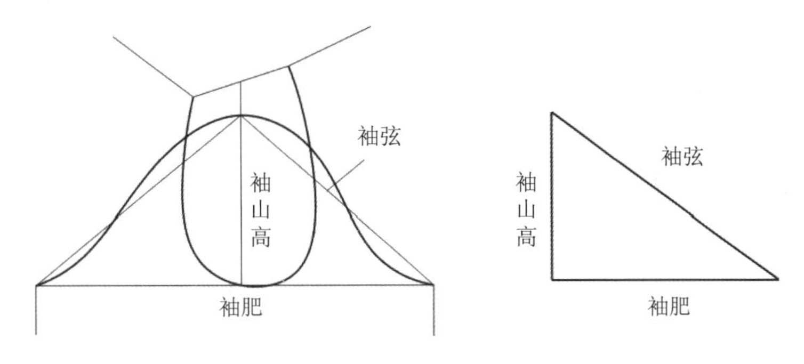

图 5–1–4 衣袖的构成要素

（三）袖山高及其对衣袖结构的影响

1. 基本袖山高的意义

袖山高是衣袖构成要素中最重要的参数，基本袖山高的采寸是根据人体手臂和胸部构造的动态和静态的客观要求设计的，采用 5/6 或者 1/3 是长期实践理论确认的标准袖山高公式（英美日和标准的袖子基本纸样均采用）。通过大量实验证明，采用基本袖山高完成的衣袖，其袖筒与衣身的角度接近 45°，对照人体工学，这种状态也正好是手臂既不抬得很高（动态），也不是垂直（静态）的中间状态。显然这对衣袖的结构变化和造型设计（向运动或贴身延伸设计）确立了一个中性状态的基础和可靠的参照物。可以说它是一种特殊状态，与它对应的衣袖的贴体度、袖肥和袖窿深也是特殊状态，故前者变，后者也随之改变，这就是衣袖结构的原理所在。

2. 袖山高与袖肥、贴体度的关系

如图 5–1–5 所示，图中用衣袖的基础线作为标准。袖山高用 AB 表示，AC 是后袖弦，AD 是前袖弦，分别对应衣身后袖窿弧长和前袖窿弧长，当衣身结构确定时，AC 和 AD 在量上是相对不变的。CD 为袖肥，AE 是袖长。

为了有效地说明袖山高和袖肥的关系，这里只考虑其结构的演化规律，不涉及穿用问题。在这个前提下，如果把袖山高 AB 理解为中性的话，即基本袖山，按照结构的要求袖山曲线和袖长不变的前提下，袖山高越大，袖肥越小，当袖山高与袖山线趋向一致时，袖肥接近零；相反，袖山高越小，袖肥越大，袖山高为零时，袖肥成最大值。因此，袖山高与袖肥成反比关系，即袖山越高，袖肥越小；袖山越低，袖肥越大。

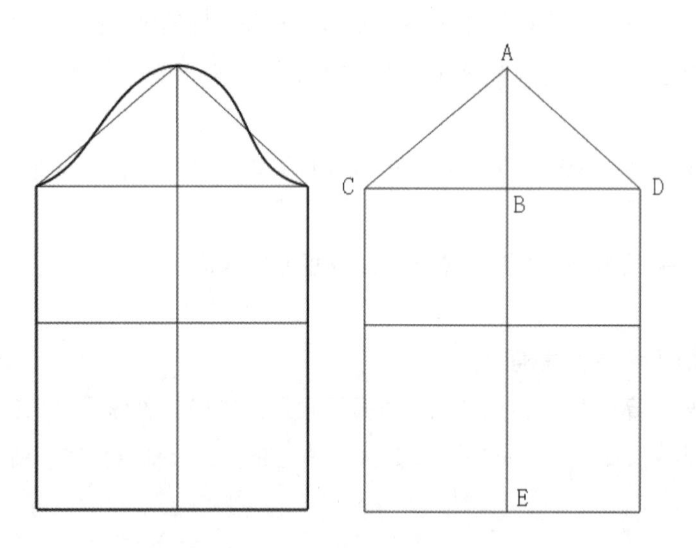

图 5–1–5 袖山高与袖肥的关系

从该结构的立体角度看，袖山高也制约着袖子与衣身的贴体程度。袖山越高，形成接口的椭圆形越突出，成型后的内夹角就越小，外肩角越明显；相反，内夹角越大，外肩角越平直。衣身和衣袖的结构原理与此完全相同。袖山越高，袖子便越瘦而贴体，腋下合体舒适，但不宜活动，肩角俏丽，个性鲜明；袖山越低，袖子越肥而不贴体，腋下也容易出现过多余褶，但活动方便，肩角模糊而含蓄。由此可见，使袖山增高的设计，更适合不宜做大活动量的礼服、制服和较庄重的服装；袖山低的结构则更符合活动量较大的便装设计。

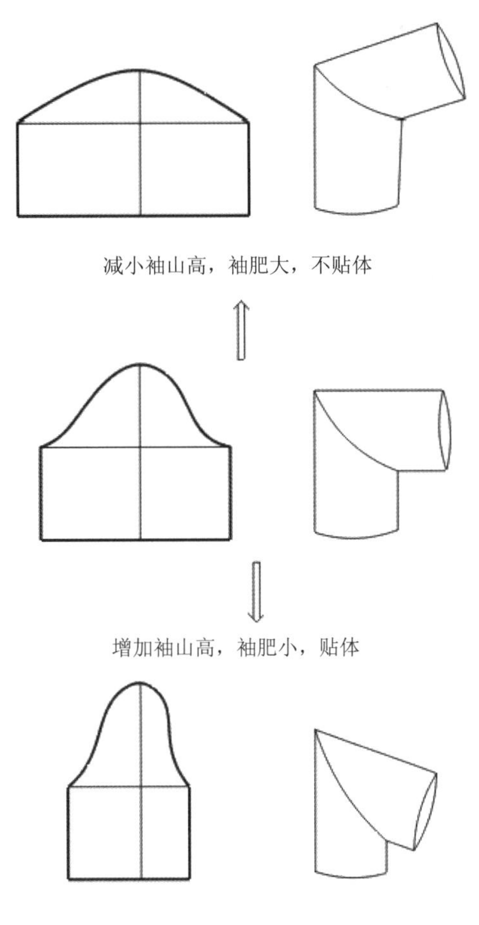

图 5-1-6 袖山高与衣袖贴体度

然而，使用这个原理不仅要考虑结构上的合理性，还要考虑穿着上的方便性，否则就失去了设计的意义。从图 5-1-6 上看，虽然在结构上都是合理的，但不一定都符合穿用的要求。其实，基本袖山高虽是中性结构，但更接近服装造型的贴身状态，所以基本袖山高已接近最大值。这说明袖山高向下选择的余地大，即 0 到基本袖山高之间。而向上提升的空间却很有限，一般不宜超过 2cm，如果执意冲破它的有限高度，使基本袖肥变小（甚至袖肥尺寸小于臂围尺寸），就有可能造成穿脱的困难和抑制上肢的活动。不过，有时我们在选择翘肩造型或紧身的衣袖结构时，也要适当增加袖山高，这种情况是为了增加袖山在肩头的容量，袖肥并没有改变，因此，这种选择仍然是袖山高的有效范围。

3. 袖山高与袖窿开度的关系

按照袖山高制约袖肥和贴体度的结构原理，它也应该对衣身的袖窿状态有所制约，因为衣袖总要和衣身缝合起来，根据“合体度”对袖窿状态的制约规律，在选择低袖山结构时（宽松状态），袖窿应开的深度大，宽度小，呈窄长形袖窿；相反，在选择高袖山结构时（合体状态），袖窿则应较浅而贴近腋窝，其形状接近基本袖窿的形状。

基于活动功能的结构考虑：当袖山高接近最大值时，衣袖和衣身呈现出较为贴身的状态，这时袖窿越靠近腋窝，衣袖的活动功能越佳，即腋下表面的结构和人体构成一个整体，活动自如。同时，这种结构本身腋下的夹角很小，所以也不会因有余量残留而影响舒适性。如果袖山高很大，袖窿却很深，结构上袖窿底部远离腋窝而靠近前臂，这种衣袖虽然贴体，但手臂上举时受袖窿底部牵制，且袖窿越深，牵制力越大从而影响手臂运动。当袖山幅度很低，衣袖和衣身的组合呈现出衣袖外展状态，如果这时袖窿仍采用基本袖窿的深度，当手臂下垂时，在腋下就会聚集很多余量，穿着时会产生不适感。因此，袖山高很小的袖型应和袖窿深度大的细长形袖窿相匹配，使余褶远离腋下以达到活动自如、舒适和宽松的综合效果，直至袖山高接近零，袖中线和肩线形成一条直线，袖窿的作用随之消失，这就形成了原身出袖的宽松结构。

这种规律仅是袖山幅度与袖窿开度的定性分析，在实际采寸时是否可以寻找出它们的定量比例关系，回答是肯定的。但是，我们不希望用数学公式去套用，这个不仅在技术上很不实用，更重要的是在服装纸样设计中抑制了美的造型及设计者的想象力和创造力。这和一般工业产品的结构有本质的区别。因为构成服装结构的条件都是可变的，如人体本身的活动、面料的柔性，而且材料的伸缩性及物理性能都有一定的弹性空间。为此，这种采寸关系应考虑掌握在一定范围和造型特点的要求下灵活运用。例如，袖窿开深的同时在侧缝线处适当加肥，这说明袖窿的形状并没有明显改变，只是以相似形增加比例。如套装的袖窿演变成外套的袖窿就是这种相似比例的增加。同时也可以根据造型的需要对袖窿深和宽的比例进行细微的调整。总之这是一种立体、合身的结构选择。因此，在袖山高和袖肥的采寸上也应同时增加，而不能认为只要开深袖窿就要降低袖山，判断的依据主要看其是否合身。相似形的袖山和袖窿尺寸的吻合基本采用等比的方法，即袖窿开深加肥和袖山加高、加肥大体相同，这样可以保证立体的合身效果。

总之，袖窿形状越趋向细长，袖山高就越小，袖山曲线越平缓；袖窿形状越接近基本袖窿形状，袖山高就越大，袖山曲线曲度也越明显。前者是宽松造型的结构选择；后者是合体造型的结构选择。这也说明越宽松的造型其结构越简单，越合体的造型其结构越复杂。

（四）衣袖的配袖技术

衣袖与衣身的配伍是实现衣袖合理配袖的关键，衣袖的配袖技术主要解决不同服装造型衣袖的结构处理和采寸原则。本节以短袖为例，阐述不同造型服装的衣袖配袖技术。

（一）合体型衣袖

该袖型为较舒适、美观、合体衣袖，肩袖外角约为 40° ～ 45° 。穿着美观合体，但不宜活动。结构处理时，袖山高一般取基本袖山高（即：衣身平均袖窿深的 5/6 或袖窿弧长（AH）的 1/3），如图 5–1–7 所示。

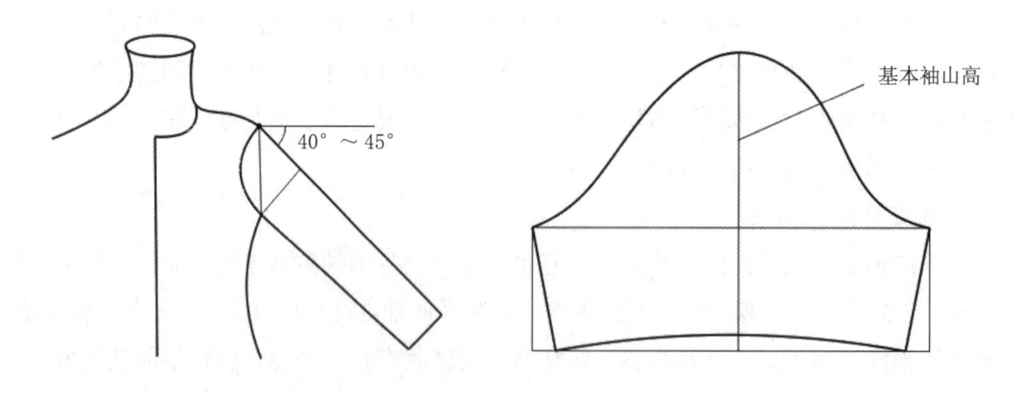

图 5–1–7 合体型衣袖结构处理

（二）宽松型衣袖

该袖型为舒适、不合体衣袖，袖中线与肩线呈直线状，肩袖外角约为 20° ～ 30° 。穿着舒适，但局部有明显不合体褶皱。结构处理时，减少袖山高，增大袖肥，根据服装款式，袖山高可取：0 ～基本袖山高，如图 5–1–8 所示。

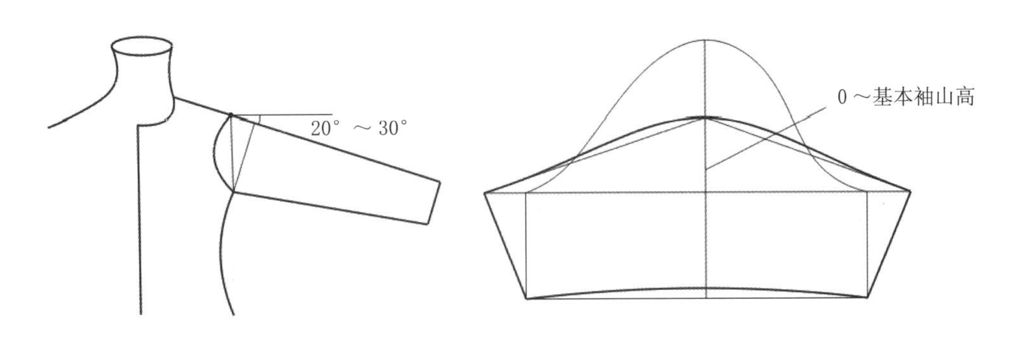

图 5–1–8 宽松型衣袖结构处理

（三）贴体型衣袖

该袖型为较舒适、美观、合体衣袖，穿着时肩袖外角约为 45° ～ 60° 。穿着美观贴体，但不宜活动。结构处理时，宜增大袖山高，减小袖肥，袖山高一般取基本袖山高 +(2–3)cm，如图 5–1–9 所示。

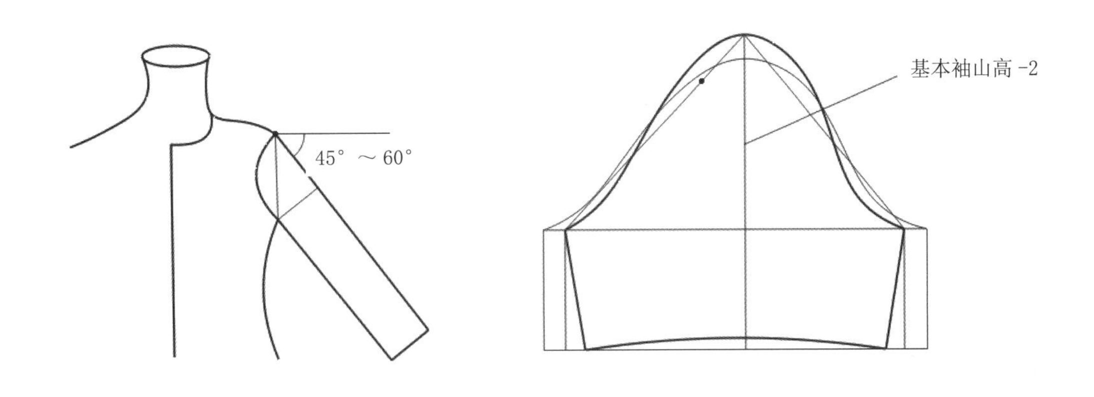

图 5–1–9 贴体型衣袖结构处理

第二节 无袖结构设计

无袖是指直接在衣身袖窿部位构成或在袖窿和肩部稍稍放出的短连袖。通过合理的款式、结构、工艺处理，可使无袖呈现多种造型。在日常生活中，无袖广泛应用，如夏装、休闲装、背心、马甲等；同时在时装领域，无袖也颇受设计师青睐，常见于晚礼服、连衣裙服饰中。

无袖的结构设计重点在于袖窿采型。根据服装整体造型要求，袖窿可做相应的调整，通常合体的款式可提高袖窿底点，宽松的款式则需开深袖窿底点。在此基础上，无袖的袖窿形状可任意设计，直线型、曲线形、弧形、方形、不对称形、抹胸等。

一、入肩式无袖结构设计

入肩式无袖款式表现为服装肩线内收，肩点处于人体肩端点以内。结构处理需要开大袖窿，开大量依款式需要。同时，袖窿底点适当开深。

如图5—2—1所示，首先对原型进行处理，前片胸省的2/3转移至新省位置，1/3留做袖窿松量。后片肩胛省转移一小部分（0.3cm）至袖窿。在此基础上，前片袖窿沿肩线开大3cm，袖窿底点开深2cm；后片肩线依前肩长度取值，袖窿底点开深2cm。

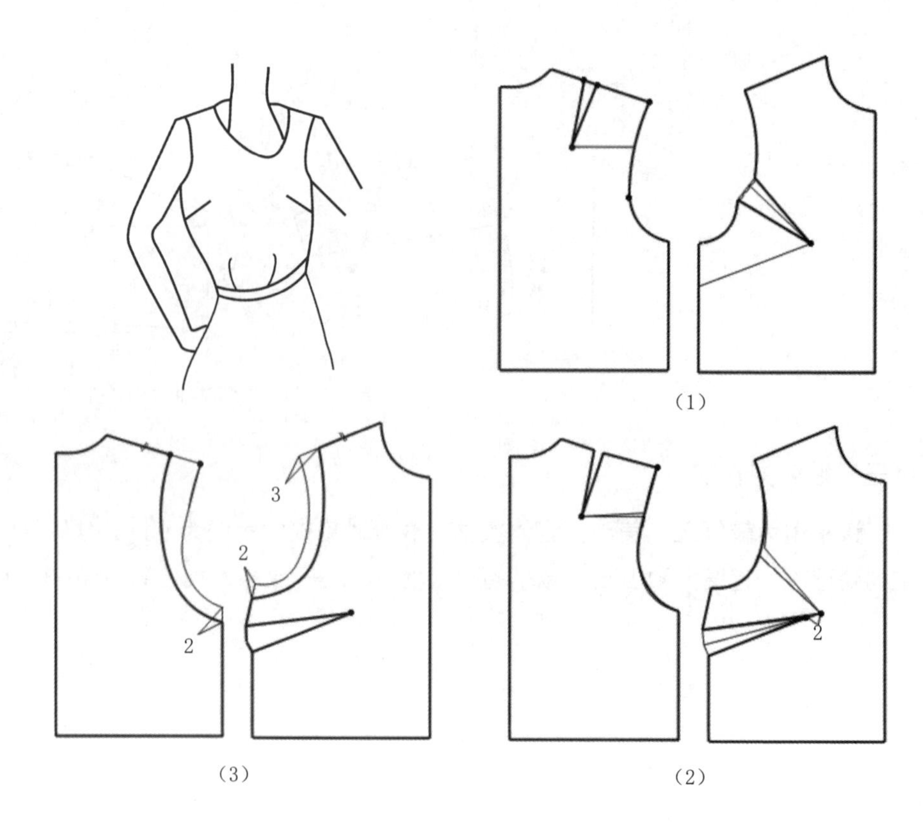

图5—2—1 入肩式无袖款式及结构处理

二、出肩式无袖结构设计

出肩式无袖款式表现为服装肩线外放，肩点超越人体肩端点。结构处理需要延长肩线，延长量依款式需要，一般不宜过大。同时，袖窿底点可适当开深。

如图5—2—2所示，首先对原型进行处理，前片胸省的2/3转移至新省位置，1/3留做袖窿松量。后片肩胛省转移一小部分（0.3cm）至袖窿。在此基础上，前片肩线延长3cm，袖窿底点开深2cm；后片肩线依前肩长度取值，袖窿底点开深2cm。

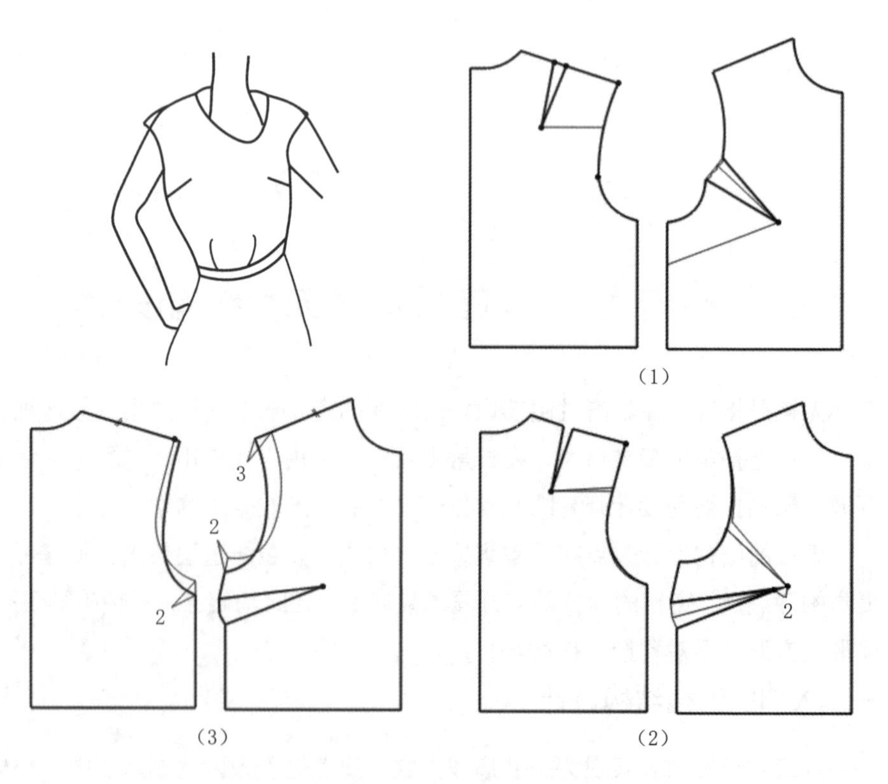

图5—2—2 出肩式无袖款式及结构处理

第三节 装袖结构设计

一、一片袖结构设计

（一）合体型一片袖结构设计

一片式合体袖结构处理包括两个方面：首先，保持足够大的袖山高，通常在基本袖山高基础上增加2cm，并根据服装款式、材料确定袖山曲线的缩容量；其次，对衣袖造型区域进行贴体设计，袖中线前移使衣袖吻合人体手臂前曲造型，袖口做收口处理。前后侧缝长度差可在肘部做省，也可通过袖口处理，如图5–3–1和图5–3–2所示。具体处理步骤如下：

①在衣袖基本纸样基础上，将袖山高增加2cm，修正袖山曲线；

②袖口处袖中线端点前移2cm，连接形成新的袖中线，以前后片对应袖肥尺寸减去4～5cm，确定袖口大小；

③前片侧缝在肘部做内收处理，后片侧缝则在肘部放出对应尺寸，使袖体符合人体手臂前曲造型；

④前后侧缝长度差处理：可在后片肘部位置设置肘省，如图5–3–1所示，适用于女西装、贴体女衬衫等服装款式；也可在后片袖口处将长度差修剪，如图5–3–2所示，适用于一般女衬衫、男长袖T恤等款式。

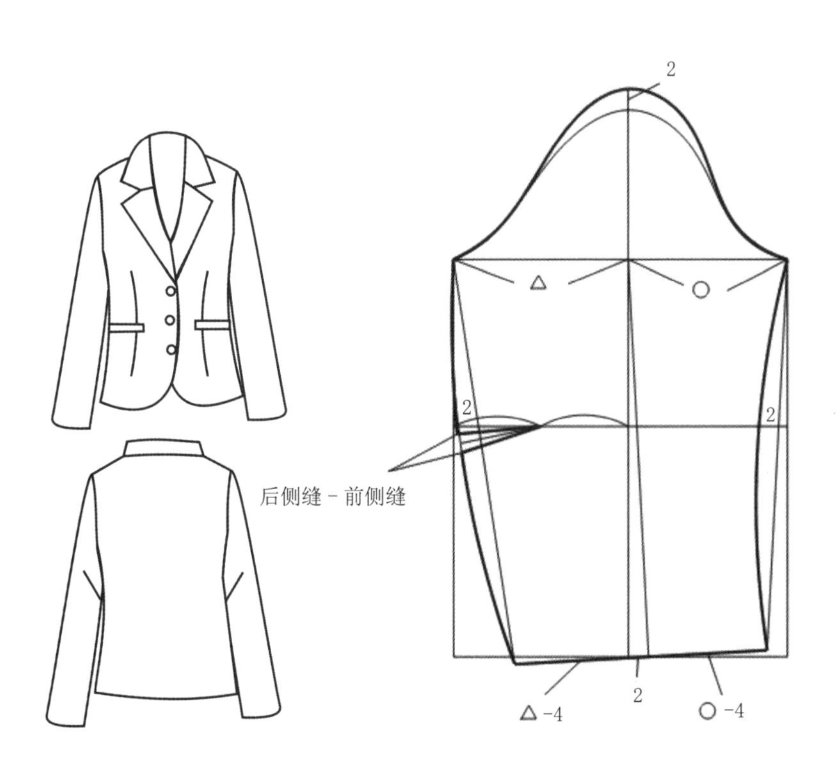

图5–3–1 合体型一片袖（有肘省）款式及结构处理

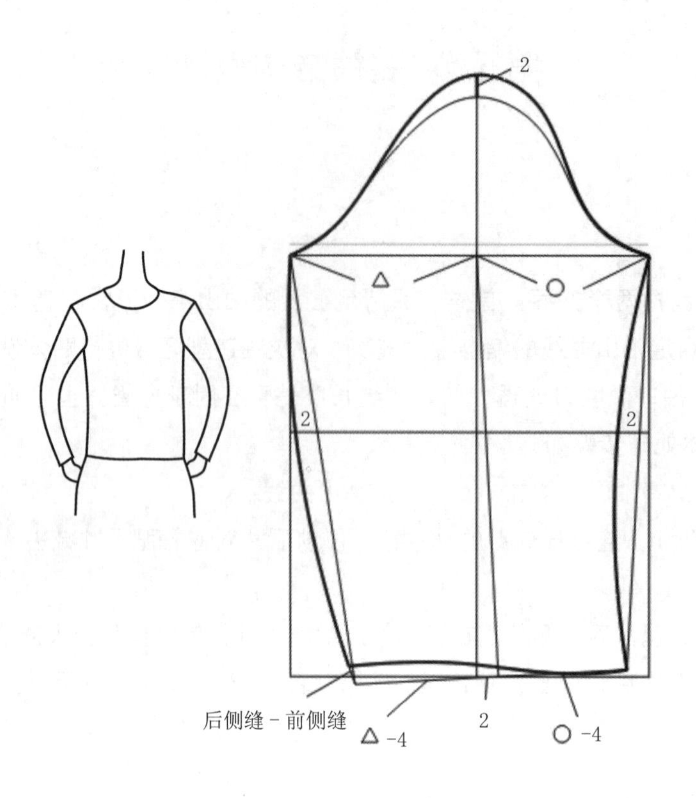

图 5–3–2 合体型一片袖（无肘省）款式及结构处理

（二）宽松型一片袖结构设计

1. 喇叭袖

袖口增大构成喇叭形的衣袖称为喇叭袖，是宽松袖的一种。结构处理时，可通过切展的方法增加袖口量。由于袖山曲线形状复杂，实际操作中可通过均匀或非均匀切展的方法增加袖口大小，然后在不改变袖山曲线长度的情况下，修正袖山曲线，如图 5–3–3 所示。

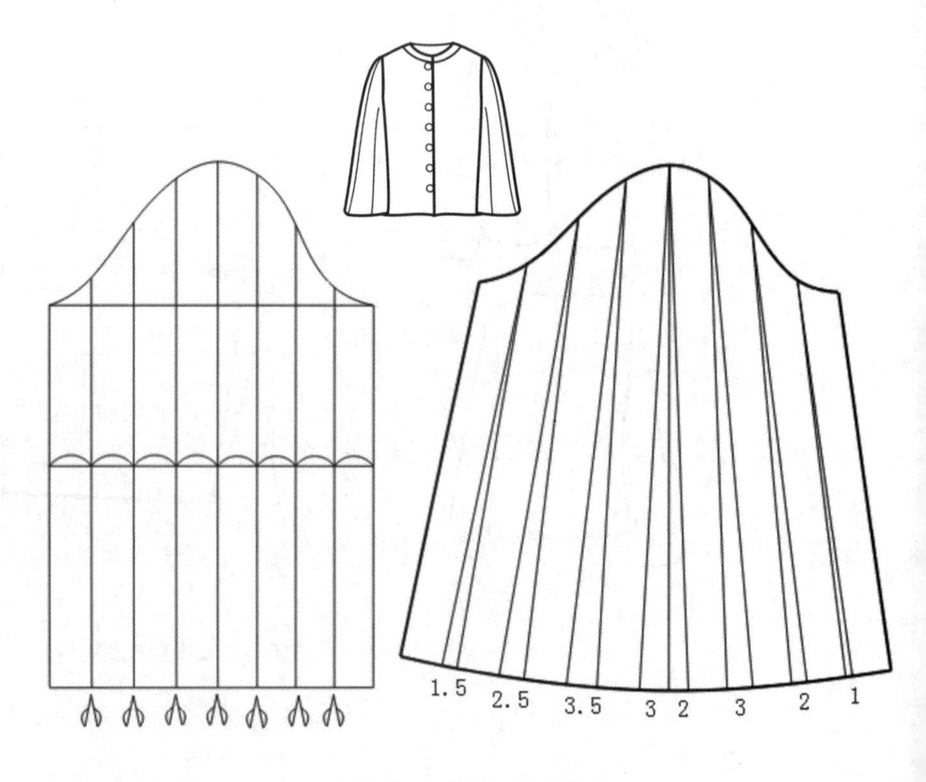

图 5–3–3 喇叭袖切展处理

方法：切展。

原则：袖中大于两侧、后片大于前片。

喇叭袖表面上是增加袖口大小，实际在增加袖口量的同时，其袖山高和袖山曲线的形状均发生变化，袖口切展的量越大，袖子宽松程度越大，其袖山越低，袖山曲线越趋向平缓。当袖口增量较小时，可选择直接在前后侧缝处增加袖口量来实现，如图 5-3-4 所示。

同时，可对袖子进行横向或纵向分割，对分割局部袖口进行切展增大处理，以形成不同风格、不同造型的喇叭袖，如图 5-3-5 所示。

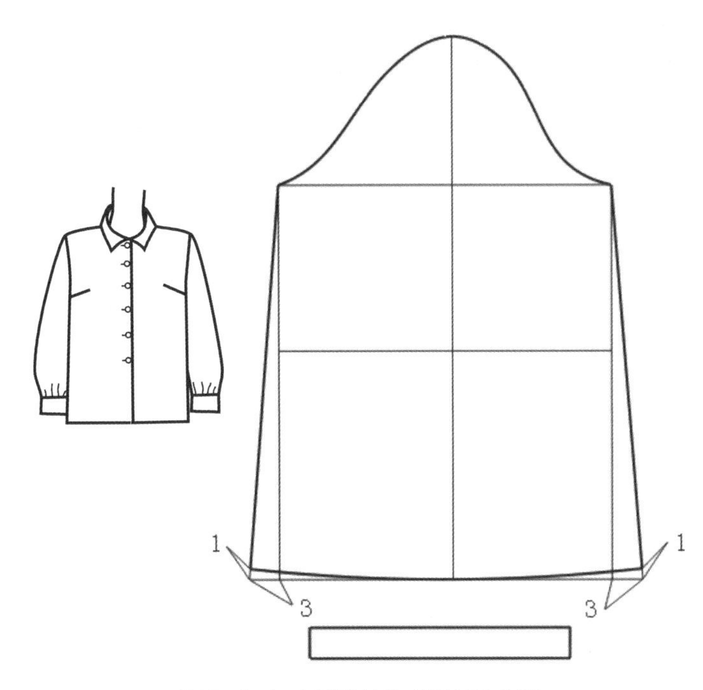

图 5-3-4 小喇叭袖款式及结构处理

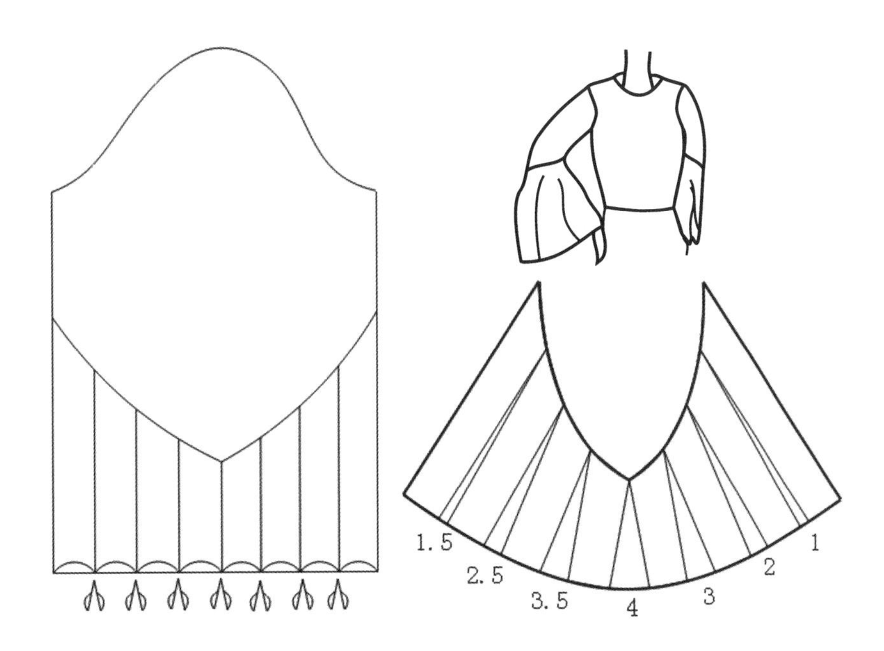

图 5-3-5 横向分割喇叭袖款式及结构处理

2. 泡泡袖

泡泡袖指衣袖与衣身缝合时，袖山曲线大于袖窿曲线而在肩部形成褶或者衣袖袖口与克夫缝合时，袖口尺寸大于克夫尺寸形成褶的造型。前者可称为肩泡袖，如图 5-3-6 所示。后者可称之为袖摆泡袖，如图 5-3-7 所示。

肩泡袖是一种极富于女性化特征的女装局部样式，肩部缝接处有或多或少、或密或稀的碎褶。历史上较为著名的一次流行发生在 19 世纪初，当时流行的高腰长裙即用小泡袖。后来，肩泡袖变大且篷起扩展至整个上臂，形成羊腿袖或悬钟袖。

无论哪种泡袖造型，都需要将对应部位（袖山曲线或袖口）尺寸加长，通常采用切展的方法。其中，袖摆泡袖只需在喇叭袖基础上增加袖克夫即可。

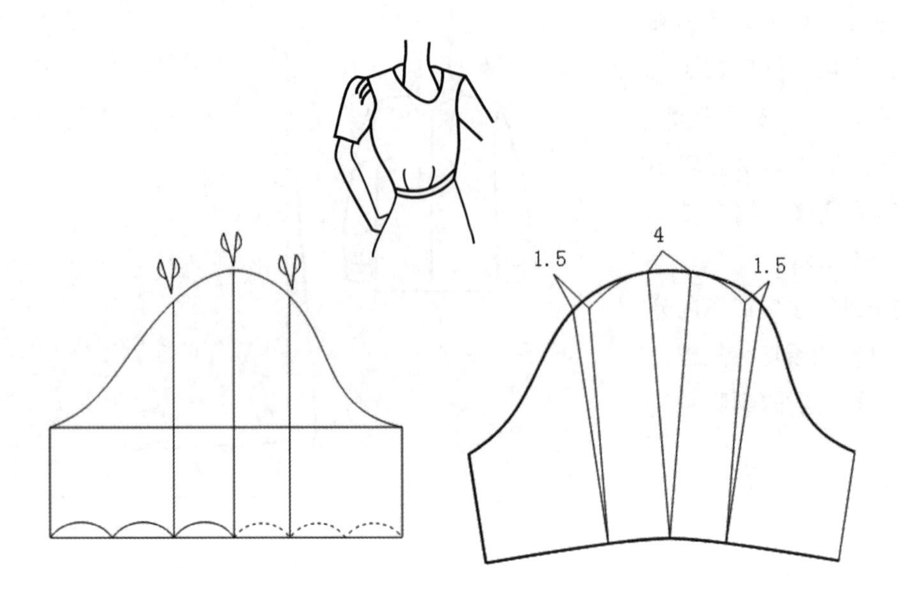

图 5-3-6 肩泡袖款式及结构处理

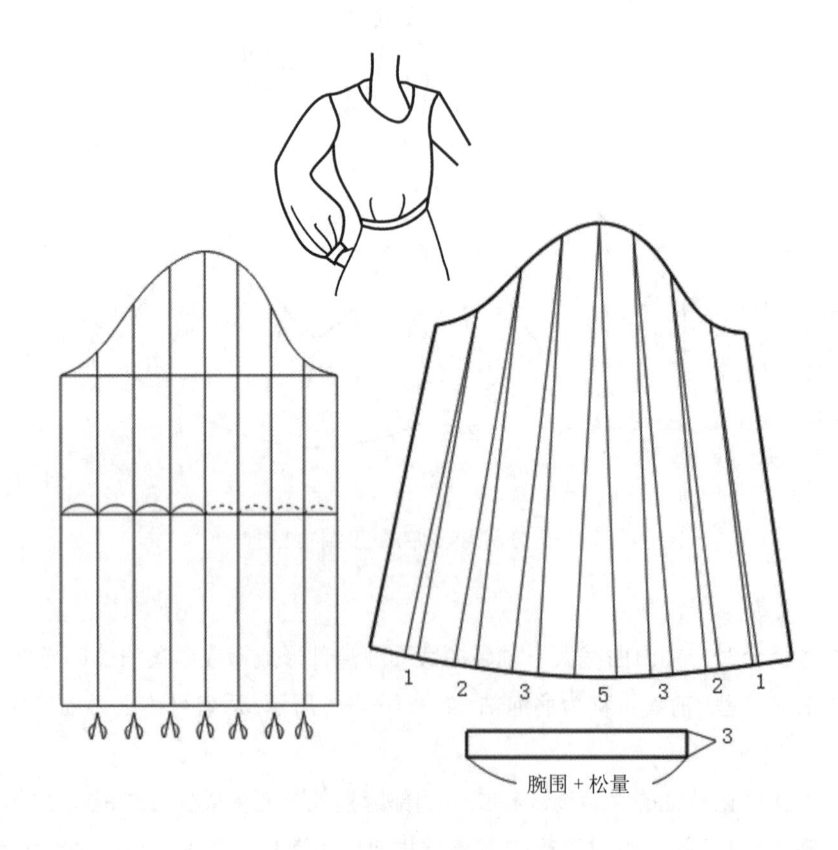

图 5-3-7 袖摆泡袖款式及结构处理

3. 灯笼袖

肩部泡起、袖口收缩、袖体呈灯笼形鼓起的袖子称为灯笼袖，该袖是肩泡袖和袖摆泡袖的组合。可采用平行切展的方法，将袖山和袖口同时增大，然后修正袖山曲线和袖口线，袖口设袖克夫，如图 5-3-8 所示。

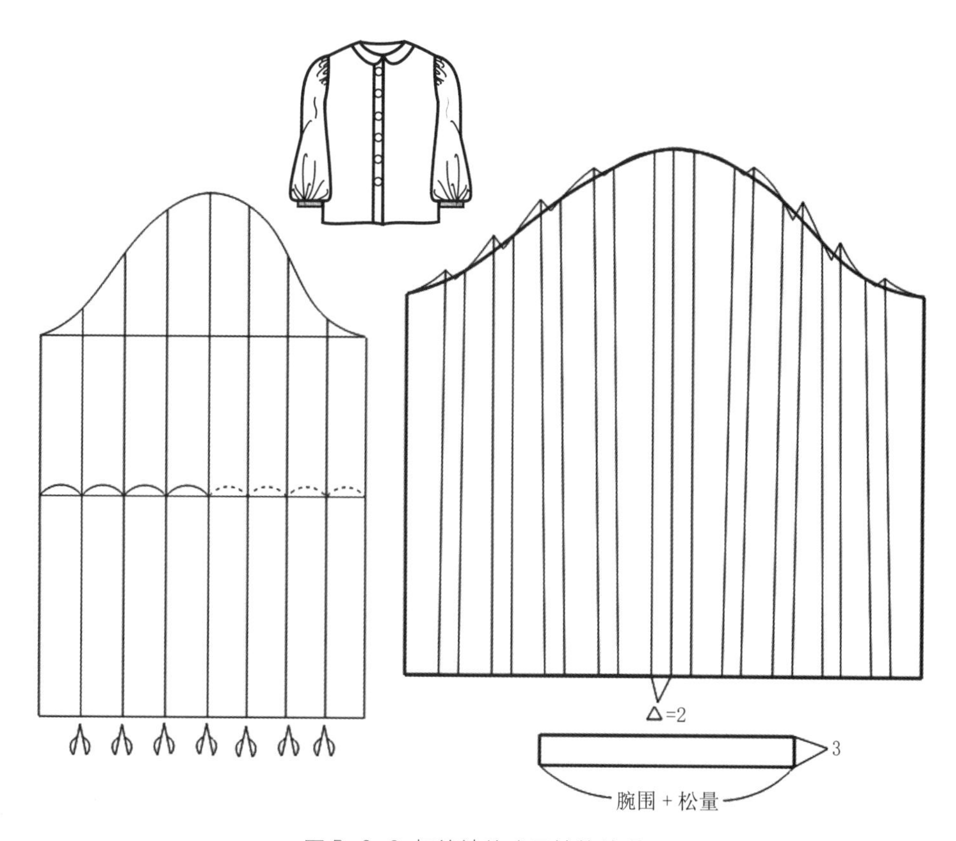

图 5-3-8　灯笼袖款式及结构处理

二、两片袖结构设计

（一）合体型两片袖结构设计

合体型一片袖通过增加袖山高、收紧袖口、袖中线前倾等结构处理，使衣袖符合人体手臂自然前曲的造型。但一片袖结构立体感稍显不足，对于一些追求立体造型的服装，如西装、礼服等，采用分片的两片袖比一片袖结构造型更加完美。

合体型两片袖，首先要进行衣袖合体设计，即通过增加袖山高、收紧袖口完成袖体合体造型；其次对衣袖进行分片处理，同时利用大小袖互补原理实现衣袖的立体造型。大小袖互补原理指先在基本衣袖纸样上，找出大小袖片的前后公共边，以前后公共边为界，进行大小袖的互补。互补量的大小直接影响袖子的立体造型，互补量越大，大小袖面积差越大，立体效果越好，但加工工艺越困难；互补量越小，立体效果越差。同时，一般前片互补量大于后片，目的是使袖子前片尽可能隐蔽结构线，使前袖片结构更完整，如图 5-3-9 所示。

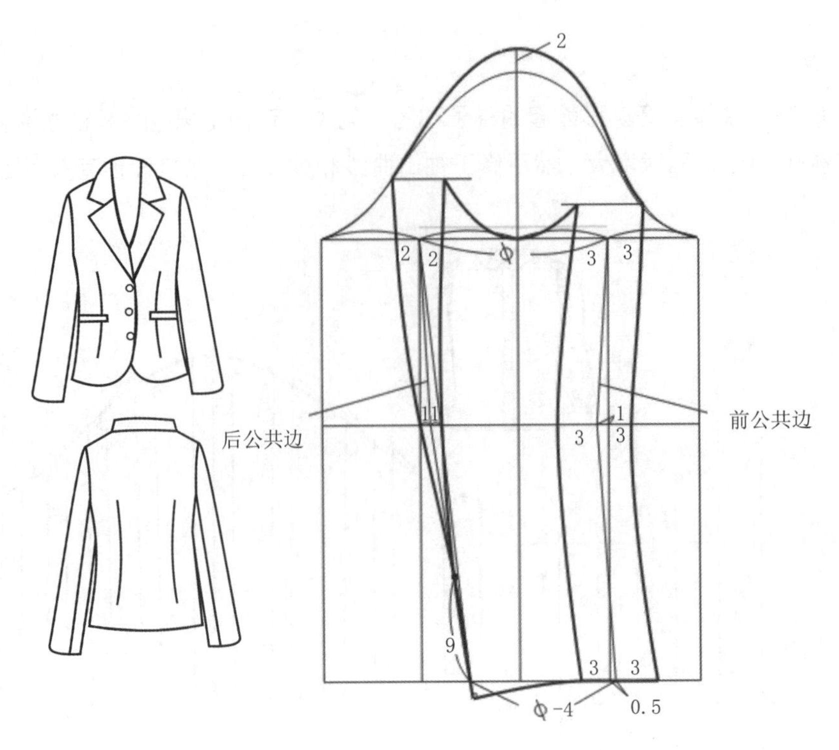

图 5-3-9 合体型两片袖款式及结构处理

（二）宽松型两片袖结构设计

宽松型一片袖结构处理主要通过切展方式，根据款式特征需要进行袖体整体或局部增量，使衣袖呈现飘逸、舒适的特征。

宽松型两片袖通常用于茄克衫、休闲外套等款式结构中，结构设计时首先减小袖山高，根据衣身袖窿大小确定袖肥，一般在袖后片做分片处理，袖口通常有袖克夫。

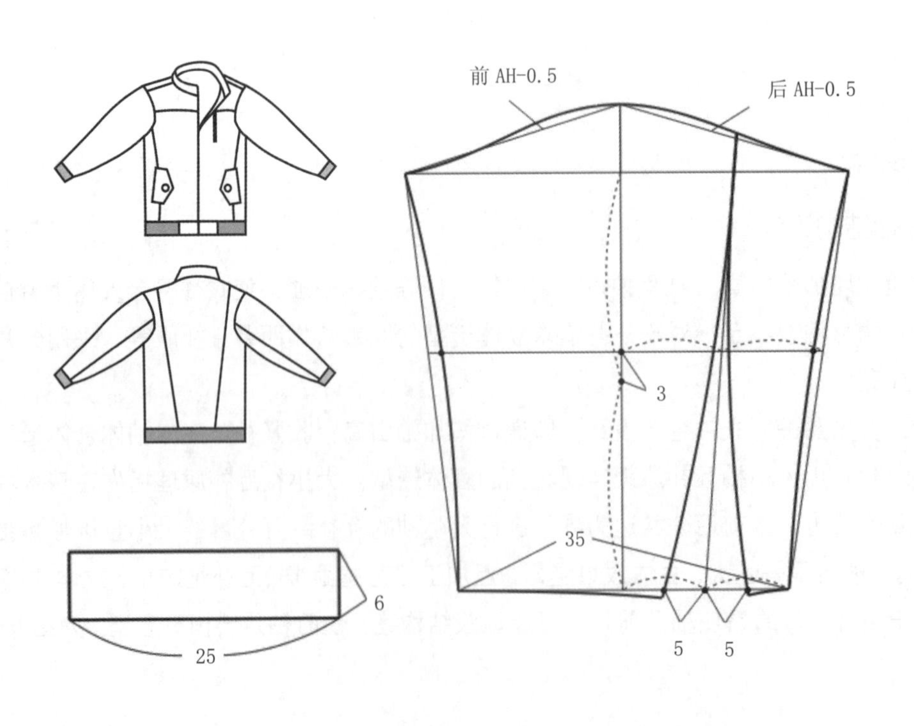

图 5-3-10 宽松型两片袖款式及结构处理

第四节 连身袖结构设计

连身袖指衣袖与衣身在某些部分相连而形成的袖型，是衣袖分类中很大的一类。从现代服装结构理论的角度讲，是指袖窿结构线部分或袖窿结构线彻底消失后，衣袖与衣身整体或局部合为一体的衣袖结构。连身袖在袖子分类中是一个大类，在袖子纸样中亦指一个带有系统性、规律性的大范围概念，故而无论袖子中连身的部分程度和形式如何，只要符合连身袖的结构规律都被看作是连身袖。

连身袖的分类方法有多种：

按照合体程度分，可分为合体型连身袖和宽松型的连身袖；

按袖片的分割数量分，可分为一片连身袖、两片连身袖、三片连身袖等；

按腋下有无袖裆分，可分为有袖裆的连身袖和无袖裆的连身袖。

一、连身袖结构变化原理

与装袖结构相比，连身袖由于存在衣袖与衣身的相连部分，必须综合考虑连身袖的外在结构和内在结构。连身袖的外在结构，指衣袖与衣身相连的方式，即衣袖与衣身相连的量以及相连位置的造型。在相连部分，衣袖与衣身形成互补关系，在衣袖中增加的部分应从衣身中减去。连身袖的内在结构，指衣袖与衣身相连的构成，即衣袖与衣身以何种方式进行配伍达到衣袖的和谐匹配。

由于连身袖具有系统的概念和规律，这就形成了它在纸样构成因素中的综合性。这种综合性主要表现在两个方面：一是袖连身的多变形式；二是袖连身的构成方式表现为系统性。前者是指对袖与衣身片相连的量和形状的选择，即袖子增加某种形状的部分，同时在对应的衣身上减掉，这在结构中表现为互补关系。后者则是连身袖结构的实质，即如何使袖和衣身相连的部分形成有机的整体，而且在造型和功能上达到从合体到宽松的合理统一，这是把握连身袖结构的关键所在。

首先，袖山高依然是连身袖结构的重要因素。

其次，袖中线与肩点的角度影响着连身袖的贴体程度，同时它和袖山高互相制约，对连身袖的合体性起决定性作用。即袖山高越大，袖肥越小，袖子越贴体；袖山高越小，袖肥越大，袖子越宽松。这个纸样原理在连身袖的纸样设计中仍适用。

二、插肩袖结构设计

插肩袖是连身袖的一种，款式上表现为衣袖与衣身在肩部相连，通常是在衣身上增加肩部至袖窿或领口至袖窿的分割线，分割线和有袖中缝的袖子相组合形成整体，直观上给人感觉手臂修长，常用于运动服、休闲外套等服装款式中。

插肩袖名称来源于英国人 Raglan 的名字，在克里米亚战争期间（1854—1856 年），他制作的外套袖子被称为插肩袖。插肩袖常见于男女外套、茄克衫、防寒服、运动服等款式中，其款式变化万千，丰富多彩。通过袖山与袖窿的变化，加上对袖子不同的分割形式，可构成不同的造型效果，按其合体性可分为合体插肩袖和宽松插肩袖。

（一）合体插肩袖

插肩袖的合体结构表现为成型服装穿着于人体时呈合体状态，结构处理时注意袖山高、袖中线夹角和袖口的处理。

在进行插肩袖结构设计前，需要对原型做适当处理。后片肩胛省转移 0.3cm 至袖窿，重新修正后袖窿曲线；前片胸省转移 2/3 至侧缝，1/3 留作袖窿松量，重新修正前袖窿曲线。后期可根据具体款式灵活处理胸省。在新的袖窿曲线上确定前后腋点 A 和 B，如图 5-4-1 所示。

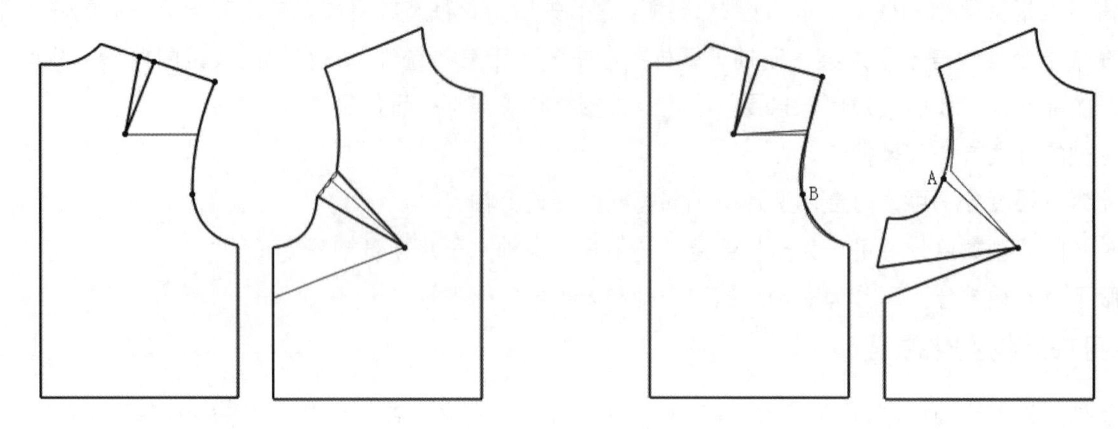

图 5-4-1 原型处理

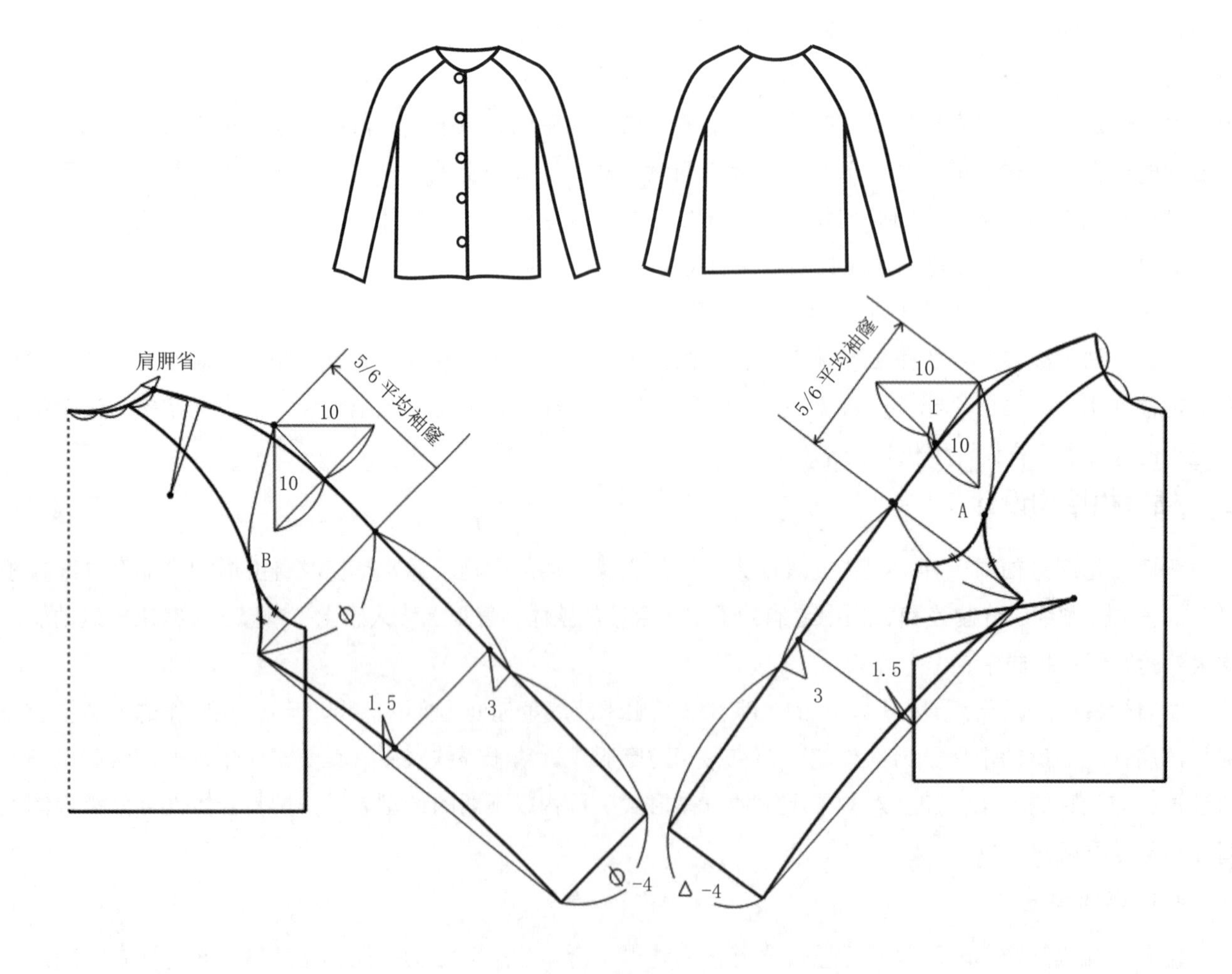

图 5-4-2(a) 合体插肩袖款式及结构处理

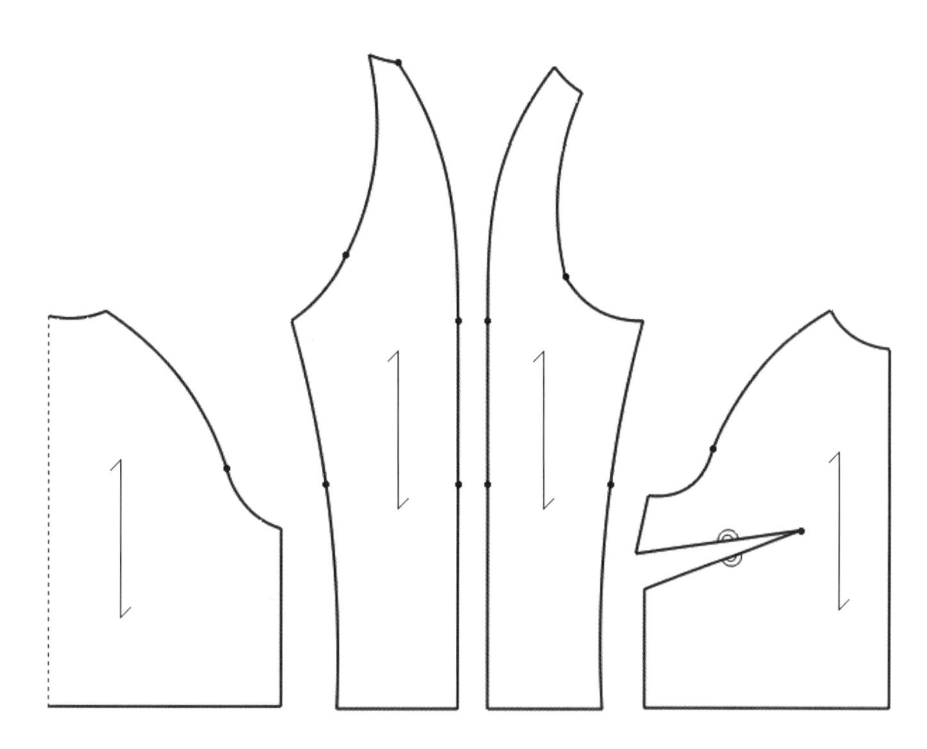

图 5–4–2(b) 合体插肩袖结构处理结果

如图 5–4–2 所示，袖山高取基本袖山高、袖中线与肩部的夹角在 45° 左右，袖口取对应袖肥减去 4 ~ 5cm。前片插肩袖具体处理过程如下：

①在前片的肩点作水平线和垂直线段 10cm 构成 90° 夹角，作低于 1cm 的角平分线，长度为袖长，此线为袖中线；

②在袖中线上取基本袖山高，从袖山高的落山点作袖中线的垂线为落山线；

③前领口三等分，经第一个等分点至腋下点 A 作弧形分割线；

④从前腋点 A 至落山线画曲线，长度与前片腋下点 A 以下的袖窿长度相等，曲度相似，方向相反，由此确定前袖肥；

⑤前袖肥减去 4 ~ 5cm 确定前袖口，袖口的设计也可以根据流行的趋势和具体需要合理选择；

⑥连接袖侧缝线，并在袖肘处内收 1.5cm，修正肩线和袖中连线。

后片插肩袖的纸样处理与前片相同，只是袖中线与肩直角三角形的夹角正好 45° 。

（二）宽松插肩袖

插肩袖有合体与宽松之分，按照袖山高对衣袖结构的制约原理，在合体插肩袖的基础上改变袖山高就可以改变袖子的贴体度。但要注意，在减少袖山高的同时，袖窿开深量应同步增加，即袖山高减少的部分作为袖窿开深量，如图 5–4–3 所示。在宽松插肩袖结构设计中，当袖山高的变化幅度很大，袖中线与肩线的角度变化甚至达到无角度状态时，这时要将肩点提高，使肩线和袖中线持平，如图 5–4–3 所示的蝙蝠衫结构。

通过上述对插肩袖的构成方式分析，可以认为：连身袖可以实现从合体到宽松的全部结构变化过程，即任何一种款式的连身袖都可以选择宽松、合体的结构状态，结构上注意把握袖山高、袖中线夹角这两个关键尺寸的采寸。当然，也可以固定其中一种合体度主体结构，如合体结构，改变款式，就会完成系列化连身袖结构设计。

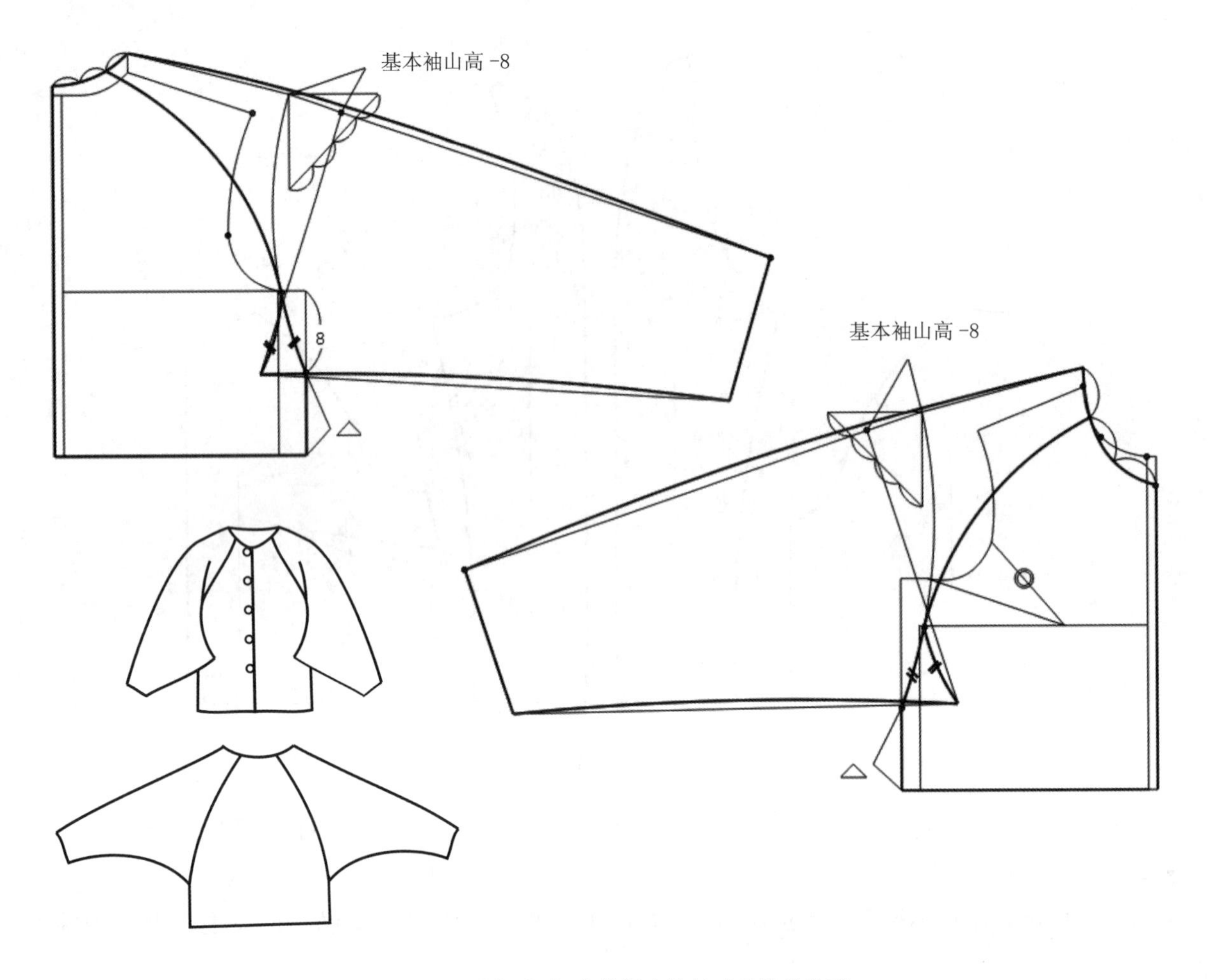

图 5-4-3 宽松插肩袖款式及结构处理

三、连身袖的款式变化

连身袖中衣袖与衣身的互补形式，构成了连身袖款式变化的规律。一般来说，选择不同的连身形式，同时也可以选择不同的连身方式，他们之间没有明显的制约关系。例如确定宽松或合体的连身袖结构都不影响连身袖形式的设计，但是，当衣袖与衣身相连的部位对运动和舒适产生影响时，形式要服从功能。如连身袖的部位在腋下，就必须考虑手臂上举时的结构要求，袖裆结构就是这样产生的。

连身袖外在结构的变化是通过衣袖和衣身的分割形式进行的，即是通过衣袖与衣身的互补性来完成的：衣袖增加的部分，在衣身中减掉。

如图 5-4-4 所示，它不同于图 5-4-2 所示的插肩袖形式，而是在后肩胛省的位置截断，形成部分插肩袖形式，这种巧妙的结合使分割线与肩胛省融为一体。与图 5-4-2 中的插肩袖相比较发现，它们互补关系的范围是以前、后腋下点为界的，腋下点以上是通过互补关系改变款式，腋下点以下是相对不变的，由此可以将前、后腋下点作为基点引出若干条款式线，从理论上讲这种款式设计是无限的，如图 5-4-5、图 5-4-6 和图 5-4-7 所示，以前、后腋下点为界，衣袖与衣身的相连形式可由肩线到领口、前中、下摆、侧缝等不同部位。

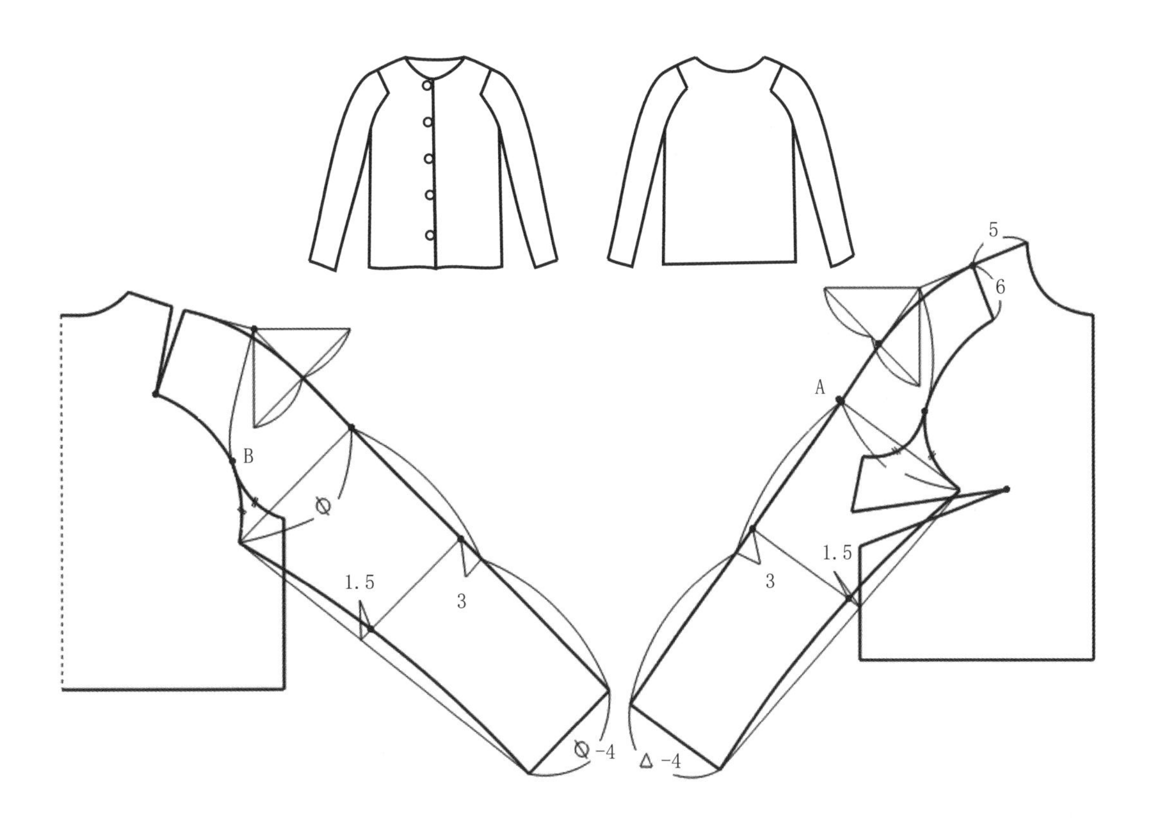

图 5-4-4 连身袖款式一及结构处理

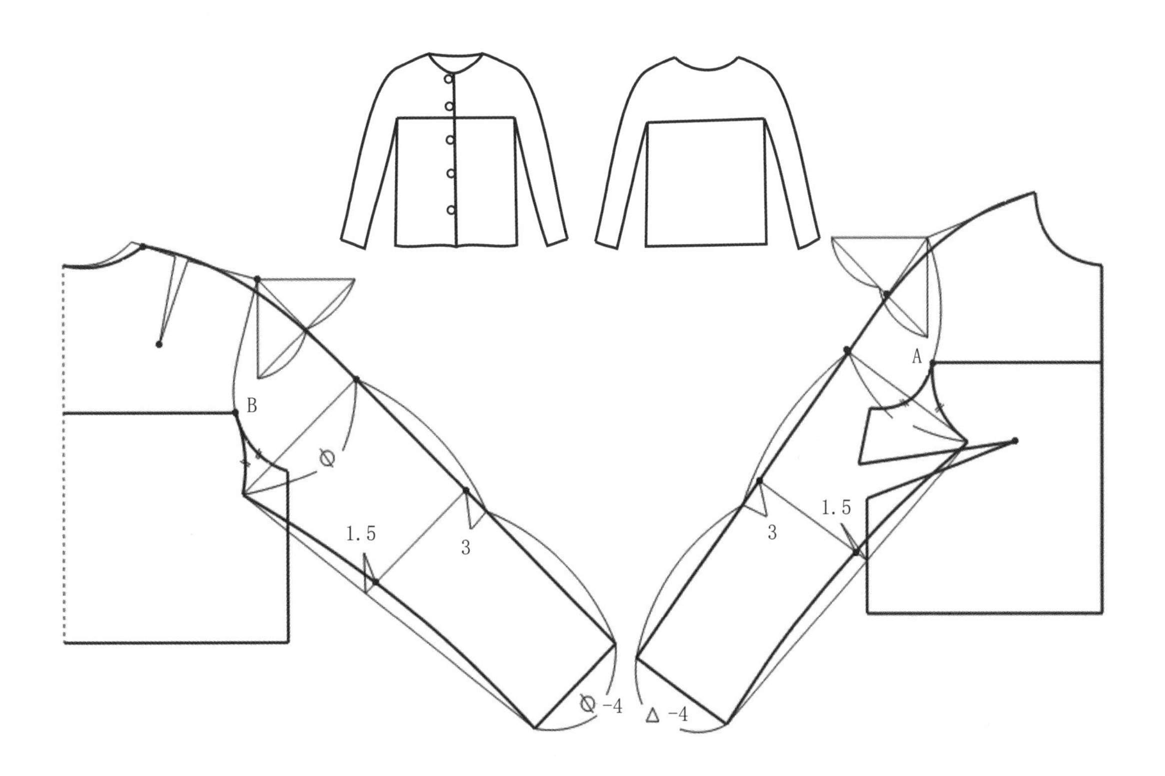

图 5-4-5 连身袖款式二及结构处理

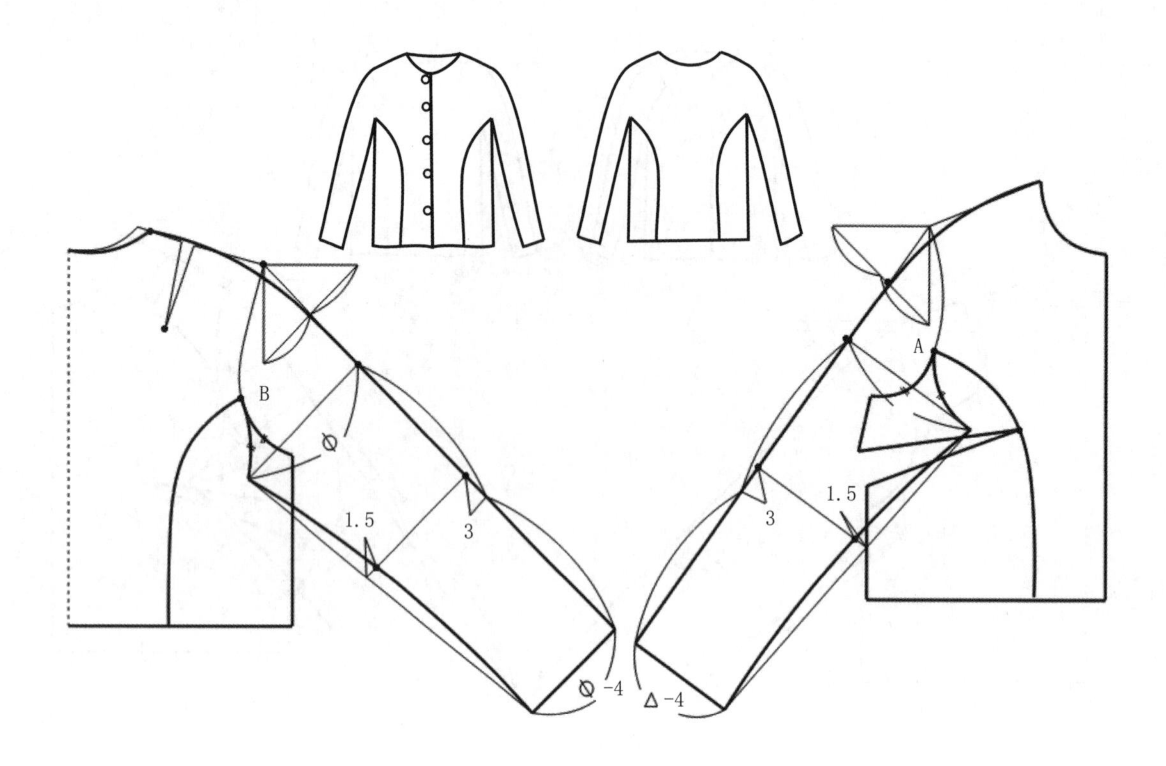

图 5-4-6 连身袖款式三及结构处理

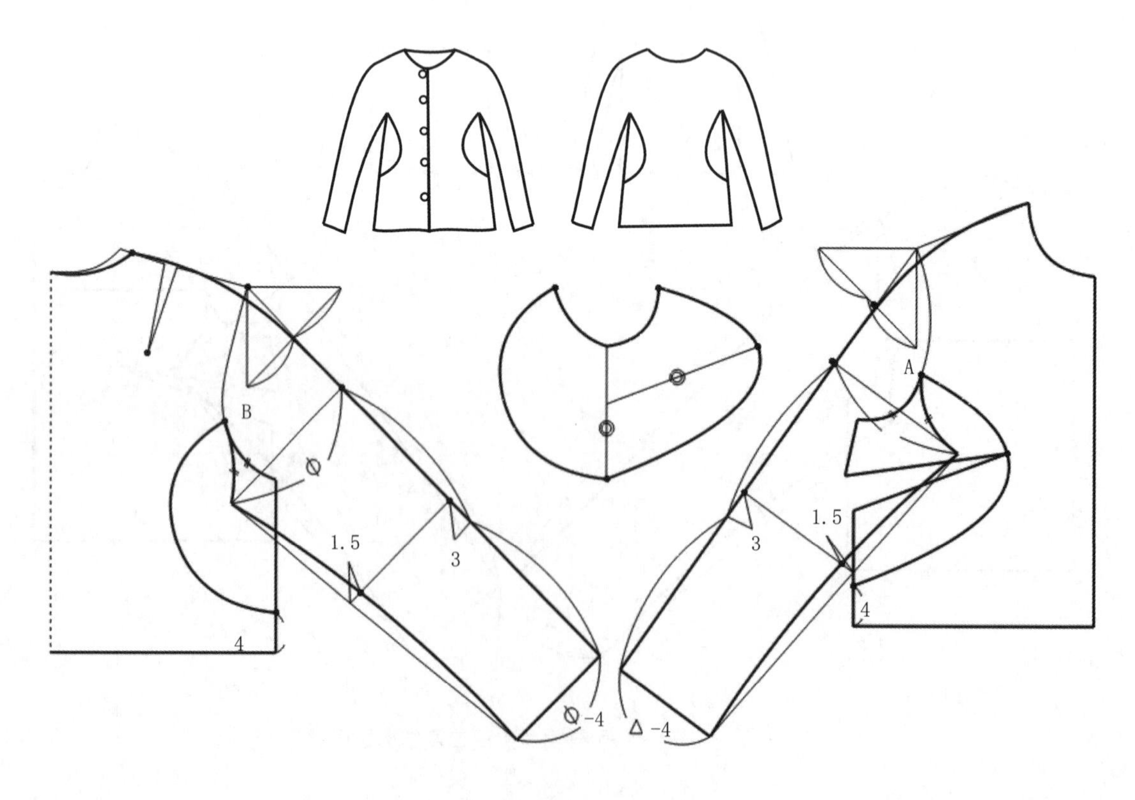

图 5-4-7 连身袖款式四及结构处理

从上述例子看，连身袖的变化原则是衣袖和衣身的分割线形式与量的互补关系。这是连身袖达到造型和谐统一的理论依据。然而当衣袖与衣身相连的部位超出一般形式变化的范围时，这种互补原理就不是形式统一的问题了，而是结构的功能性是否合理的问题。因此，互补有个最大化问题，当互补关系影响到结构的合理性时，需要通过其他技术手段化解矛盾，袖裆技术便由此产生。

四、袖裆与袖裆结构处理

连身袖的款式变化主要是通过衣袖与衣身互补关系的选择形式完成的，从某种意义上讲这种选择形式是无限的，即以前、后腋下点为界，可以引出无数条款式线，这说明连身袖有无数次款式变化。然而，从如此丰富的变化中发现，当款式线（分割线）向侧身靠拢到一定程度时就必须停止，以不介入重叠量为原则。因为，衣袖与衣身构成整体结构的所有部分不能出现重叠，否则结构就不能成立。因此，衣袖与衣身相连的所有款式必须排除腋下的重叠部分，即衣袖与衣身互补的最大化。如果在设计中需要连身的范围很大，款式线（分割线）还要隐蔽起来，这就需要采用相应的综合结构处理的方法——袖裆技术。由此可见，袖裆实际上就是衣袖与衣身在腋下重叠量被分解出去的那一部分。

（一） 袖裆的产生

从前述几个连身袖的例子可以看出，衣袖与衣身相连的形式可多可少，即连身款式线（分割线）可设置与肩部、领口、前中、下摆、侧缝等不同位置，当连身款式线（分割线）处于侧缝处时，如图 5–4–8 所示，衣身的大部分与衣袖相连构成袖体部分，而前后衣身只剩下很小的一部分，此时可将前后衣身在侧缝处整合。当服装缝合成型时，由于衣身面积很小并置于腋下，形成型如补丁的结构，这便是袖裆产生的原因。

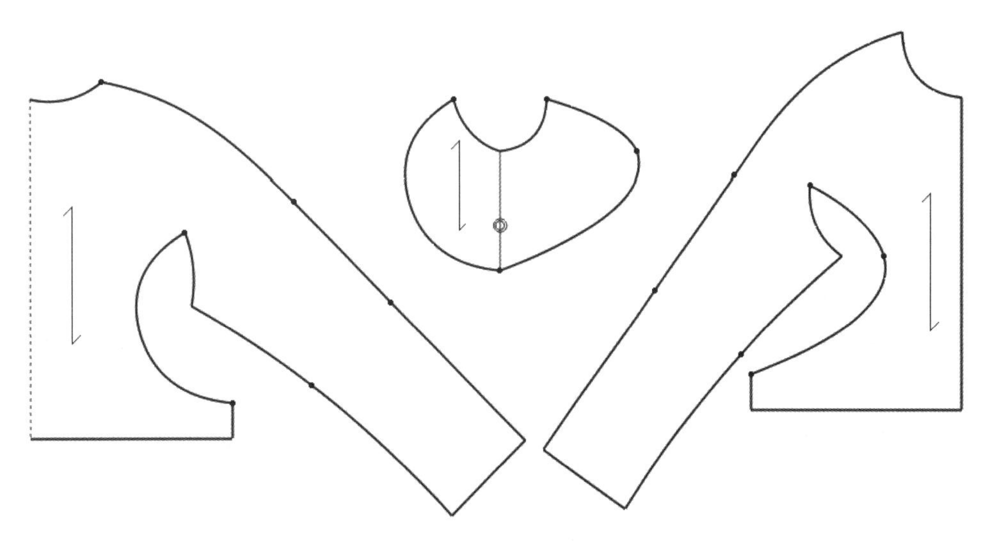

图 5–4–8 袖裆的形成

（二） 袖裆结构处理

连身袖的款式变化多样，其原则是合理处置衣袖和衣身的连身款式线形式与量的互补关系，如图 5–4–9 所示，以腋点为基准，连身款式线可相连于衣身的肩线 (a)、领口 (b)、前后中 (c)、下摆 (d)、侧缝 (e) 等，形成不同款式的连身袖。然而当衣袖与衣身相连的部位超出一般形式变化的范围时，如图所示的 (f) 位置，这种互补原理就不是形式统一的问题，而是结构的功能性是否合理的问题。

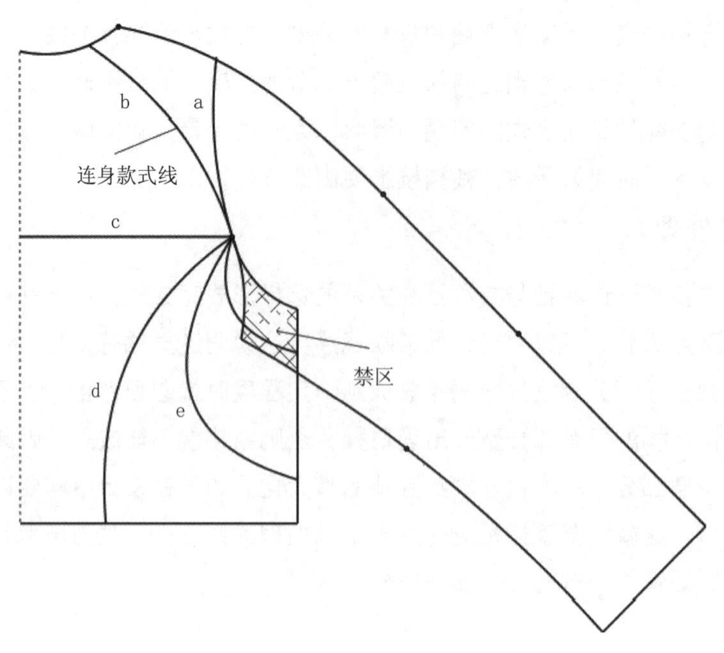

图 5–4–9 连身款式线的变化

如图 5–4–9 所示，当连身款式线处于衣身侧缝位置时，连身款式线的运动区域是有限制的，这种限制以不介入重叠量为前提，即连身款式线不可进入如图所示的“禁区”，当连身款式线进入该“禁区”时，衣袖部分将出现重叠，导致整个结构不合理。

另一方面，如图 5–4–8 所示的袖裆，当服装成型后，在腋下位置依然能够清晰地看见袖裆与衣袖的接缝线。而在有些服装设计中，设计师希望将此处的接缝线隐蔽，即希望袖裆的面积很小，这就要求连身款式线必须进入“禁区”。这样，便形成了两难境地：一方面，根据连身袖结构原理，连身款式线不可进入“禁区”，否则结构不合理；另一方面，款式设计需要袖裆隐蔽致使连身款式线必须进入“禁区”。为了解决这个相互矛盾的需求问题，便产生了袖裆技术。

既然袖裆是为了解决因重叠而产生的不合理结构，因此袖裆的一切参数应符合连身袖的基本原理，它可以通过连身袖结构获得必要的设计参数。其步骤如下：

第一，要复核连身袖的前后内缝线、前后侧缝线，方法是以各自短的尺寸为准截取对应的尺寸，并确定下来；

第二，袖裆插入的位置在袖内缝线和侧缝线交点到前、后腋点之间，并以此作为袖裆各边线设计的依据；

第三，袖裆活动量设计是根据前片与袖子重叠部分的两个端点到前腋点的连线，并延伸至袖内缝线与前侧缝线的会合点所引出的线段上，使其构成等腰三角形，它所呈现出的底边宽度就是袖裆活动量的设计参数。在此参数的基础上根据款式设计需要或增或减，增加时活动量就大，减小时活动量就小。

1. 三角形袖裆结构处理

三角形袖裆是根据袖裆的三角形形状而命名的，具有袖裆小、接缝隐蔽、工艺简单、容易制作的特点。

如图 5–4–10 所示，前袖裆下端取衣袖与衣身交点下 2cm，上端取前腋点。先画袖裆下插角位，再画上插角位，并以上下长度一致为宜。后袖裆取衣身侧缝和袖侧缝与前片相等确定上下插角位。

三角形袖裆的大小、形状是由衣袖和衣身的重叠量和袖裆插角位的长度决定的，它可以是三角形的，也可以是由前后袖裆组合而成的四边形。

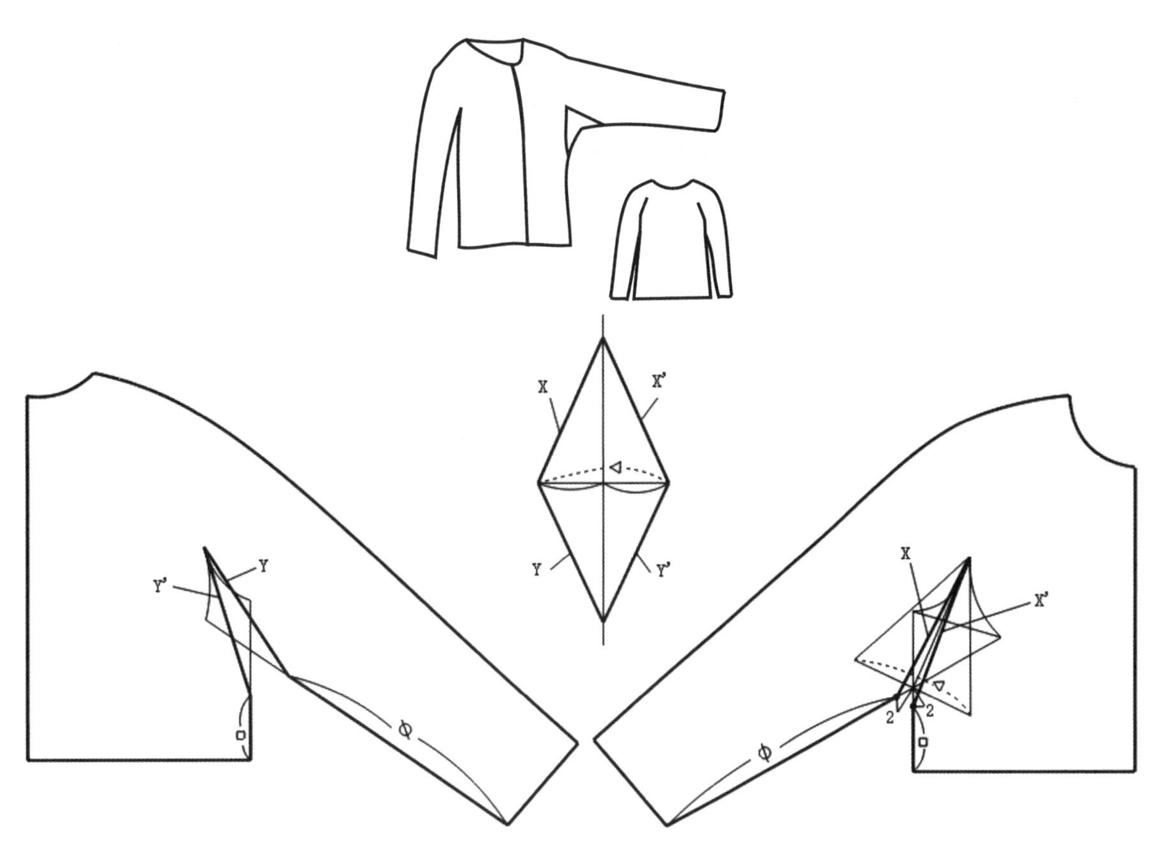

图 5-4-10 三角形袖裆结构处理

2. 四边形袖裆结构处理

四边形袖裆是根据袖裆的四角形形状而命名的，具有插角大、活动量大、制作工艺较难、不易隐蔽等特点。

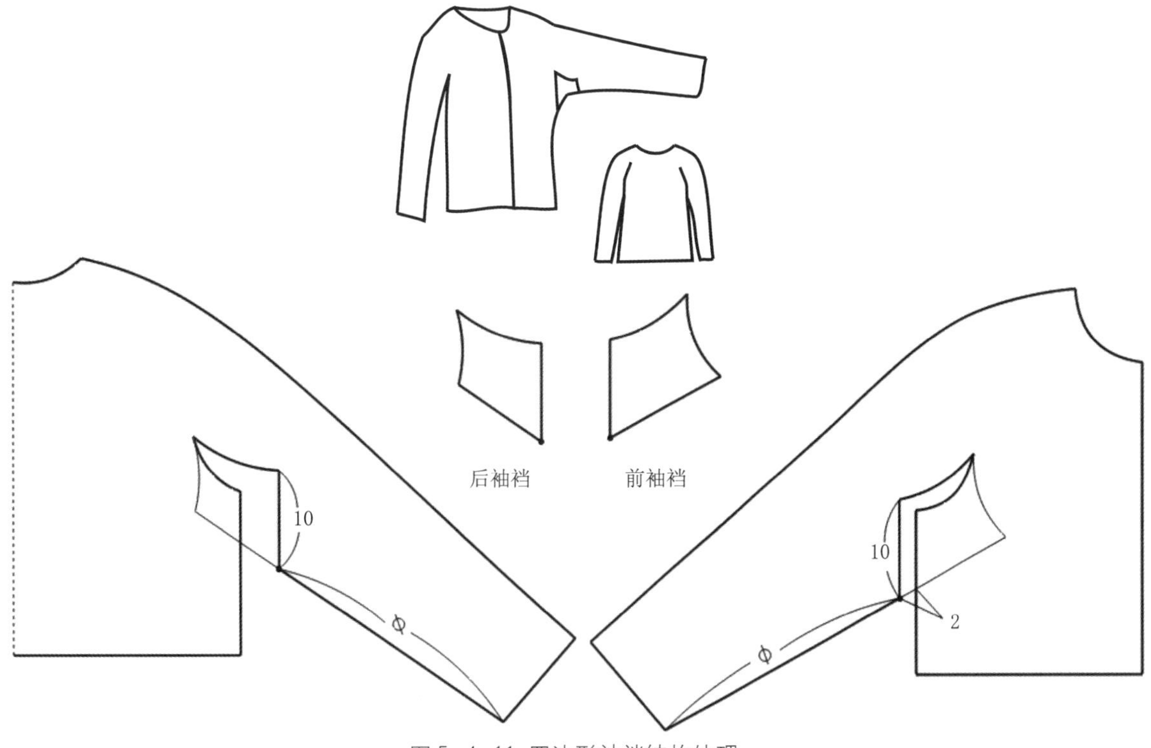

图 5-4-11 四边形袖裆结构处理

如图 5–4–11 所示，四边形袖裆是衣袖与衣身组合后，为解决重叠量而产生的插角形式，其插角位在衣身侧缝与袖窿下端呈转折状，插角较大，制作工艺较三角形袖裆复杂。

袖裆是衣袖与衣身在配伍的过程中，为满足连身袖服装的风格造型、舒适性和运动功能性的综合要求而产生的。当连身款式线运动至“禁区”内时，衣袖与衣身在腋下形成重叠部分，是合理利用衣身袖窿线与袖身袖山线之间腋下重叠量而进行的一种衍生结构设计。袖裆的形状、大小由衣袖和衣身的重叠量和袖裆插角位的长度决定，可根据款式特征、结构需要合理选择袖裆大小和形状。

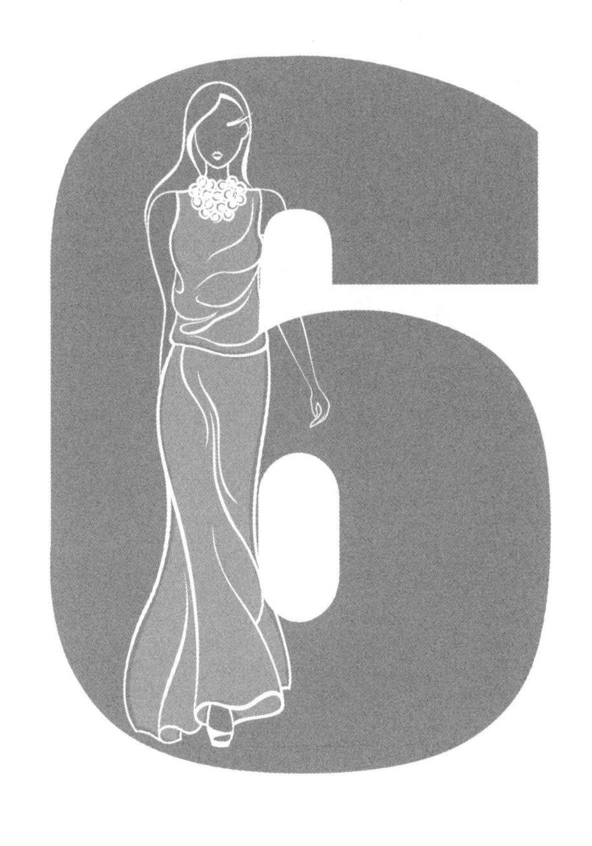

第六章 其他细部件结构设计

第一节 口袋结构设计

口袋是重要的服装细节表现之一，也是服装设计的流行元素之一，兼具功能性和装饰性。设计师经常运用口袋的造型、大小、款式来补偿和完善服装设计，使其艺术性更强。

从外观形态来分，可以把口袋分为贴袋、挖袋和插袋三种类型。如牛仔裤的后袋就是贴袋，男西装的大袋就是挖袋，男西裤的侧袋就是插袋。不同的口袋有其不同的外观形态，也有其不同的加工工艺。在设计口袋的时候，应注意对口袋外形和图案的描绘，这些可以丰富口袋的细节。同时，可以把不同的口袋组合在一起，如在贴袋的表面增加一个挖袋或在插袋上增加一个贴袋等，这些在休闲装、牛仔装的设计中经常被采用。

服装上的口袋，既可供人们随身存放物品，又可供插手取暖，同时也是造型布局中一个重要的元素。口袋往往能使服装表面形象更丰富、更有立体感，具有多种情趣又有多种用途。因此，在服装的前胸、后背、前腹、后臀、手臂、腿部，甚至在领子、帽子上都可设计各式各样的口袋。由于口袋的存在，各种扣子、拉链、线迹等也因实用和装饰的功能，在服装上广泛应用。

一、口袋的设计要点及分类

（一）口袋的设计要点

1. 方便实用

具有实用功能的口袋一般都是用来放置小件物品，设计时应着重考虑口袋的朝向、大小，以方便物品的取放。

2. 整体协调

口袋的大小和位置必须与服装相应部位的大小和位置相协调。装饰性口袋的设计还需注意与整体服装风格一致。同时，口袋材料的选择也要充分考虑服装的功能及其材料。

另外，口袋的设计也要考虑服装的应用场合及功能诉求，如表演服、专业运动服以及用柔软、透明材料制成的服装一般不需要设计口袋，而制服、普通运动服、外出服等常需要设计多个口袋以增加服装的功能性和美观性。

（二）口袋的分类

根据口袋的结构特征，口袋可分为贴袋、插袋和挖袋三种，如图 6–1–1 所示。不同类型的口袋，其设计方法和表现技法有较大差别。

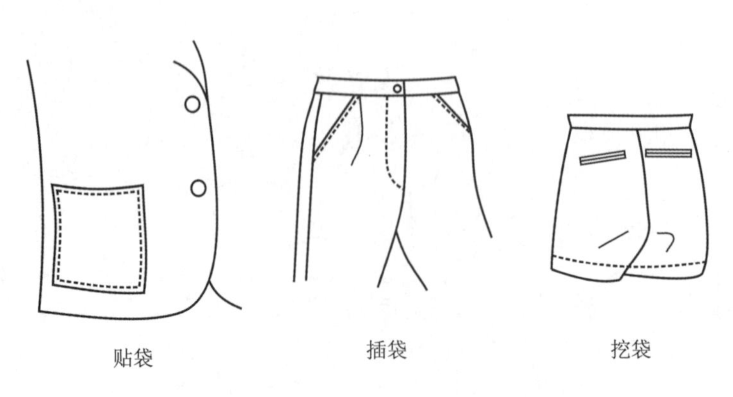

图 6–1–1 口袋的分类

二、口袋结构设计

（一）口袋大小及位置设计

1. 口袋大小设计

口袋大小以人体手宽尺寸为依据，通常成年男性的手宽在 10 ～ 12cm，成年女性的手宽在 9 ～ 11cm。口袋袋口尺寸可在手宽基础上加适当的松量，如男女上衣大袋袋口尺寸：手宽 +3 ～ 5cm；大衣、棉服的袋口尺寸可适当增加。男女上衣小袋往往只是用手指取物，其袋口尺寸可以根据款式选择，一般设计为手宽大小即可。

2. 口袋位置设计

口袋位置设计，首先应利于放置和拿取物件，其次应与服装整体造型相协调，要充分考虑整件服装的平衡。如一般上衣大袋的袋口位置以底摆线为依据，向上取衣长的 1/3 或以腰围线为依据，向下取 5 ～ 8cm，袋口前后位置则以胸宽线为依据，向前中偏移 1 ～ 2cm 设为中心。

（二）贴袋结构设计

贴袋是贴缝在服装表面的口袋，由于贴袋的全部构件都暴露在外，因此其变化范围很大，其袋位、袋形、袋口、袋盖均可进行变化，是变化最丰富的一类口袋，如图 6–1–2 所示。同时，可根据设计的需要，与其他种类的口袋进行多种组合，形成变化丰富的口袋。

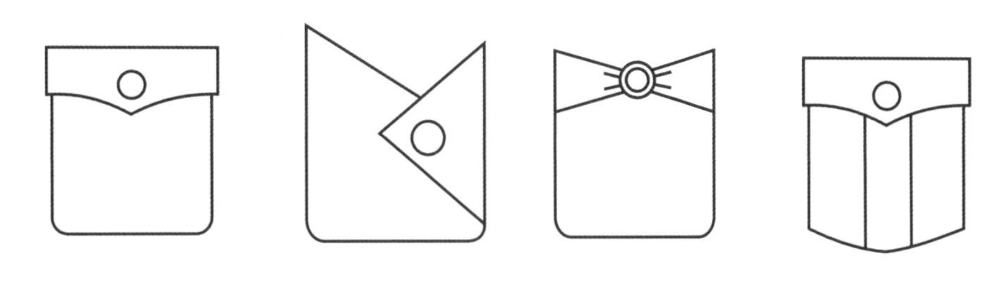

图 6–1–2 贴袋设计

例 1：男衬衫胸袋结构设计

男衬衫是经典男装之一，也是男士常用服饰之一，可穿在西装等外层服装内，也可单独外穿。男衬衫的款式特征明显，领子、袖子、门襟、口袋、肩部、下摆等细节部位有其固定的款式结构特征。一般在左胸设置一个贴袋，袋形可依服装整体款式做适当变化。图 6–1–3 为男衬衫款式图和胸袋结构处理。

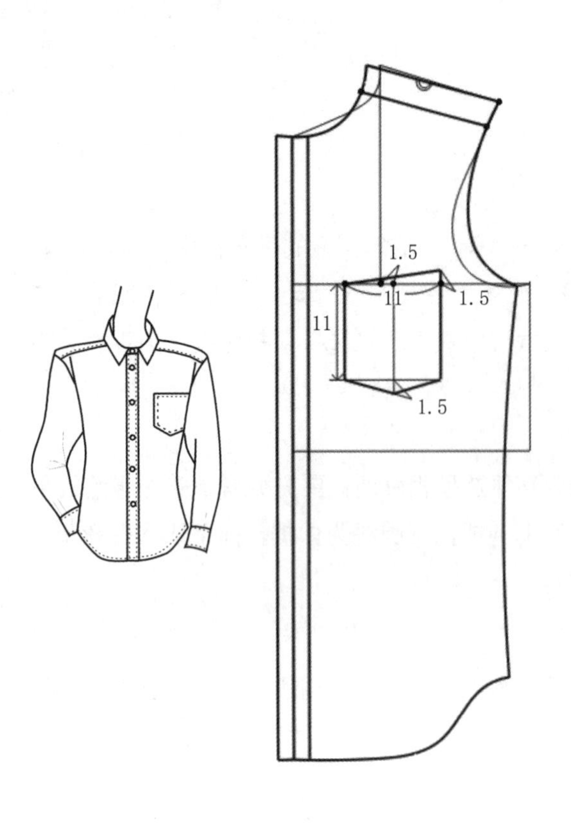

图 6–1–3 男衬衫胸袋款式及结构处理

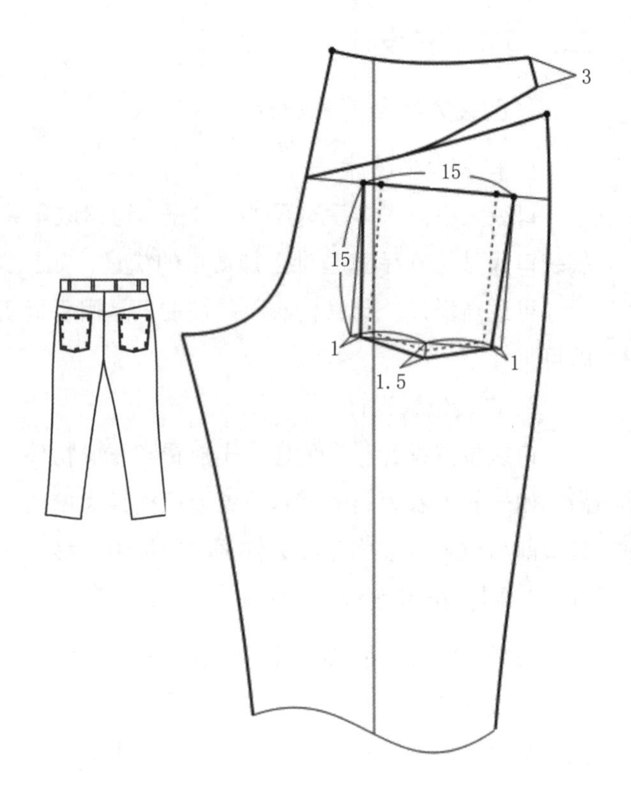

图 6–1–4 牛仔裤后袋款式及结构处理

例 2：牛仔裤后袋结构设计

牛仔裤（Jeans），原指用一种靛蓝色粗斜纹布（Denim）裁制的直裆裤，裤腿窄，缩水后穿着紧包臀部。因其最早出现在美国西部，曾受到当地的矿工和牛仔们的欢迎，故名牛仔裤。随着时代的发展和流行的变迁，牛仔裤的发展已今非昔比，时装化已成为牛仔裤的主要发展方向。但其主要款式结构特征依然保留，如经典五袋裤，前身裤片左右各设有一只插袋，并在右插袋上设小钱袋，后片有尖形贴腰的两个贴袋，袋口接缝处钉有金属铆钉并压有明线装饰。图 6–1–4 为牛仔裤款式图和后袋结构处理。

（三）挖袋结构设计

挖袋的袋口开于服装表面，袋体则藏于服装里面。服装表面的袋口可以显露也可以用袋盖遮掩。挖袋简洁明快，对工艺质量要求较高。袋口的变化丰富，有横开、竖开、斜开、有袋盖、无袋盖等，如图 6–1–5 所示。

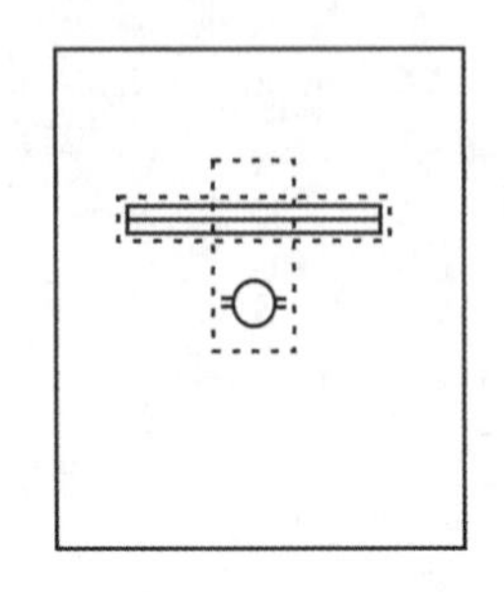

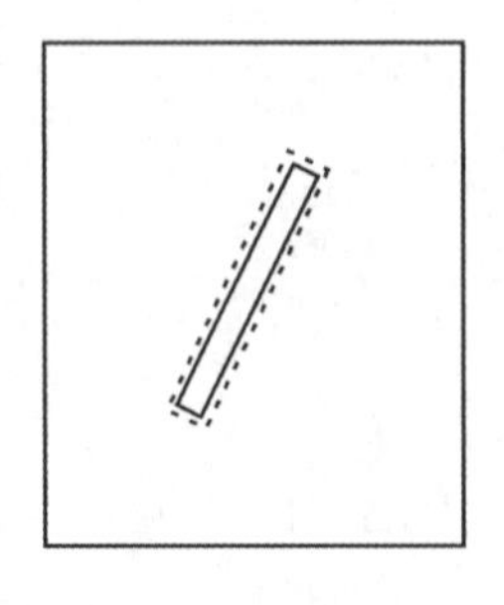

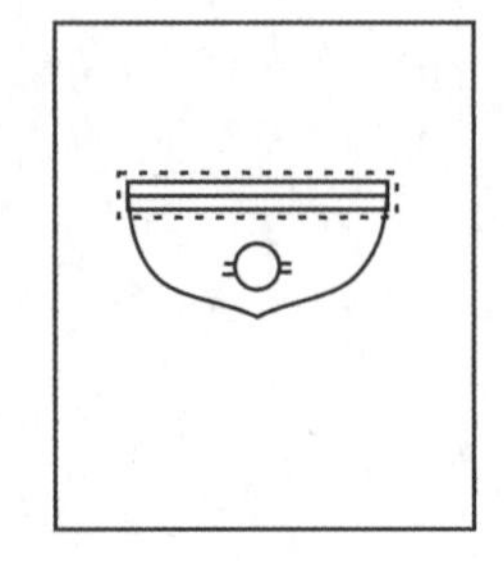

图 6–1–5 挖袋设计

例 1：男西装大袋结构设计

男西装是西式服饰的典范，从其诞生到现在经历了 200 多年的历史，始终在不断地流行与完善。20 世纪 30 年代形成目前西服套装的基本款式特征，即由同一面料制成西服上衣和裤子组成的两件套，或由同一面料制成西服上衣、背心和裤子组成的三件套。

男西服套装上衣构成的形式为：上衣为两粒扣、平驳领、圆摆，左胸设有手巾袋、下摆两侧设有夹袋盖的双嵌线大袋，袖衩有三粒装饰扣，后身开衩。图 6–1–6 为男西装款式图及其大袋结构设计。

例 2：男西裤后袋结构设计

西裤因其既可出入正式场合，也可出入非正式场合，成为男士下装首选服饰。常见的男西裤多为 H 型，左右各设一个斜插袋，后片各设一个挖袋，其中挖袋可根据裤子款式及结构特征选择单嵌线、双嵌线或有袋盖的嵌线袋。图 6–1–7 为男西裤款式图及其后挖袋结构设计。

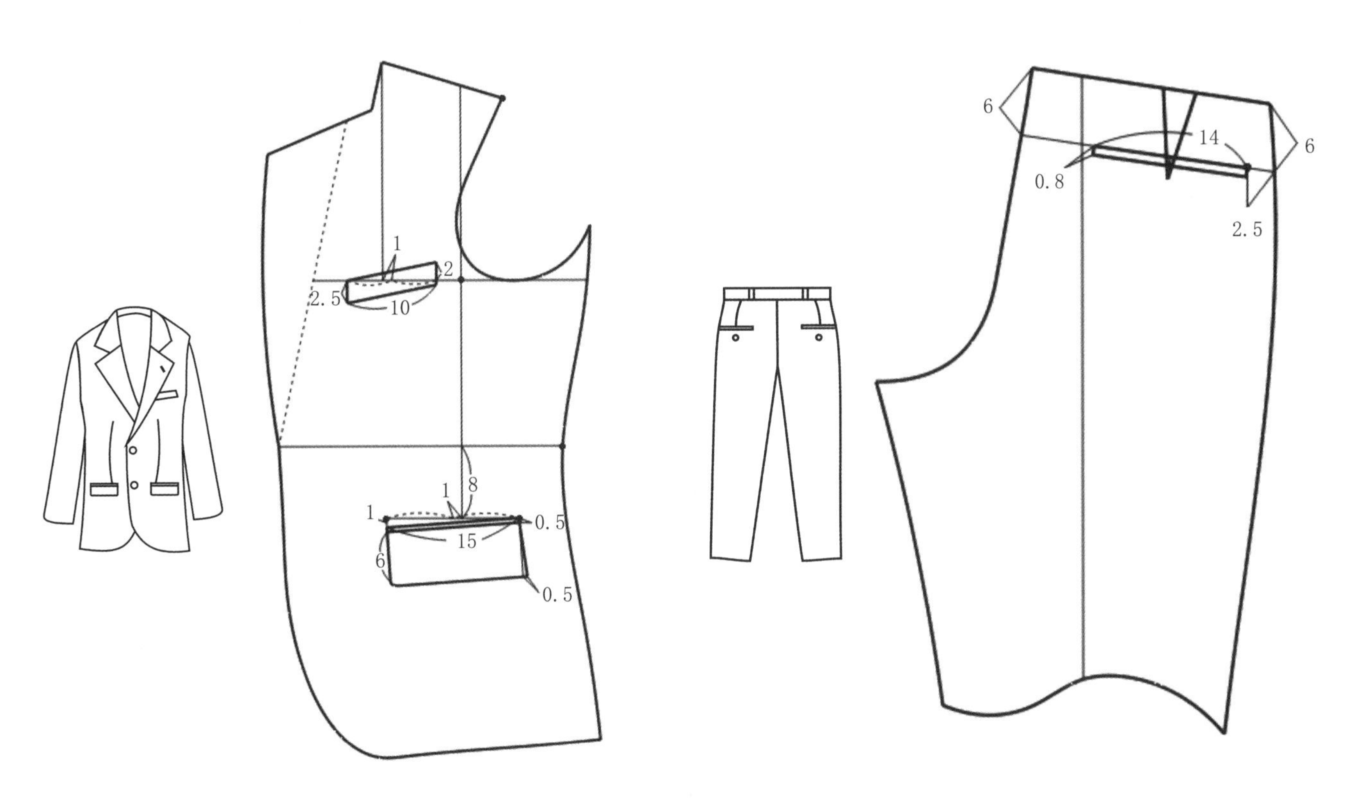

图 6–1–6 男西装大袋、手巾袋款式及结构处理

图 6–1–7 男西裤后挖袋款式及结构处理

（四）插袋结构设计

插袋往往是借助服装结构线设计的口袋，袋口与服装的接缝浑然一体，其结构原理与挖袋有相似之处。如裤子的侧缝插袋、上衣的公主线 / 刀背缝分割等，只要有长宽大于手宽的分割缝都可以完成插袋的设计，如图 6–1–8 所示。插袋袋口可以是纵向的、横向的、斜向的，甚至可以是曲线的。现在有些运动休闲装出现了省间袋，其结构也可属于插袋类。

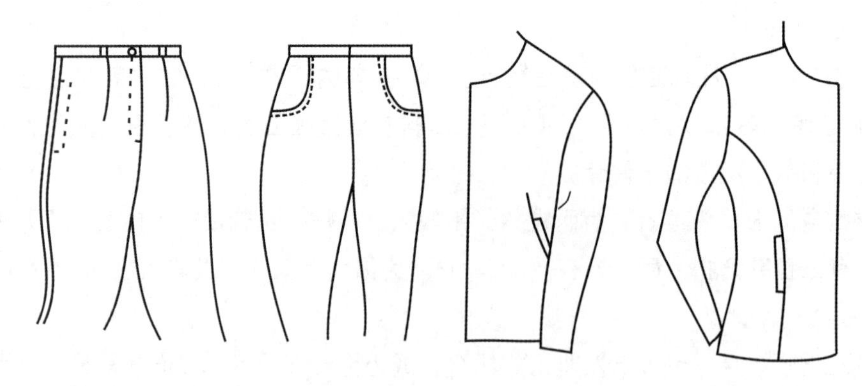

图 6-1-8 插袋设计

例 1：男西裤侧插袋结构设计

图 6-1-9 所示为男西裤款式图和前片侧插袋结构。

例 2：茄克衫插袋结构设计

茄克衫是从中世纪男子穿用的叫 Jack 的粗布制成的短上衣演变而来的。自形成以来，款式变化多样，不同的时代，不同的政治、经济环境，不同的场合、人物、年龄、职业等，对茄克衫的造型都有很大影响，是当今世界时装发展较快的服装之一。茄克衫穿着舒适、自然、大方，它既可作为人们日常生活穿用的服装，也可作为旅游社交活动穿用的服饰。茄克衫多做功能性分割，因此，茄克衫一般设有多个插袋，既满足功能需要，同时又具有装饰性。图 6-1-10 为茄克衫款式图及其插袋结构处理。

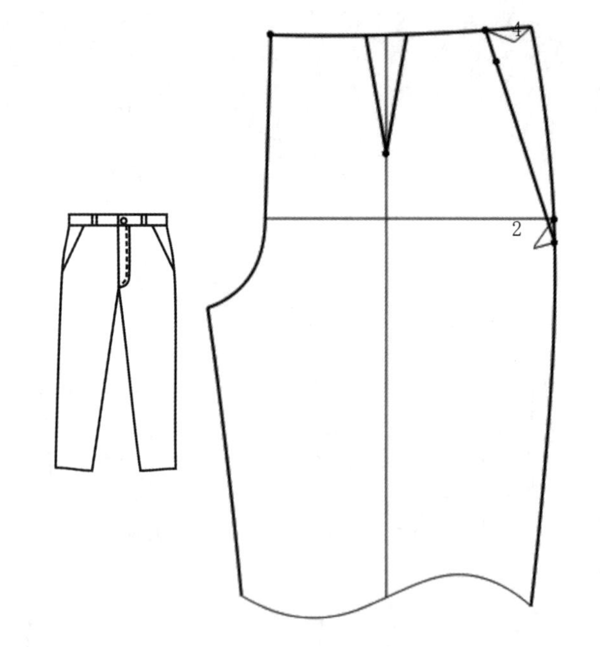

图 6-1-9 男西裤前侧插袋款式及结构处理

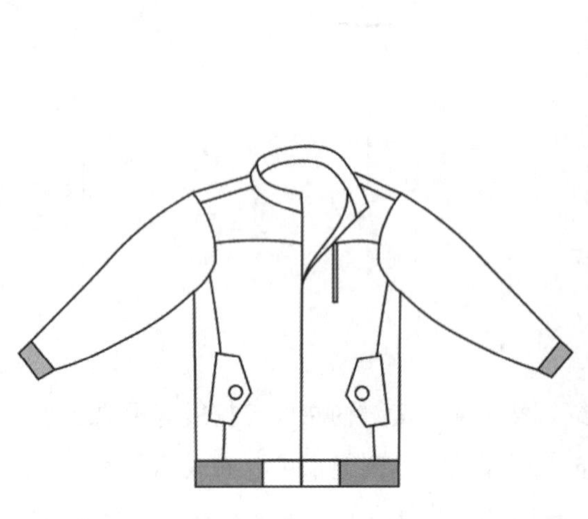

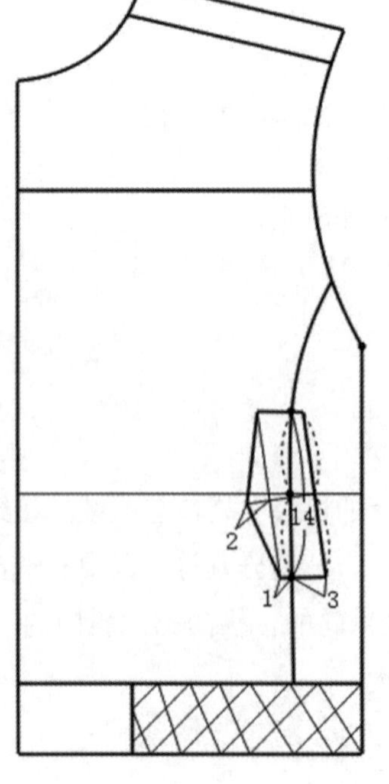

图 6-1-10 茄克衫插袋款式及结构处理

第二节 门襟结构设计

门襟作为服装结构中的一个重要组成部分，它的发展和变化对于整体的服装款式有着重要的意义。在古代，由于特定的时代背景，门襟形式的变化更多受到当时的社会因素的影响。现代的门襟是在满足开合要求的基础上，追求装饰性的效果。

在现代服装中，服装的门襟往往讲究“男左女右”，即男装往往左前片压住右前片，而女装往往是右前片压住左前片。这种“男左女右”的说法始于近代，在东西方文化交汇之际，由西方传入我国。事实上，在我国古代，左右衽说法与今天是完全不同的。古代的汉民族服装，上衣的襟多为大襟右衽，即服装的前襟左右两片在胸前加宽加大，两襟重叠，其左襟在外，压住右襟。左襟向右，合于腋下系带。

一、门襟的分类与功能

门襟是服装造型布局的重要分割线，也是服装局部造型的重要组成部分。它和衣领、纽扣或搭襻互相衬托，和谐地表现出服装的整体美。门襟还有改变领口和领型的功能，由于开口方式不同，能实现圆领变尖领、立领变翻领的效果。

门襟的设计，以穿脱方变、布局合理、美观舒适为原则。其造型要注意门襟、领口、衣袖的互相呼应，注意服装造型风格协调一致。

门襟是由衣领以下直至下摆的服装开合处所构成，其种类大致包括大襟、对襟、一字襟、双襟、琵琶襟等。

（一）门襟的位置

门襟在服装中的位置，有前后、正偏之分，通常需要与服装整体风格相协调。

门襟通常设计在前中线上，形成对称、朴素的美感，同时也为其他部位的设计打下基础，在西装、制服、便装设计中普遍采用。

偏门襟设计则具有较强的动感，它以流畅的线条和多种位置的形态变化体现出极高的艺术欣赏价值，在中国传统服饰中占有重要地位。

背式门襟是一种反常规设计，多出于功能性设计考虑，如工作服、围裙等，显得宽松随意。有时是为了保持前身图案的完整连续而隐藏开口至后中；有时也是出于猎奇心理考虑，将本属于前身的装饰设置在后身，如同反穿服装，别具一格。

（二） 门襟的方向

门襟多作垂直方向的分割，使服装宽度比例减小且长度有上下延伸之感。

斜向的门襟有指向和引导作用，常与一些特殊的领型或下摆相结合，给人积极活泼的感觉，多用于女装、牛仔、茄克等服装设计中。中国传统服饰的斜门襟设计正是起到了减弱平稳、顺直的呆板之感，具有和谐的艺术感。

（三） 门襟的形状

门襟的形状对服装风格产生一定的影响。直线具有锐利、简洁、庄重之感，常用在庄重、沉稳的服装设计中。折线具有强烈的动感，给人冲突、不平衡的心理感受，常用于时装设计中。曲线含有幽默、丰满、轻盈的韵味，常用在轻松、活泼、自由的服装设计中。在礼服和部分男装设计中，曲线形门襟则表现出高雅、华丽、古典和浪漫的气息。

二、门襟结构设计

（一）大襟结构设计

大襟包括右衽与左衽。其中右衽是指衣衽右掩，纽扣偏在一侧，从左到右盖住底襟，多用于汉族服装；左衽是指衣襟由右向左掩，此种形式在北方游牧民族的服饰中比较常见。图 6–2–1 所示为大襟左衽款式图、纸样及其裁片。

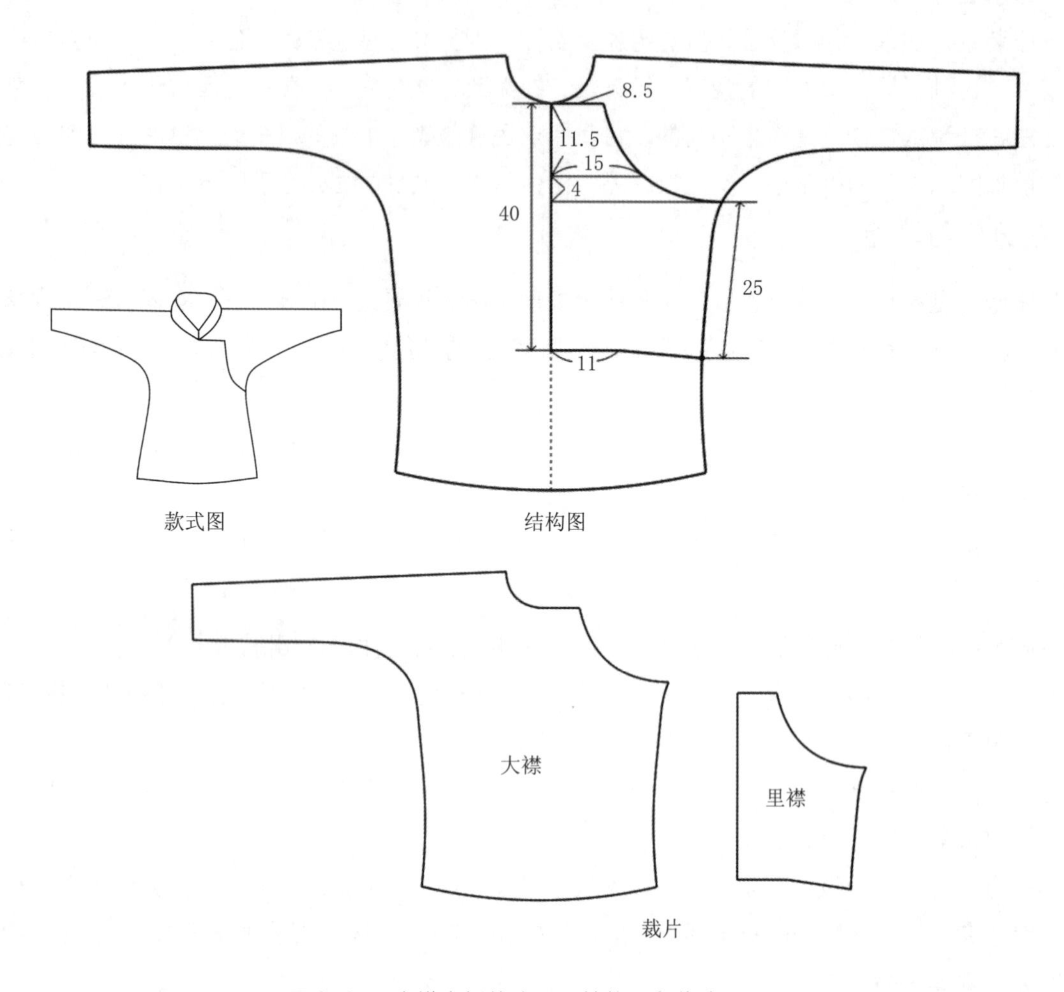

图 6–2–1 大襟左衽款式图、结构图和裁片

（二）对襟结构设计

1. 全开襟

全开襟是服装最常见的开襟方式，在服装前中线位置从上至下开襟。根据门襟位置左右系连方式，分为对襟（一般用拉链、中式盘扣、线绳等系连）和搭襟（往往以扣子系连）。搭襟需要增加搭门量，根据服装款式、纽扣大小、单／双排扣等，搭门量一般设置在 1.5 ～ 8cm 不等。

搭襟又有明门襟和暗门襟之分，其中明门襟在前中线门襟处单独设一片裁片，与衣身缝合并缉明线，如图 6–2–2 所示的男衬衫。暗门襟的搭门则与衣身前片相连，如图 6–2–3 所示的女衬衫。

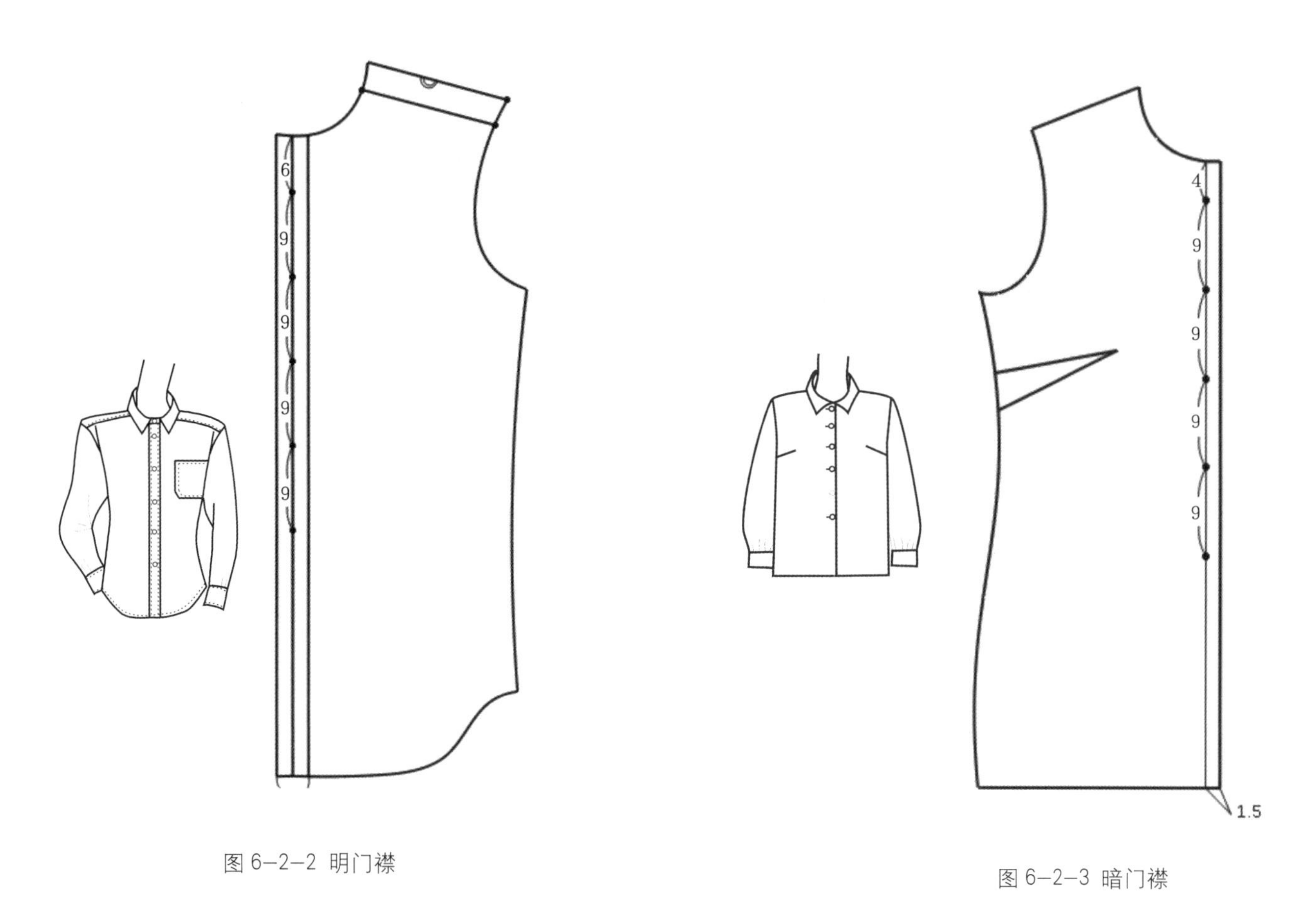

图 6–2–2 明门襟

图 6–2–3 暗门襟

2. 半开襟

半开襟指在服装开合处部分剪开、部分相连的结构，一般设在服装前中或后中位置。常见于男 T 恤、休闲女装及童装产品中，如图 6–2–4 所示的男 T 恤。

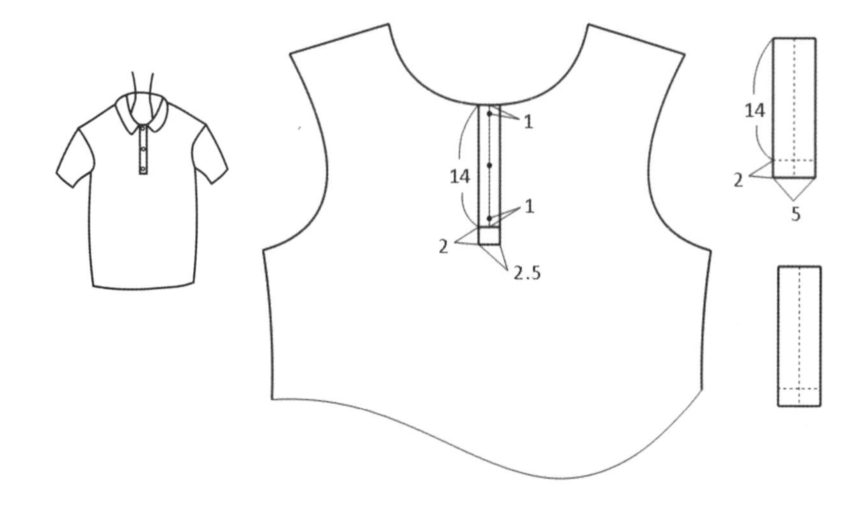

图 6–2–4 半开襟

另外，半开襟的门襟位置也可以在后背、肩部、肋部等。

背式门襟：虽然这种门襟增加了实用的难度，但因它符合现代简洁的设计思想，所以成为现代服装中常见的门襟形式，如图 6–2–5(a)。此外，背式门襟使前胸更加适用于其他装饰手段的应用，为前胸的装饰提供了一个更为广阔的空间。

肩式门襟：既满足了方便实用的设计要求，同时也为胸前的美化留下了余地，如图 6–2–5(b)。其肩部门襟的工艺与扣饰，也令备受人们重视的肩部成为了设计的重点和视觉的中心。

肋下门襟：隐藏的开合方式，主要是满足了现代女性对于身体曲线感的美化要求，紧收的腰节曲线在隐式拉链的配合下，将现代人的理念深刻地表达出来，如图 6–2–5(c)。

(a) 背式门襟

(b) 肩式门襟

(c) 肋下门襟

图 6–2–5 半开襟的其他形式

（三）一字襟结构设计

一字襟指服饰前片在胸部上方横开，外观呈“一”字形。这种开襟方式常见于清朝至民国时期的坎肩上。图 6–2–6 为一字襟坎肩的款式图与结构处理。

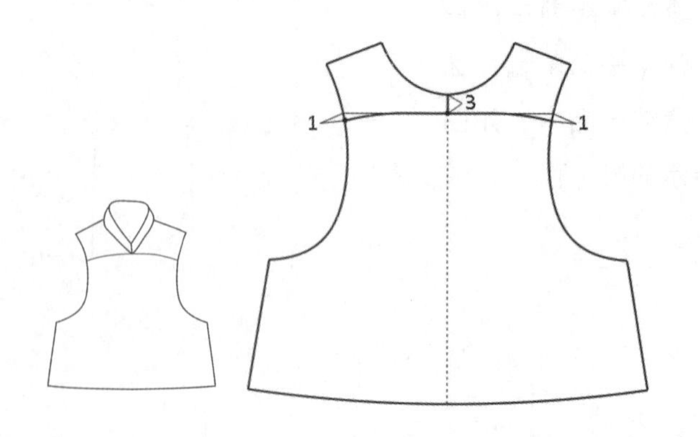

图 6–2–6 一字襟款式及结构处理

（四）双襟结构设计

双襟是大襟右衽的一种变形，它有两种做法：一种是在前衣片上两边都挖剪开襟，然后把其中一个襟缝合；另一种是并不挖剪，只是用花边等装饰材料做出与大襟右衽相对称的一个假襟。无论哪一种做法，真正起到开合作用的还是右侧门襟，其对称的假襟往往是因为美观的需要而存在。图 6–2–7 为双襟旗袍款式图、结构图及裁片。

图 6–2–7 双襟款式图、纸样及裁片

（五）琵琶襟结构设计

琵琶襟是一种短缺的衣襟样式，其制式如大襟右衽，只是在右襟下部被裁缺一截，形成曲襟，转角之处呈方形。琵琶襟流行于清代，起初多用作行装，以便乘骑，故以马褂、马甲采用为多，后来此种实用意义逐渐淡化而转化为装饰的意义。图 6–2–8 为琵琶襟款式图、结构图及裁片。

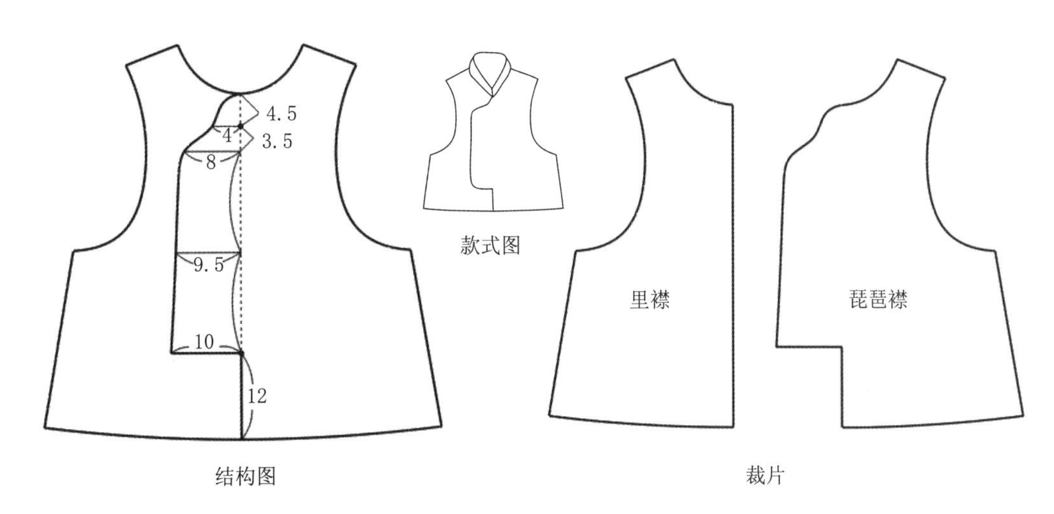

图 6–2–8 琵琶襟款式图、纸样及裁片

参考文献

[1] 文化服装学院. 服装造型讲座①：服饰造型基础[M]. 上海：东华大学出版社，2004.

[2] 文化服装学院 . 服装造型讲座③：女衬衫 . 连衣裙[M]. 上海：东华大学出版社，2004.

[3] 文化服装学院. 服装造型讲座④：套装·背心[M]. 上海： 东华大学出版社，2005.

[4] 刘瑞璞 . 服装纸样设计原理与应用 < 女装编 >[M]. 北京：中国纺织出版社，2008.

[5] 刘瑞璞 . 服装纸样设计原理与应用 < 男装编 >[M]. 北京：中国纺织出版社，2008.

[6] 吴经熊，孔志，邹礼波 . 服装袖型设计的原理与技术[M]. 上海：上海科学技术出版社，2009.

[7] 葛俊康 . 袖子结构大全与原理[M]. 上海：东华大学出版社，2003.

[8] 徐雅琴，惠洁 . 女装结构细节解析[M]. 上海：东华大学出版社，2010.

[9] 吴俊 . 女装结构设计与应用[M]. 北京：中国纺织出版社，2000.

[10] 阎玉秀. 女装结构设计[下][M]. 杭州：浙江大学出版社，2005.

[11] 张竞琼，陈道玲 . 近代民间服饰门襟形式研究与裁剪工艺复原[J]. 天津工业大学学报，2011(3).

[12] 温兰，顾韵芬 . 浅谈门襟的装饰对服装风格的影响[J]. 丹东师专学报，2002(6).

[13] 曹佳想 . 连身袖的历史发展与现状[J]. 山东纺织经济，2010(5).

[14] 马仲岭 . 服装袖子的制图分类及制图要点[J]. 佛山科学技术学院学报：自然科学版，2011(5).

[15] 国家技术监督局 . 中华人民共和国国家标准：服装号型[S]. 北京：中国标准出版社，2009.

[16] 国家技术监督局 . 中华人民共和国国家标准：人体测量的部位与方法[S]. 北京：中国标准出版社，2009.

[17] http://shows.vogue.com.cn/.

[18] http://www.haibao.com/.